"十二五"国家重点图书出版规划项目

城市防灾规划丛书

国家出版基金项目
NATIONAL PUBLICATION FOUNDATION

谢映霞　主编

第六分册

城市灾后恢复与重建规划

张孝奎　万汉斌　杨润林　殷会良　编著

中国建筑工业出版社

图书在版编目（CIP）数据

城市防灾规划丛书　第六分册　城市灾后恢复与重
建规划 / 张孝奎等编著. —北京：中国建筑工业出版
社，2016.9
　ISBN 978-7-112-19919-8

　Ⅰ.①城…　Ⅱ.①张…　Ⅲ.①城市-灾害防治-城市
规划 ②灾区-重建-城市规划　Ⅳ.①X4②TU984.11

　中国版本图书馆CIP数据核字（2016）第231070号

责任编辑：焦　扬　陆新之
责任校对：王宇枢　李欣慰

城市防灾规划丛书
第六分册
城市灾后恢复与重建规划
张孝奎　万汉斌　杨润林　殷会良　编著
*
中国建筑工业出版社出版、发行（北京海淀三里河路9号）
各地新华书店、建筑书店经销
北京锋尚制版有限公司制版
北京顺诚彩色印刷有限公司印刷
*
开本：880×1230毫米　1/16　印张：15¾　字数：419千字
2016年12月第一版　2016年12月第一次印刷
定价：**98.00**元
ISBN 978-7-112-19919-8
（29396）

总　序

我国是一个灾害频发的国家，近年来，随着公共安全意识的逐渐提高，我国防灾减灾能力不断提升，防灾减灾设施建设水平迅速提高，有效应对了特大洪涝灾害、地震、地质灾害以及火灾等灾害。但是，我国防灾减灾体系仍然还不完善，防灾减灾设施水平和能力建设仍然相对薄弱，随着我国城镇化的迅速发展，城市面临的灾害风险仍然呈日益加大的趋势。特别是当前我国正处于经济和社会的转型时期，公共安全的风险依然存在，防灾减灾形势严峻，不容忽视。

城市防灾减灾规划是保护生态环境，实施资源、环境、人口协调发展战略的重要组成部分，对预防和治理灾害，减轻灾害造成的损失、维护人民生命财产安全有着直接的作用，对维护社会稳定，保障生态环境，促进国民经济和社会可持续发展具有重要的意义。

防灾减灾工作的原则是趋利避害，预防为主，城市规划是防灾减灾的重要手段，这就是要在城市规划阶段做好顶层设计，防患于未然，关键是关口前移。城市安全是关乎民生的大事，国务院高度重视城市防灾减灾工作，在2016年对南京、广州、合肥等一系列城市的规划批复中要求各地要"高度重视城市防灾减灾工作，加强灾害监测预警系统和重点防灾设施的建设，建立健全包括消防、人防、防洪、防震和防地质灾害等在内的城市综合防灾体系"，进一步阐明了防

灾减灾规划的重要作用，无疑，对规划的编制和实施提出了规范化的要求。

随着我国城镇化的发展，各地防灾规划的实践日益增多，防灾规划编制的需求日益加大。但目前我国城市防灾体系还不健全，相应的防灾规划的体系也不完善，防灾规划的编制内容、深度编制和方法一直在探索研究中。为了满足防灾规划编制的需要，加强防灾知识的普及，我们策划了本套丛书，旨在总结成熟的规划编制经验，顺应城市发展规律，推动规划的科学编制和实施。

本套丛书针对常见的自然灾害，按目前城市防灾规划中常规分类分为城市综合防灾规划、城市洪涝灾害防治规划、城市抗震防灾规划、城市地质灾害防治规划、城市消防规划和城市灾后恢复与重建规划六个方面。丛书系统介绍了灾害的基本概念、国内外防灾减灾基本情况和发展趋势、城市防灾减灾规划的作用、规划的技术体系和技术要点，并通过具体案例进行了展示和说明。体现了城市建设管理理念的更新和转变，探讨了新的可持续的城市建设管理模式。对实现城市发展模式的转变，合理建设城市基础设施，推进我国城镇化健康发展，具有积极的作用，对防灾规划的研究和编制具有很好的参考价值和借鉴作用。

丛书编写过程中，编写组收集了国内外相关领域

的大量资料，参考了美国、日本、欧洲一些国家以及我国台湾和香港地区的先进经验，总结了我国城市综合防灾规划以及单项防灾规划编制的实践经验，采纳了城市规划领域和防灾减灾领域的最新研究成果。本套丛书跨越了多个学科和门类，为了便于读者理解和使用，编者力求从实际出发，深入浅出，通俗易懂。每一分册由规划理论、规划实务和案例三部分组成，在介绍规划编制内容的同时，也介绍一些编制方法和做法，希望能对读者编制综合防灾规划和单灾种防灾规划有所帮助。

本套丛书共分六册，第一分册和第六分册为综合性的内容。第一分册为综合防灾规划编制，第六分册针对灾后恢复与重建规划编制。第二分册至第五分册分别围绕防洪防涝、抗震、防地质灾害和消防几个单灾种专项规划编制展开。第一分册《城市综合防灾规划》，由中国城市规划设计研究院邹亮、陈志芬等编著；第二分册《城市洪涝灾害防治规划》，由华南理工大学吴庆洲、李炎等编著；第三分册《城市抗震防灾规划》，由北京工业大学王志涛、郭小东、马东辉等编著；第四分册《城市地质灾害防治规划》，由中国科学院山地研究所崔鹏等编著；第五分册《城市消防规划》，由上海市消防研究所韩新编著；第六分册《城市灾后恢复与重建规划》由清华同衡城市规划设计研究院张孝奎、万汉斌等编著。本套丛书既是系统的介绍，也是某一个专项的

详解，每一本独立成册。读者可以阅读全套丛书，进行综合地系统地学习，从而对城市综合防灾和防灾减灾规划有一个全方位的了解，也可以根据工作需要和专业背景只选择某一本阅读，掌握某一种灾害的防治对策，了解单灾种防灾规划的编制内容和方法。

本套丛书阅读对象主要是从事防灾减灾专业的技术人员和城市规划专业的技术人员；大专院校、科研院所城市规划专业和防灾领域的教师、学生也可以作为参考书；对政府管理人员了解防灾减灾规划基本知识以及管理工作也会有一定帮助。

本书编写过程中，得到了洪昌富教授、秦保芳先生、黄国如教授等的大力帮助，他们提供了相关领域的研究成果和案例，在百忙之中抽出时间审阅了文稿，并提出了宝贵的意见和建议。本书编写出版过程中还得到了中国建筑工业出版社的大力帮助和支持，出版社陆新之主任和责任编辑焦扬对本丛书倾注了极大的心血，从始至终给予了很多具体的指导，在此一并致谢。

由于本丛书篇幅较大，专业涉及面广，且作者水平有限，尽管我们竭尽诚意使书稿尽量完善，但不足及疏漏的地方仍在所难免，敬请读者批评指正。

丛书主编 谢映霞

2016年8月

我国是世界上自然灾害最为严重的国家之一，灾害种类多，分布地域广，发生频率高，造成损失重，这是一个基本国情。为提高我国防灾减灾能力，降低灾害风险，党和政府做了大量工作。然而，在相当长的一段时间内，我们还无法完全避免灾害损失的发生，特别是当重大和特别重大灾害发生时，损失几乎是难以避免的。一旦灾害损失发生，尽快恢复灾区秩序，让灾区民众生产生活早日步入正轨，是政府面临的重要课题，也是社会各界的共同企盼。灾后恢复重建规划作为政府、灾区和全社会为灾区恢复重建工作制定的路线图，可为灾区快速、科学恢复重建提供有力帮助。

唐山地震后的恢复重建规划是我国灾后恢复重建规划发展过程中的一个重要节点，它是在计划经济体制下，在我国经济实力比较弱的情况下编制的一版灾后恢复重建规划。规划的编制成果、实施过程和实施结果有着鲜明的时代烙印，为我国灾后恢复重建规划编制积累了宝贵经验。汶川地震的恢复重建规划是我国在新的历史时期的又一标杆之作。它充分汲取了唐山地震灾后恢复重建规划的经验和教训，充分发挥了举国体制和市场经济的优点，有效地指导了汶川地震灾后恢复重建工作，为世界贡献了一经典案例。之后我国又陆续经历了2010年"8·8"舟曲特大泥石流和

2013年"4·20"芦山地震，进一步促进了我国灾后恢复重建规划编制工作的规范化、科学化和体系化。

其他一些国家和地区在灾后恢复重建规划编制方面也进行了积极探索。如，1995年阪神地震后，日本政府组织编制了《阪神·淡路震灾复兴规划》；1999年台湾"9·21"地震后，台湾方面组织编制了《灾后重建计划工作纲领》；2012年"桑迪"飓风后，美国纽约市政府组织编制了《一个更强壮、更具弹性的纽约》等。值得一提的是，近年来，国外一些城市将联合国减灾署提出的"弹性城市"概念落实到灾后恢复重建规划中，具有一定的借鉴意义。

正是有了国内外的这些宝贵的经验和探索做基础，编者才不揣冒昧，来编著这本书。但由于灾后恢复重建工作非常复杂，加之编者水平有限，本书并不试图从专业理论的高度来总结提炼国内外的相关案例的经验教训，而只是尽可能全面反映国内外目前本领域研究的有关进展，期望对读者有所借鉴。

全书共三部分11章。第一部分为规划理论，主要介绍恢复重建规划所涉及的一些基本理论知识。由第1~3章组成。第二部分为规划实务，主要介绍恢复重建规划各部分的编写原则、内容和方法。由第4~8章组成。第三部分为规划案例，主要介绍了北川县汶川地震后灾后恢复重建规划、舟曲县"8·8"特大泥石

流灾后恢复重建规划和纽约市"桑迪"飓风灾后恢复重建规划。由第9～11章组成。

本书由张孝奎、万汉斌、杨润林和殷会良编著。其中，杨润林负责第1、2、3章编写，万汉斌、张孝奎、殷会良负责第4～9章编写，张孝奎、殷会良负责第9～11章编写。北京清华同衡规划设计研究院有限公司的冯主超、张楠楠、罗兴华等为本书绘制了部分插图；北京科技大学的硕士研究生白娜妮、张高峰等协助进行了部分文字编辑工作。全书由张孝奎统稿。

本套丛书的主编谢映霞教授对本书的编写进行了全程指导，提出了非常多的建设性意见和建议，对本书质量起到了重要作用；中国建筑工业出版社焦扬编辑在本书编写过程也给予很多很好的意见和建议，并精心编辑修改，倾注了大量心血。感谢北京清华同衡规划设计研究院和中国城市规划设计研究院对本册文稿的贡献，感谢他们提供了大量灾后恢复重建规划的经验和案例。特别要感谢北京清华城市规划设计研究院袁昕院长、袁牧副院长和卢庆强主任，中国城市规划设计研究院李晓江教授、刘海龙高工、徐萌高工的帮助，感谢他们为本书提供的北川、舟曲和天全灾后恢复重建的规划案例。谨向所有在本书撰写与编印过程中做出贡献和给予支持与帮助的个人和单位致以衷心的感谢！

在本书编著过程中参阅的著作和文献编者已尽可能列出，但由于本书内容较多，可能有些参考资料由于疏漏而未能列出，敬请谅解。

由于作者水平所限，书中难免有错误和不当之处，敬请读者批评指正，并期盼更高水平的同类著作问世，在城市防灾减灾中发挥更大的作用。

编者
2016年11月

目 录

第 1 篇　规划理论

第1章 绪论

1.1 城市灾后恢复重建规划的基本理论

简要而言，城市灾后恢复重建就是通过采取一些必要的建设措施，重新恢复灾区的社会秩序，并为未来发展创造条件。不过，由于地区局部地质构造和气象条件的不同，各个城市的灾害种类、特点和受灾程度可能各不相同，与之对应的防治措施也就随之需要调整，相应灾后恢复重建规划的任务就自然有所差异。

1.1.1 城市灾害现状

通常意义上，灾害是泛指可能对人类或者人类赖以生存的环境造成破坏性影响的事物集合的总称。灾害通常可以分成两大类，即自然灾害和人为灾害。灾害一般由人为因素或自然因素单独诱发，也可能是二者共同导致的结果。自然灾害主要包括地震、风灾、火灾、水灾、旱灾、雪灾、泥石流和山体滑坡等形式，人为灾害主要包括战争、核泄漏、爆炸和毒气泄漏等形式。其中，各种灾害并不一定是完全孤立的，彼此之间可能存在一定的关联性，例如地震灾害又可能诱发火灾、山体滑坡和海啸等灾害。同时，各种灾害的表现形式可能又是多种多样的，例如水灾又进

一步可能表现为洪水或者海啸两种形式。一般而言，灾害总会对人类社会的正常秩序造成一定程度的影响，严重时，正常的社会秩序难以充分维系，局部受灾区域会陷入混乱状态之中。灾害发生时，不可避免地会造成社会财产损失和人员伤亡。由此可见，灾害对人类的影响是非常深刻的，有可能造成灾难性的后果。

灾害可能发生的区域显然是极广泛的，但由于城市通常建筑密集、人口相对集中，因此灾害发生在城市更易引发严重的后果。所以，城市是防灾的重点关注对象。根据灾害发生的先后顺序，城市灾害又可分为原生灾害和次生灾害。原生灾害的初始规模一般较大，例如地震和洪水。次生灾害则是在原生灾害的基础上衍生出来的，开始形成时一般规模小，但可能多点诱发，发展速度很快，甚至最终的破坏规模可能远远超过原生灾害。例如，1923年日本关东大地震诱发的火灾曾导致半数以上的居民房屋被烧毁，火灾损失远超震灾。

城市灾害的具体形式是多种多样的，具体表现为：

（1）自然灾害：包括发生在城市的地质灾害和气象灾害。城市地质灾害主要包括地震、滑坡和泥石流等，特别是前二者；对城市产生较大影响的气象灾害包括洪水、风灾、暴雨和暴雪等，其中尤以洪水和台

风对城市的威胁较大。

（2）人为灾害：主要包括各种建设施工引起的灾害。受灾的对象可能包括各种建筑物、道路桥梁或者市政管线等。譬如，常见的基坑或地铁开挖施工过程中，由于支护体系失效，可能导致邻近的建筑墙体开裂、倾斜甚至倒塌，或者导致毗邻的市政管线发生较大的侧向变形甚至断裂。

总体而言，对现代城市威胁较大的是地震、风灾、洪水和火灾等。自现代城市出现以来，这些灾害就一直困扰、制约着城市的进一步发展，属于世界性的难题。

1. 近期地震灾害概述

我国是地震频发的国家之一，其中地震给人民带来了巨大的灾难，例如2008年5月12日，中国四川省汶川县发生了8.0级大地震。因地震导致的严重破坏地区超过10万km²，其中，极重灾区共10个县（市），较重灾区共41个县（市），一般灾区共186个县（市）。据统计，汶川地震共造成69227人死亡，374643人受伤，17923人失踪，汶川地震造成的直接经济损失为8452亿元人民币。四川损失最严重，占到总损失的91.3%，甘肃占到总损失的5.8%，陕西占总损失的2.9%。地震导致大量的居民房屋倒塌，道路桥梁破坏和公共服务设施破坏。此外，山体出现滑坡崩塌，地

表出现较大裂缝，部分地区生态环境变得十分脆弱[1]（图1-1～图1-4）。

图1-1　地震导致房屋倒塌

图1-2　地震导致桥梁断裂

图1-3 地震导致道路断裂

图1-4 地震引起山体破坏

2010年4月7日在苏门答腊周边地区发生了7.8级大地震，震中位于北纬2.4°、东经97.1°，被称为苏门答腊地震。距震中最近的尼亚斯岛在地震中遭到了严重的破坏，岛上的许多建筑物在地震中倒塌，很多居民被埋在废墟中，许多道路严重受损，被迫封闭，市场上发生了严重火灾，大部分地区断电，据不完全统计共造成1300多人死亡。[2]

2010年4月14日，青海省玉树藏族自治州玉树县发生7.1级大地震，发生在7点49分，由于县城处于震中临近地区，地震造成的破坏极其严重，据不完全统计，玉树地震已造成2698人遇难，失踪270人。地震造成居民住房大量倒塌，学校、医院等公共服务设施严重损毁，部分公路中段、桥梁倒塌，供气、供电、供水、通信设施遭受严重的破坏。农牧业生产设施严重受损，出现大量牲畜死亡，旅游、商贸、金融、加工企业损失严重。山体滑坡崩塌，生态环境遭受严重破坏。[3]

2011年10月23日土耳其发生了7.3级大地震，震源深度达10km，震中位于和伊朗接壤的凡省塔巴利村，北纬38.8°、东经43.5°，地震造成大面积的停电，通信网络严重破坏，许多道路严重损坏，部分桥梁出现断裂。据不完全统计共造成481人死亡，1650人受伤，2262座建筑物遭破坏。[4]

2016年8月24日在意大利的中部地区拉齐奥大区列

蒂省发生6.0级地震，震源深度10km，导致该省的许多建筑物出现倒塌，许多人被埋在废墟中。由于发生的时间是凌晨，震源深度浅，余震次数多，人员伤亡严重，据不完全统计，共造成数百人死亡和受伤。[5]

2. 近期洪涝灾害概述

1998年夏季我国发生了特大洪水，此次洪水灾害覆盖的范围非常广，全国共有29个省（区、市）遭受了不同程度的洪涝灾害，其中洪水涉及长江、嫩江、松花江等流域。长江洪水是继1931年和1954年两次洪水后，20世纪发生的又一次全流域型的特大洪水之一；嫩江、松花江洪水同样是150年来最严重的全流域特大洪水。据初步统计，包括受灾较重的江西、湖南、湖北、黑龙江四省，全国共有29个省（区、市）遭受了不同程度的洪涝灾害。据不完全统计，受灾面积3.18亿亩，成灾面积1.96亿亩，受灾人口2.23亿人，死亡3004人，倒塌房屋685万间，直接经济损失达1660亿元。其中，长江流域全线遭遇历史上罕见的洪水袭击，特别是安庆河段江水猛涨，水位连续88天超过警戒线。全市境内的道路、桥涵、通信、供水、供电、河库堤坝等基础设施遭受到不同程度的破坏。[6]

2016年夏季的强降雨导致湖北省多个地区被淹，主要包括武汉、十堰、荆州、襄阳、宜昌、荆门、鄂州、孝感、恩施、黄冈、仙桃、随州、潜江、黄石、天门、神农架林区等16市。据不完全统计，该次洪水造成700多万人受灾，8人死亡，4人失踪，紧急转移安置4.8万人，需紧急生活救助者达7.75万人。此外，受洪水影响，许多房屋出现不同程度的损坏，农作物大面积受灾，城市内部分主要道路被淹，交通处于瘫痪状态，直接经济损失达16.49亿元。[7]

3. 近期风灾概述

2005年7月18日台风海棠在台湾花莲登陆，次日在连江黄岐再次登陆，据台湾灾害应变中心初步统计，已造成4人死亡，30人受伤。此外，受此次台风影响福建宁德、福州、莆田、泉州共有36个县市区受灾，受灾人口213万多人，紧急转移87万多人，受伤21人，福安、霞浦、柘荣和福鼎四个县城被淹。[8]

2005年8月29日卡特里娜飓风登陆美国路易斯安那州和密西西比州，数以万计的房屋被淹和数十万户家庭断电，以上两个州为重灾区。据不完全统计，此次飓风造成100多万人流离失所，其中包括30万～40万儿童，致使周边地区的七座炼油厂和一座美国重要的原油出口设施也不得不暂时停工，油价迅速飙升。在密西西比州、路易斯安那州、亚拉巴马州和佛罗里达州等地区至少有230万居民受到停电的影响，还造成了大规模的通信故障，甚至一度出现了无政府的状态，社会处于极度混乱状态，破坏力如此之强，被认为是美国史上破坏性最大的飓风。[9]

2006年8月5日超强台风桑美在浙江省苍南县马站镇至福建省福鼎市沙埕港一带登陆，对浙江、福建、江西、台湾、冲绳等地区产生了极大的负面影响，据不完全统计，台风造成483人死亡，损失达194.42亿元人民币，主要受灾区受灾情况如下[10]：

台风对浙江省造成重大破坏，18日晚省防汛防旱指挥部统计死亡193人，失踪11人。18个县（市、区）的325个镇受灾254.9万人，倒塌房屋3.9万间，30万亩稻田淹没，多条道路损坏，局部地区交通中断，经济损失127.37亿元。

此次台风致使江西省抚州、宜春、南昌、上饶等

4市18个县（市）161个乡镇受灾，受灾人口98万人，倒塌房屋566间，农作物受灾70万亩，绝收57000亩，直接经济总损失3.48亿元，共停运航班482艘次。

此外，台风桑美给福建居民带来了巨大的灾难，据福建省防汛抗旱指挥部统计，省内14个县市、164个乡镇受灾，死亡233人，失踪144人，受灾人口145.52万人，倒塌房屋3.27万间，农作物受灾6.88万hm^2，成灾4.423万hm^2，直接经济总损失63.57亿元，其中水利设施7.86亿元，其中福鼎市受灾最为严重。

2012年8月2日台风苏拉在台湾省花莲县秀林乡沿海登陆，登陆时中心附近最大风力14级，次日"苏拉"在福建省福鼎市秦屿镇沿海二次登陆，风力10级，受"苏拉"影响，福建、浙江、江西、台湾等地出现了强风雨天气。其中，福建省福鼎市17个乡镇普遍受灾。据初步统计显示，福鼎市受灾人口9.2万人，紧急转移2.14万人，农作物、海洋渔业受损，水利设施、交通道路损毁，工业企业受创，造成直接经济损失1.1亿元人民币[11]。

2016年6月23日江苏省盐城市阜宁县遭遇强冰雹和龙卷风两项灾害，造成吴滩镇立新村的房屋大面积倒塌，路边树木和电线杆倒塌，导致道路阻塞甚至中断，局部地区出现停电，据初步统计此次灾害已导致98人死亡，800人受伤[12]（图1-5）。

2016年9月15日14号台风"莫兰蒂"在厦门翔安沿海登陆，登陆时中心最大风力达15级。台风导致

图1-5　龙卷风刮倒电塔

大量房屋倒塌，道路和地下车库严重积水，大面积农作物受灾，人行道上的树出现大量倒伏，严重威胁、影响了行车安全，超强台风带来的降雨造成了部分铁路线路被淹。据统计福建、浙江两省110个县304.32万人受灾，因灾死亡28人、失踪15人，农作物受灾841.9km²，转移群众80.13万人，直接经济损失达210.73亿元。[13]

4. 近期冰雪灾害概述

冬季是雪灾频发的季节，对局部地区影响很大，特别是在东北地区和华北地区。例如2007年3月初辽宁省遭遇的特大暴雪。暴风雪已造成全省100万以上的人口受灾，近4万人需紧急安置，交通严重受阻，许多车辆被困在大雪中。全市较多的房屋出现不同程度的损坏，甚至有些房屋出现倒塌，许多农业设施被毁，农作物大面积受灾，雪灾导致全省大部分高速公路中断，普通公路通行困难，全省绝大多数的客运和货运车辆被迫停运。大连市与东北电网的连线中断，仅依靠市内的电厂供电，导致大面积地区停电，自来水和煤气也因断电不能正常供应等。

2008年1月我国发生了严重的冰雪灾害。全国许多省份遭受到了不同程度的破坏，尤其以南方最为严重，据不完全统计，此次冰雪灾害导致129人死亡，4人失踪，紧急转移安置166万人；农作物受灾面积1.78亿亩，成灾8764万亩，绝收2536万亩；48.5万间倒塌房屋，168.6万间损坏房屋；森林受损面积近2.79亿亩，受灾人口已超过1亿，因灾导致的直接经济损失达1516.5亿元人民币[14]。

1.1.2 城市灾害特点

城市作为人类文明的主要载体，可能保留有重要的社会、人文或历史信息。如前所述，由于其具有独特的地理环境和社会环境，因此必须注重灾害防治。而且在研究灾害防治时，不能仅强调单一灾害，需要考虑多灾种耦合防治。现代城市灾害的主要特点如下。

1. 突发性

自然灾害形成的过程有长短之分，只有当致灾因素的强度超过一定阈值时，灾害效应方可体现出来。短者可能在出现几分钟、几秒钟后表现为灾害行为，例如地震、洪水、台风或者龙卷风等，而这些灾害对现代城市威胁又往往是较为严重的。由于突发性灾害发生突然，前兆现象一般不明显，且多数突发性灾害活动强烈，所以提前预测、预报和预防都非常困难，容易造成严重的生命财产损失。

2. 多样性

城市灾害通常包括地质灾害、气象灾害和生物灾害三大类，而每一类灾害又可进一步细分，表现形式多种多样。例如，风灾属于气象灾害，进一步又可分为台风或者龙卷风诱发的灾害；水灾可能是洪水，也可能表现为海啸。

3. 关联性

各种灾害之间也并不是完全孤立的，存在着一定的联系，可能相互诱发以至于同时出现。例如，地震可能诱发火灾、海啸、化学物质泄漏、山体滑坡等次生灾害伴随出现，进而加剧灾害损失。

4. 灾害效应的连锁性

城市由于土地资源紧张，建筑物和人口密集，一旦出现灾害，容易迅速传播，形成多米诺骨牌效应。例如，城市的火灾如果不在第一时间加以控制，就可能迅速蔓延开来，造成大面积的火情。

5. 区域的多发性

由于城市的街区具有一定的共性，就某一种灾害而言，可能在区域同时多点出现，进一步增加了灾害防治的难度。例如城市中的火灾多点出现的概率是极高的，完全不同于乡镇。

1.1.3 城市灾害防治措施

城市灾害防治包括灾前预防和灾时应急救援。城市应急对策主要包括技术性措施和社会性措施两大类。城市灾害应急决策需要强调建设完整的应急救援网络及编制应急预案，目的是在灾害一旦发生时，政府能够迅速按照应急预案的要求进行有效的指挥管理，让居民能有充裕的时间按照应急预案有计划地撤离或者搬迁，从而最大限度地减少伤亡并控制灾情。必须强调，灾前预防相较灾时救援更为重要。如果灾害发生前能够做好预防性措施，避免灾害发生，这显然是代价最小、最有成效的措施，可避免灾害对生命财产和社会秩序造成不良影响或者危害。总体而言，防灾措施分为两大类，分别阐述如下。

1. 政府主导的政策性防灾措施

城市政策性防灾措施主要依据国家和地方政府的防灾政策制定，涉及：

（1）编制与修订城市总体规划与城市综合防灾减灾专项规划。城市总体规划涉及城镇空间发展布局、用地布局、综合交通、历史文化遗产保护、市政公用设施和综合防灾减灾等专项规划，特别是其中的综合防灾减灾专项规划更是与防灾直接相关，具有重要的指导意义。

（2）进一步完善与防灾有关的法律、法规、标准和规范。近年来我国先后制定并逐渐完善了《城市规划法》、《中华人民共和国防震减灾法》、《中华人民共和国消防法》和《中华人民共和国防洪法》等一系列法律文件，各地方、各部门也根据各自的实际情况编制出台了一系列相关法规、标准、规范和指令性文件，可用于指导城市防灾工作。

2. 城市工程技术性防灾措施

除政策性防灾措施以外，还可考虑采取工程技术性防灾措施。根据城市防灾政策指令性条文的规定，采取工程技术性防灾措施是指要求在城市区域内建设一系列的防灾设施与相关机构，针对各项与防灾工作有关的工程设施也要求采取一定的工程防护措施。城市的防灾设施包括避难场所（通常是防灾公园）、消防站、医疗急救中心、应急物资储备库、气象监测和地震监测台网等，这些措施对灾害提前预报和灾时救援具有重要的意义。建筑物防灾需要采取各种抗震、抗风措施，市政管线考虑抗震需求宜采用柔性接头等处理方法等。这些都属于工程技术性防灾措施的范畴。政策性防灾措施对工程技术性防灾措施具有指导性，而另一方面政策性防灾措施只有通过工程技术性防灾措施才能真正发挥作用，二者相互关联。

现代城市防灾主要包括三个方面：一是灾前预防、灾时救助和灾后恢复重建；二是多灾种的综合防灾；三是建立完善、畅通的灾害信息共享平台，以有助于灾情评估、应急决策和实施综合管理。其中，可视化的灾害管理信息平台作为城市综合防灾的载体，对于提高城市防灾管理的效率具有重要价值。上述环节均与城市防灾规划联系紧密，事先制定合理的城市综合防灾规划是非常必要的。

1.1.4 城市综合防灾减灾规划简介

1. 城市综合防灾减灾规划的主要任务

城市综合防灾规划是城市总体规划的一个子规划，其主要任务是：根据城市自然环境、灾害区划和城市定位，确定城市各项防灾标准，合理确定各项防灾设施布局、等级、规模；充分考虑防灾设施与城市常用设施的有机结合，制定防灾设施的统筹建设、综合利用和维护管理等方面的对策与措施[15]。

2. 城市综合防灾减灾规划原则

（1）城市综合防灾减灾规划必须按照有关法律规范和标准进行编制。近年来，国家发布了一系列关于防洪、消防、抗震和人民防空等方面防灾减灾的法律、规范和国家标准，各地各部门也在此基础上制定了一系列地方性和行业性的法规和技术标准。

（2）城市综合防灾减灾规划应与各级城市规划及各专业规划相协调，若作为城市规划中的一项专业规划，则此项规划应结合用地布局规划，并与其他的专业设施规划相互协调。

（3）城市综合防灾减灾规划应结合当地实际情况，确定城市和地区的设防标准、制定防灾对策、合理布置各项防灾设施，做到近、远期规划相互结合。

（4）城市综合防灾减灾规划应注重防灾工程设施的综合使用和有效管理。城市防灾工程设施投资巨大，保养维护困难，因此防灾工程设施的建设、维护和使用，应考虑平灾结合，综合利用。

3. 城市综合防灾减灾规划的主要内容

（1）结合城市总体规划，确定城市消防、防洪、人防、抗震等设防标准；布局城市消防、防洪、人防等设施；制定防灾对策与措施；组织城市防灾生命线系统。

（2）结合城市详细规划，确定规划范围内各种消防设施的布局及消防通道、间距等；确定规划范围内地下防空建筑的规模、数量、配套内容、抗力等级、位置布局，以及平战结合的用途；确定规划范围内的防洪堤标高、排涝泵站位置等；确定规划范围内的疏散通道、疏散场地平面。

1.1.5 城市灾后恢复重建规划的基本理论

城市灾后恢复重建的任务是通过采取一些建设措施，使受灾地区重新建立起完整的社会架构，重新能够承载必需的社会基本功能以及重新维持社会秩序。首先，灾区通过恢复重建活动，至少要达到灾前社会的发展水平；然后，通过发展重建活动使灾区可获得进一步的社会发展空间。因此，灾后恢复重建不仅仅是恢复过去已有的建筑物、构筑物、道路、桥梁和其他生命管线网络等，而是应在汲取灾害经验教训的基础上进一步提高工程质量，以增强未来灾害发生时的防灾能力。灾后的恢复重建过程可能是短期的，例如建筑物、构筑物可能需要较短时间完成；但是，发展重建过程则可能是长期的，例如大多数的基础设施需要重新规划、设计和施工，需要持续很长时间。无论如何，由于考虑到灾后灾区急需恢复，通常制定灾后

恢复重建规划的时间期限都是十分紧迫的。恢复重建规划兼有应急和发展的双重性质，对灾后重建具有重要的指导性，是灾区重建的基本依据。

1. 城市灾后恢复重建规划的主要任务

根据灾后城市自然环境的变迁、区域灾害的分布特点和城市原有的发展定位，重新考虑确定城市的各项防灾标准，针对受灾状况重新优化各项防灾设施的布局、等级和规模；充分考虑防灾设施与城市常用设施的有机结合，使之与城市的发展规划相匹配；制定防灾设施的统筹建设、综合利用和维护管理等方面的对策与措施，避免同种灾害发生时再次造成严重损失。

2. 城市灾后恢复重建规划的基本原则

（1）城市灾后恢复重建规划需要借鉴相关的法律规范和标准进行编制，特别是关于防洪、消防和抗震等防灾减灾的法律、规范和国家标准，各地各部门也在此基础上制定了一系列地方性和行业性的法规和技术标准。

（2）城市灾后恢复重建规划应考虑城市总体规划的一般性要求，并参考城市综合防灾减灾规划的相关条款内容，在此基础上突出灾后城市受损需要重现调整原有的防灾对策和措施。

（3）城市灾后恢复重建规划应结合不同区域灾害受损的特点、经济发展水平和城市规模，重新确定城市和地区的设防标准，优化布置各项防灾设施，避免重蹈覆辙。

（4）城市灾后恢复重建规划必须注重时效性。恢复重建规划往往耗资巨大，必须考虑为未来若干时间段内城市的发展留有余地，避免短期工程拆除重建造成不必要的二次损失。

3. 城市灾后恢复重建规划的主要内容

灾后恢复重建规划一般由国家及省市地方发展改革委员会负责编制，它是灾后恢复重建的纲领性文件，核心内容包括指导思想、基本原则、重建任务、项目安排、人员组织和计划进度等。根据住房和城乡

建设部的指导性意见，城镇体系灾后恢复重建规划的主要内容一般包括：

（1）根据灾区的灾害统计分析和评估报告结果，将灾区进一步细分，可划分为极度重灾区、一般灾区和灾害影响区。在此基础上，根据受灾区资源环境承载能力的综合评价结果，进行城镇重建选址规划，力争原地重建，必要时采取局部避让措施。

（2）根据灾害调研结果，修订原有的防灾标准、规范和指令性条文，也包括原有的城市综合防灾减灾规划，并按照这些新的标准和规范指导灾后恢复重建。

（3）根据灾害状况以及未来发展需求，制定新的城市用地布局规划。灾后重建是以恢复被地震破坏的人们生存发展所需的基本条件，并推动灾区更好发展为目的的。因此，灾后恢复重建不仅要解决眼前的困难，还要立足长远，为灾区未来的社会经济发展进行前瞻性的规划。在用地布局规划中把居住用地、公共设施用地和工业用地明确分割开来，以提高城市居民的生活质量。

（4）提出新的城镇公共服务设施的建设要求和标准。根据灾后城市的重建目标、规模和总体布局以及上级规划的要求，确立本系统的恢复重建目标，提出保障城市可持续发展的水资源、能源利用与保护战略，结合灾害的破坏特点，综合协调并重新确定或调整城市供电、供气、供水、排水、防洪、消防、通信、环卫等设施的规模和布局，并做出详细的规划图，包括灾后城市现状图、重建规划总平面图、各项专业规划图，并应在相应的规划图中标明工程管网的位置、管径、服务范围以及主要工程设施的范围和用地要求。

（5）研究灾害的破坏特征，修订原有的交通设施规划标准和规范。根据灾后城市交通发展战略和新的防灾要求，合理调整或重新确定原有的城市对外交通、城市道路系统和城市客货运交通网络用地选址和用地规模；根据城市的规模和人口数量，适当新增主

要生命干道并提高生命干道的防灾标准，保障灾害发生时能正常发挥作用，建立完善的交通体系。

（6）提出历史文化区具有历史意义的城镇、乡村和风景名胜地区资源保护和修复的原则与措施。划分合理的历史文化保护区以及确定外围建筑物的距离和界线，对国家级、省级和县级文物点实施保护性清理，按照强制性加固或修复重建，加强周边环境的保护。注重文物保护与文化传承的协调性，即是要限制历史文物在一定程度上的可接近性，必要时必须进行隔绝保护，特别是对具有历史性的、宗教性的设施，做好文物保护修复与开展传统宗教文化活动的协调工作。

（7）制定合理的绿地规划和环境保护规划。绿地规划应在调查、分析、评价灾后绿化现状、发展条件及存在问题的基础上，依据灾后重建总体规划，并与救灾公园相结合确定用地布局。环境保护规划主要包括大气环境保护规划、水环境保护规划、固体废弃物污染控制规划和噪声污染控制规划，由于灾后环境破坏严重，主要任务包括倒塌建筑物的废弃物处理、建立合理的水源保护区和大气中灰尘的处理等内容。

综上所述，灾后恢复重建规划属于一个综合性的规划，涉及城市空间发展布局规划、用地布局规划、区域交通规划、历史文化遗产保护规划和市政公用设施规划等多方面的内容。与原有总体规划不同，恢复与重建规划必须考虑灾区灾害现状，重新进行规划。

1.1.6　城市灾后恢复重建规划与其他规划的关系

城市灾后恢复重建规划是考虑对受灾地区进行恢复重建活动而做出的一种预先安排或者可供实施的计划，是一个包含诸多环节的系统性工程，不仅涉及灾区的社会经济环境和社会生存环境，也涉及整个国家、地方以及社会上各种财力和物力的统筹安排。灾后恢复重建规划要求在相对较短的时间内制定在未来

相当长时间范围内恢复重建的行动纲领，要求具有实际的可操作性，它是灾区重建的基本依据。它不仅着眼于灾后应急恢复，而且要着眼于该地区未来长远发展，应具有一定的前瞻性。

城市灾后恢复重建一般主要包括四个阶段。

1. 应急阶段

这一阶段的主要目的是：紧急救援被困的遇险人员；向灾区居民紧急提供必要的医疗救助服务；向灾区居民提供衣食住行等基本条件，包括食品、饮用水、帐篷等；清除灾区的各种生活垃圾和建筑垃圾，恢复基本生活秩序，防止发生重大的疫情；紧急疏通交通干道，恢复水电和通信等基础设施，为后续救援创造条件，维持基本的生活需求。

2. 恢复阶段

这个阶段主要进行以下三类活动：恢复城市公用事业、交通和运输等设施的服务，修复可恢复的房屋和结构物；提供临时住房和采取措施帮助灾民在身体上和心理上得到恢复；清除地震灾害造成的建筑废墟。

3. 恢复重建阶段

这一阶段通过各方援助，重新恢复到灾前的功能水平，主要任务包括建筑房屋和基础设施的重建。

4. 发展重建阶段

发展重建阶段是在恢复重建的基础上进一步进行的重建活动，属于高一级阶段。发展重建阶段不能仅局限于当前需求，要同时立足于长远，为灾区未来的可持续发展奠定基础。在这一阶段必须汲取已有灾害的教训，重视科学规划、防灾设计和绿色施工，引入先进的建筑体系、绿色节能技术和交通管理技术，针对商业、住宅和工业进行合理的分区规划，以较小的经济投资尽可能获取最大的经济效益和社会效益，以促进灾区的进一步经济发展和社会繁荣。

与城市总体规划和综合防灾规划不同，目前灾后恢复重建规划的研究成果相对较少，尚不成熟，处于研究摸索发展阶段。针对一些特殊灾种，例如龙卷风，目前相关恢复重建规划研究尚处于空白阶段。当前，主要可以考虑借鉴城市总体规划和综合防灾规划的基本原理以及少数地区地震灾后的重建规划。灾后恢复重建系列规划需要参考原总体规划的内容，譬如有关城镇空间发展布局、用地布局、综合交通、历史文化遗产保护、市政公用设施和综合防灾减灾等方面的专项规划，然后结合灾害情况加以调整完善。特别是原城市总体规划中综合防灾减灾规划涉及的各项防灾标准以及各项防灾设施布局、等级和规模的有关规定，在恢复重建规划的过程中更是需要重新予以考虑。从这个角度而言，灾后恢复重建规划也可以认为是原城市总体规划的延续，需要结合灾区的现状和未来的发展趋势重新制定，具有更新的时效性，对灾区的后续发展具有重要的指导意义。恢复重建系列规划除去灾后恢复重建总体规划以外，通常也包括一些必要的专项规划，例如灾后恢复重建城镇体系、城乡住房建设、公用基础设施和风景名胜区等方面的一系列配套专项规划。

1.2 城市灾后恢复重建规划的目标

在灾后恢复重建过程中，可能出现各种各样的矛盾，存在一定冲突性。例如，重建质量与速度以及资金使用的优先顺序问题，需要通过制定科学合理的灾后恢复重建规划目标，协调解决。

1.2.1 恢复重建规划面临的主要问题

城市灾害效应具有延时性，具有一个持续的过程，通常难以短期结束。在灾害效应持续的过程中，灾区的经济发展、社会正常秩序维系和公共服务都会出现问题。城市的恢复不仅包括物理形态的恢复，还包括城市社会秩序、经济文化形态的恢复。灾区状况的恢复可以通过两方面实现，一方面是自然环境系统具有一定的修复性，例如地理地貌和生态系统的恢复，通常是缓慢性的；另一方面是通过恢复重建活动进行修复。显然，后者更为关键，居民的住房、公用设施和交通道路等都必须通过重建活动实现。重建活动不仅可以把灾后的现状恢复到灾前的水平，而且通过合理的恢复重建规划可将城市的总体现状提高到一个更高的发展水平。重建活动持续时间的长短对灾区居民的生活质量和经济发展具有重大影响，应至少尽可能在短期内将灾区的现状恢复到灾害发生以前的状况。

灾后重建是以恢复被地震破坏的人们生存发展所需的基本条件，并推动灾区更好发展为目的。由于灾后恢复重建的任务一般是十分紧迫的，因此灾后恢复重建规划受多方面因素的制约，也面临着严重的挑战性。通常面临的主要问题包括：①资金来源和使用的有效性问题；②重建速度与建设质量的协调问题；③信息获取不充分情况下对未来发展的科学决策问题。制定灾后恢复重建规划的目标时，必须考虑上述问题。

1.2.2　灾后恢复重建规划应具备的特点

在灾后恢复重建规划过程中，需要考虑的问题很多，必须积极借鉴、参考国内外已有相关规划的研究成果。不仅要考虑灾前现状恢复，更要立足长远，具有一定的前瞻性，为未来发展留下一定的空间。灾后恢复与重建规划应具备的主要特点如下：

（1）科学性。在制定灾后恢复与重建规划过程中，必须借鉴国内外灾后恢复重建的有益经验，在此基础上制定重建发展规划。恢复重建规划涉及用地、交通和公用设施等多个方面，必须统筹兼顾，协调发展，不能偏废。科学的规划应该能够协调处理好各方面的利益关系，避免在规划过程中出现冲突或者矛盾。

（2）有效性。恢复重建规划必须因地制宜，结合当地地理环境、社会环境和受灾情况制定。尽管灾害波及的范围可能比较大，但是在灾害影响区域内局部的受灾害程度又不一样，而且每个地方的特色也不一样，所以灾后重建规划应该对应有所调整。

（3）前瞻性。如前所述，恢复与重建规划不应仅局限于眼前，必须考虑到未来可持续发展的需求。仅考虑眼前的发展需要往往是短视的，很快又会面临新的问题。

（4）历史传承性。作为具有五千年文明的历史古国，国内基本上各地都有国家级、省市级或县级文物保护单位存在。这些文物大多是以建筑的形式呈现的，有些甚至整个城市都要作为文物加以保护，可能要追溯到数百年甚至上千年以前。地震等灾害会造成很多历史建筑物的直接损坏，因此恢复与重建规划应该注重对各级文物保护单位和重要文物保存设施（博物馆、文物库房、文管所）实施维修加固、恢复原状和修复重建。同时，对于涉及宗教文物保护的单位，必须做好文物保护修复与开展传统宗教文化活动的协调工作。

（5）生态注重性。规划应该注重灾后生态环境的恢复，包括绿色植被保护与恢复、水土保持等工作，以避免生态破坏导致本地动植物灭绝或者泥石流、滑坡等地质灾害发生。

（6）多方兼顾性。在重建规划过程中要考虑国家、地方和群众各方面的利益。既要保证社会未来的长远发展，又要积极吸纳地方部门和民众的合理化建议。

（7）地方特色性。重建规划必须考虑当地民俗特色和文化传统，以免影响历史文化的传承性，致使地区的民族文化多元性受到损害。

（8）速度与质量的权衡性。灾后恢复重建的速度在最初的一段时间内往往是很重要的，因为灾民此时面临着衣食住行等基本生活条件无法保证的困境，正常的社会秩序难以维系。但是，片面强调重建的速度而忽视质量的要求，有可能在随后一段时间或者下次灾害发生时导致新的损失，这是极其危险的。因此，灾后恢复重建初期可以注重速度，后期必须把恢复重建项目的质量放在第一位。在初期由于重建速度放在第一位，因此可以考虑先建设一些必要的临时性过渡设施安置灾民，然后在后续建设工程竣工后再进行搬迁。

1.2.3 灾后恢复重建规划目标

灾后恢复与重建规划是灾后重建过程中重要的决策部署，是灾后恢复重建各阶段重要意图的具体落实体现。它涉及灾后城镇重建空间发展布局规划、用地布局规划、综合交通规划、市政公用设施建设规划、历史文化遗产保护规划以及生态修复规划等多个专项规划。灾后恢复与重建规划的核心目标应当是使灾区发展在较短时间达到或甚至超过灾前水平，并为未来城市发展预留必要的潜力。它可以细分为下述主要目标：

第一，受灾的居民获得基本住所，即使居者有其屋。通过自建、助建、互建等方式修复加固受损房屋或新建房屋，确保无房和危房户获得安全住所。为达此目标，在规划过程中要坚持旧房维修加固和新房重建相结合。注重居民意愿和满足现代生活需要，注重工程建设质量，注重体现地方特色和保护传统民居风貌，注重节约用地和绿色环保，注重调动灾区群众的主动性和动员社会各界力量，确保城乡住房恢复重建工作的安全性和舒适性。

第二，全面恢复公用设施。公用设施是典型的生命线，主要有供水、排水、供电、供气、工业、交通、通信和输油，维系着城镇正常运转的基本物质条件，应尽快恢复。

第三，提高地方公共服务水平。在灾后公共服务设施不可避免地遭受到一定程度的损坏，必须尽快恢复重建当地公共服务体系。即重建教育、医疗卫生、新闻出版、广播影视、体育、社会福利、就业和社会

救助等基本设施，使其正常运转，服务灾区。

第四，恢复重建市场服务体系。明确市场服务体系的规划布局以及生活服务网络、金融服务网络、商品销售体系、物资流通体系、市场监管体系恢复重建的任务和要求，优先恢复重建与灾区群众基本生活和工农业生产密切相关的市场服务网点及销售流通设施，逐步形成布局合理、设施齐全、功能配套和结构优化的市场服务体系，为灾区生活和生产恢复与经济社会发展提供市场服务保障，促进工农业生产和社会经济进一步向前发展。

第五，生态环境恢复。通过重建规划，要求初步恢复灾区森林植被和野生动植物栖息地，恢复重建受损的自然保护区，控制水土流失，促使当地的生态环境逐步恢复。在灾害发生过程中严重受损的工矿企业，如果有严重的污染物排放历史，不提倡原地重建，要求予以搬迁，远离主城区。

第六，制定灾后城镇空间布局发展规划，明确灾后恢复重建城镇住宅用地、工矿企业用地、基础设施用地和商业娱乐设施用地等，合理定位区域使用功能，根据灾区自然地理条件和防灾减灾的要求，并结合主体功能区的目标要求，灾后城市空间可以划分为重点发展区、优化调整区、适度发展区以及控制发展区，最大限度地利用城市发展空间。

第七，进一步提高城市的综合防灾减灾水平。通过规划，加强灾害监测预警网络、防灾设施和应急救援体系的建设，建立健全综合防灾减灾管理运行机制，全面提高城市的防灾能力和灾害风险管理水平，切实保障生命、财产安全，为灾区经济和社会协调发展提供保障。

1.3 城市灾后恢复重建规划的意义

如前所述，当大灾不可避免地出现时，城市除非择址重建，否则就必须考虑按照灾后恢复重建规划进

行恢复重建活动。这种规划是对灾区进行恢复重建活动而做出的一种预先安排或者可供实施的计划，涉及整个国家、地方以及社会上各种财力和物力的统筹安排，在灾后相当长一段时间内都是恢复重建活动的基本依据。它的主要意义体现在以下方面。

1.3.1　指导灾后恢复重建活动

灾害造成灾区建筑房屋大量破坏乃至倒塌，公共设施受到严重损坏，人员伤亡，生产处于停滞状态，正常的社会秩序难以维系。在灾后恢复重建的过程中，也不可避免地面临着各方面的问题，矛盾错综复杂，困难重重。然而无论如何，灾后恢复重建规划涉及城乡用地布局、综合交通、公用设施和环境保护等主要内容，可有助于统筹兼顾。作为纲领性文件，它可以成为指导灾后城市发展建设的重要手段。

1.3.2　进一步提高城市综合防灾能力

在每次灾害发生过程中，不可避免地会造成物质财产损失和人员伤亡，但更应关注的是在下次类似灾害出现情况下如何最大限度地避免此类伤害再次发生。因此，通过灾害调查，找出不合理的用地布局、防灾设施的薄弱环节和应急决策的不足或者缺陷，可以进一步提升城市综合防灾能力。同时，根据建筑物的破坏特点，分析建筑工程所存在的质量问题，可以促进相关标准和规范的发展，变不利为有利。

这些调整或者完善都可以反映到城市灾后恢复重建规划之中，使后续的重建设施能够进一步提高综合防灾能力。

1.3.3　调控城市宏观经济发展

由于土地和空间使用是各项社会经济活动开展的基础，因此灾后恢复重建规划可通过城市土地资源的配置直接控制各项社会经济活动的规模，直接决定了城市各项经济活动未来发展的可能与前景。

1.3.4　保障社会公益

城市人口高度集聚，必然需要一些公共设施来满足公众需求，例如避难场所、学校、公园、城市道路和污水处理站等。然而，这些公共设施对一般企业来说，并不能产生直接效益，因此只能由政府通过规划投资管理。

1.3.5　改善人居环境

人与环境保护是一个永恒的话题。通常，由于历史原因可能导致城市住宅区、商业区和工业区混杂，导致工业废气、废水直接排放，严重污染环境，进而影响人类健康与动植物的生存发展。在灾害发生后，恰恰可能是一个难得的契机，通过灾后恢复重建解决上述矛盾，改善城市人居环境。

第2章 国内外城市灾后恢复重建规划比较

灾害的防御是一个全球性的问题，并不仅限于少数几个国家。全球受地震威胁的国家主要有中国、美国、日本、新西兰、意大利、土耳其、巴基斯坦、印度、伊朗、印度尼西亚、智利、古巴和海地等很多国家；风灾对中国、美国、太平洋和加勒比沿岸国家影响很大，通常风灾伴随着强降雨，还可能进一步引起洪灾；日本、印尼和印度等岛国或沿海国家，同时还面临着海啸的威胁。因此，在编制城市灾后与恢复重建规划时，可考虑借鉴不同国家的研究成果，并积极吸纳其中科学合理化的部分。

2.1 国外城市灾后恢复重建规划的演进

如前所述，地震灾害为群灾之首，对现代城市威胁最大。因此，从对城市造成威胁严重到以至需要考虑进行恢复重建活动的角度而言，现阶段主要考虑的应是地震灾害，譬如国家和地方政府发布的汶川震后恢复重建规划，而其他灾种次之，难以与地震灾害相比。因此，下述灾后恢复重建规划以地震灾害为主进行介绍，辅以其他灾种，分别按国外和国内两方面进行考虑。首先，介绍国外地震灾后恢复重建情况。

2.1.1 墨西哥地震灾后重建情况

1. 地震损失概况

1985年9月19日墨西哥西南岸外太平洋洋底发生8.1级强震，是墨西哥历史上损失最大的一次地震，重灾区面积达到32km²，造成大面积的停水和停电，交通和电信中断，整个城市一片混乱，给墨西哥首都造成了巨大的损失。据统计，该次地震导致8000幢建筑物受到不同程度的破坏，7000多人死亡，1.1万人受伤，30多万人无家可归，经济损失达11亿美元。[16]

2. 政府领导灾后恢复重建

墨西哥政府成立了全国重建委员会作为统筹部门来组织多元参与的机构体系，负责安置灾民和修复受损住房，并推动震后重建的展开。重建组织机构体系下辖城市地区重建委员会、疏散委员会、财政事务委员会、社会救助委员会、国际救助协调委员会、民事安全和预防委员会等六个专业部门，并负责与财政部、卫生部、交通部等其他政府部门协调，积极与国际援助组织接洽合作，并广泛动员民间组织和团体来参与重建。这个体系具有多元参与、充分开放的特点，建立了中央（联邦）、州、市三级政府的合作机制，并且通过《民防总则》来从法律上保证该体系的运转[17]。

3. 规划策略和重建安排

优先恢复重建首都城市中心区，由于受首都中心城区的地质条件限制和发展的需要，因此首都实行分散化发展规划，"分散化"规划战略。具体包括地域分散化、市场分散化、行政管理分散化三方面措施，鼓励企业和城市居民向首都以外地区分散，促进较落后地区市场的发育并采取适当分权策略将联邦政府的权限适当下放给州和市两级政府。注重对学校和医院的抗震设计，适当提高抗震标准。对供水管网、电力系统、交通等合理制定恢复计划，其中住房恢复重建安排如下：第一阶段，在震后半年内，首先重建地震中被破坏的房屋；第二阶段，在震后半年到一年的时间中，对抗震能力较弱的住房进行重建；第三阶段，在两年后，依照新的建筑法规建立新的房屋代替结构不完善的住房；第四阶段，震后两年内结束大众住房更新重建。

4. 重建规划的实施

墨西哥政府通过有效的融资保证重建资金的投入，从而保证了灾后重建的顺利进行。为了有效保证恢复重建后墨西哥城市的安全，墨西哥城有关部门通过地质条件勘测，把全市土地划为4类大区域，按危险程度分别为非常危险、危险、安全、非常安全，在图上标出。另外，还把全城土地划分成500多个小区域，每个小区域平均$0.5km^2$。根据勘察的结果，合理确定用地布局。并且，通过对建筑的逐个排查，将每个小区内的建筑物划分为12个等级，并对有危险的建筑物提出拆除、改建或修缮加固的建议。针对本次受灾特点以及在地震中城市建筑物所表现出的抗震薄弱环节，要求进一步完善墨西哥城《建筑物结构设计标准》和调整建筑法，以保证建筑物的重建质量和抗震能力。具体内容如下：

（1）墨西哥在当年年底就修改了建筑抗震设计规范，对建筑采取了更严格的抗震设防要求。

（2）对建筑许可证的审查更为严格，尤其是对地质较松软地区，甚至直接规定建筑的材料。

（3）重视房屋的维修和定期检查。

（4）在松软地基上，要求新建建筑物之间必须留有安全间距，以防倒塌时相互碰撞。

灾后重建的建筑物应严格按照建筑物抗震标准和建筑法的要求进行建设，此外还对防灾进行立法，不片面追求建筑物的抗震能力，通过二者共同发挥作用，以达到城市防灾减灾的目的。

2.1.2　美国洛杉矶北岭地震灾后重建情况

1. 地震损失概况[18]

1994年1月17日在洛杉矶地区发生6.6级地震，震中位于圣费兰多峡谷，北纬34°12.53′，西经118°32.44′，在洛杉矶西北方向20英里处，属浅源地震，震源深度为12英里，持续时间约30s。大约有11000多间房屋倒塌，震中30km范围内的高速公路、高层建筑毁坏或倒塌，煤气、自来水管爆裂，电信中断，火灾四起。地震发生时人们处于睡眠状态，因此人员伤亡严重，直接和间接死亡58人，受伤600多人，财产损失300多亿美元。

2. 住房重建

北岭地震后的房屋重建费用主要来自贷款、捐款、保险、联邦应急管理局补贴、住房和城市发展部补贴等。优先资助震灾导致的搬迁者及受灾影响最重地区的住宅重建，帮助灾区居民尽快渡过难关。

通过对灾区进行现场调研、统计建筑物损坏情况，在此次地震破坏的基础上，洛杉矶完善了建筑物抗震标准体系。优先重建独栋住宅，其次是出租公寓和私人住宅公寓。此外，对重要建筑物还配置了消能阻尼器，通过设置多道抗震防线，来提高建筑的抗震能力，减少损失。

3. 公共服务设施

美国对学校和医院的抗震设计非常重视。该次地震后洛杉矶的有些医院发生了破坏，严重影响了对受伤的灾区居民的抢救，因此本次地震后，美国通过立法规定重症病房和急诊室必须设置能抵抗较强地震作用的房间。

4. 基础设施

供电：地震发生后，局部地区出现了断电，大致通过3天时间左右的修复，基本上恢复了正常的电力供应。

交通：加州交通局对交通设施损坏状况进行了评估。本次地震造成许多桥梁出现了不同程度的损坏以及多处高速公路坍塌，建设部门组织维修了城市的基础设施。

5. 地震应急管理和应急救援制度

本次地震后对地震应急管理和灾害救济制度进行了完善和创新。该次地震发生后，为了对灾区进行有效的救援行动和开展恢复重建工作，美国政府制定了《美国联邦政府应急反应计划》。

2.1.3 日本福岛地震灾后重建情况

1. 地震损失概况[19]

2011年3月11日，在宫城县边的太平洋海域发生了9.0级大地震，是日本史上最大级别的地震，被称为福岛地震，震源深度达20km。地震引发了海啸、燃气泄漏导致火灾，部分岛屿沉没，特别是福岛第一核电站发生了核泄漏、造成了大量的建筑物损坏和人员伤亡。岩手、宫城以及福岛均为重灾区，其中福岛的核泄漏更是给周边地区带来了极大的恐慌和严重的污染。

2. 重建方针[19]

（1）国家统领全局，支持受灾地区制定恢复计划。

（2）市町村担任复兴任务的行政主体。

（3）为受灾者提供及时和正确的援助信息。

（4）受灾地的复兴要以"减灾"思路考虑受灾范围最小化，首先保障人命，其次使财产损失最小化。

（5）灾区复兴担负着复兴日本经济活力的先导任务，以此为出发点制定复兴计划。

（6）为实现东北地区产业的发展，大力支持企业进驻和投资。

（7）国家要切实、长远地负担起核事故责任。

（8）复兴阶段的工作应讲求效率、透明和优先性等原则，各府省必须遵循《东日本大地震关联事业详查》。

（9）重视公众参与，特别是女性、儿童和残疾人等的意见。

（10）实现开放式的复兴。复兴厅总部设在东京，下设岩手、宫城和福岛三个复兴局，以及复兴推进会议、复兴推进委员会等机构。

3. 住房重建

日本政府采取重建住宅、集体搬迁至高地的政策。首先对灾区房屋现状进行调查，得出灾区房屋现状图，尽快处理地震瓦砾，对受损的场地严格按勘察标准查探，提出处理场地的方法，为住房提供建设用地，确定灾区住房重建任务，制定合理的重建计划。

虽然日本抗震设计理念先进，但也存在不少盲区，应合理改进抗震设计中的不足之处。由于重建过程中人手不足、政府领导不当、建筑材料缺乏等使重建进度缓慢。

4. 公共服务设施恢复重建

1）教育和医疗

日本政府非常注重教育和医疗的恢复重建，恢复的速度相当快。尽快恢复正常的教学、医疗秩序，教育和医疗设施分别只用一年和两年时间已经全部修复。

2）文化、自然遗产

根据日本的《文物保护法》所划分的文物保护对象，抢修灾区文化遗产，注重灾区的文化景观和传统建筑群的修复重建。

5. 基础设施恢复重建

尽快修复原有的电力和通信设施。水利和交通恢复的重点是恢复原有的堤坝、防洪设施、道路、桥梁、铁路等，根据本次地震的破坏情况，相应提高抗震设计标准，改进原有设计的不足之处。据统计，到2012年水利和交通设施已完成了90%多，电力、通信等基础设施都已基本恢复。

6. 核泄漏对重建工作带来的困难

日本政府对核泄漏的损失估计不足够，导致救援不及时，应对能力不足。核泄漏给重建带来了极大的阻碍，较多灾区居民因害怕核泄漏废物的辐射，抗拒回到原有的居住地，最终导致住房重建进度缓慢。

2.1.4 卡特里娜飓风灾后恢复重建

1. 卡特里娜飓风概况[20]

2005年8月中卡特里娜飓风在巴哈马群岛附近生成，在8月24日增强为飓风后，在佛罗里达州登陆。随后该风暴进入了墨西哥湾，在8月28日横过该区套流时迅速增强为5级飓风，8月29日，极大的3级卡特里娜飓风在密西西比河口登陆。风暴潮给亚拉巴马州、密西西比州和路易斯安那州造成了灾难性的破坏。雷恩湖和路易斯安那州新奥尔良市的防洪堤因风暴潮而决堤，导致该市八成地方被洪水淹没。强风吹及内陆地区，严重阻碍了救援工作。据不完全统计，卡特里娜造成最少750亿美元的经济损失，至少有1836人丧生。

2. 重建资金来源

美国联邦政府提供救灾和重建拨款，其中包括104亿美元社区开发整体补助金（CDBG: Community Development BlockGrant）、70亿美元大堤防护资金、14.4亿美元减灾补助金（Hazard Mitigation Fund）、35亿美元交通基础设施资金、63亿美元联邦应急管理局减灾资金（FEMA）、20亿美元教育资金用于公共基础设施和设备修复、140亿美元税收优惠和免，还有60多亿美元小型商业贷款（SBA Loan: Small Business Administration Loan）。这些资金下拨到路易斯安那州，州政府成立路易斯安那州重建署（Louisiana Recovery Authority），协调全州各地方政府的重建计划[21]。

3. 重建规划情况

卡特里娜飓风发生后不久，联邦紧急事务管理局和路易斯安那州启动了国家应急规划中的社区长期恢复紧急支持功能。此外，由路易斯安那州州长批准成立路易斯安那重建管理局。路易斯安那重建管理局制定了地方再开发的重建原则和基本策略，并且制定了长期的规划任务，这形成州级层面区域规划制定过程的监督和指导。为了推进重建计划尽快地完成，市长雷纳根组织成立了包括17名成员在内的重建新奥尔良委员会。经历了重重审核后，新奥尔良一体规划得到了批准，并作为奥尔良教区重建规划的基础[22]。

2.1.5 国外城市灾后恢复重建规划的演进规律

结合国外城市灾后恢复重建规划内容来看，随着现代城市人口和规模的增加，体现出了如下演进规律。

日本灾害对策法律体系

日本的灾害管理体制是在防灾减灾相关法律制度制订、完善的基础上逐渐形成的，通过立法来确保灾害对策的实施。[23]

日本灾害管理的法制建设可以上溯到1880年颁布的《备荒储备法》，该法主要是为了确保在遇到灾害或饥荒的时候能够有足够的粮食和物资供给而通过立法来进行粮食和物资储备。经过100多年的发展，日本不仅建立起了自己的防灾基本大法——《灾害对策基本法》，还颁布实施了与灾害的各个阶段相关的多项法律法规，包括备灾—应急响应—灾后恢复重建三个阶段，逐步形成了自己的灾害管理法律体系。

1）《灾害对策基本法》统领防灾救灾减灾全局，是基本法、专门法和相关法律的有机结合

日本的《灾害对策基本法》经国会表决后于1961年10月31日颁布实施，这是一部包括总则（规定了灾害基本法的目的、灾害的定义，以及各级政府机关团体和公民的责任和义务）、防灾救灾相关组织、防灾规划、防灾预防、灾害应急对策、灾后恢复，财政金融措施、灾害紧急事态杂则、罚则等10大类117条法律条款以及历次修改用以说明的附则在内的较为完善的一部灾害管理基本法。该法颁布的目的是弥补旧的减灾框架的不足，促进政府开展综合的、系统的减灾管理。《灾害对策基本法》颁布后中央防灾会议根据实际应用中遇到的各种各样的问题，特别是在各种实际灾害应对时获得的宝贵经验教训的基础上，多次对该基本法进行了不同程度的修改。《灾害对策基本法》的五大目标是：明确减灾责任，备灾、应急响应以及灾后恢复重建的程序；促进减灾的综合行政管理；促

1. 日益重视法律、法规的作用

法律、法规对城市恢复重建或者日常发展起着控制性作用，各国政府相继颁布了一系列法律、法规文件，指导城市恢复重建，特别是日本相关文件多达数百种。

进灾害管理的行政努力；提供公共财政资源；建立进入灾害紧急状态的程序。

灾害对策基本法的一大特点是防灾责任明确化，这是建立依靠国家、社会团体和全体国民共同努力的防灾体制的基础。

国家（中央政府）的防灾责任：中央政府是全国防灾规划和防灾对策的制定者和实行者。

都道府县政府的责任和义务：日本实行的是地方自治制度，因此地区防灾必须依靠地方政府的财力、物力来实施。

市街村的责任和义务：作为最基层的地方公共团体，同样为了确保灾害中本区域居民的生命财产免受损失，尽可能地获得相关机关和其他地方公共团体的协助，制定适合本区域的防灾规划，并推动防灾规划中各项内容的实施。

公共机关的责任：公共机关（指国家指定的公共机关和指定的地方公共机关）必须制定与本机关或本行业业务范围相关的防灾规划——，并按照灾害基本法和其他灾害相关法律法规的内容进行各项防灾活动。同时，为了确保国家、地方政府顺利实施防灾规划，各指定公共机关有责任和义务向所在的地方政府提供其业务范围内的协助。

公民的责任：《灾害对策基本法》规定了地方公共团体、区域内的共同团体、防灾设施的管理者、普通市民在防灾方面的责任，以及责任者和民众在防灾减灾过程中表现的奖罚规定。

2）备灾-应急响应-灾后恢复重建各阶段有法可依，灾前、灾中和灾后实现全程法制化[24]

根据灾害发生的周期，日本颁布了围绕备灾—应急响应—灾后恢复重建各阶段的专门法律或相关法

律，使灾前—灾中—灾后阶段的相关活动尽可能有法可依，相互协调。以地震的相关立法为例，日本关于地震的法律涉及震前预防、震中紧急应对、震后抗震支援以及地震研究等各个方面，包括《地震防灾对策强化区域改进特别财政措施法》、《大规模地震对策特别措施法》、《地震防灾对策特别措施法》、《建筑基准法》、《建筑物抗震改修促进法》、《地震对策财政特别措施法》、《地震保险法》、《受灾城市区域重建特别措施法》、《受灾者生活再建支援法》等24部法律。

3）防灾减灾实践推进立法的完善和发展，灾害管理体现综合性、有效性和科学性

每一次重大的灾害事件都会不同程度上暴露出原有的法律制度体系的缺陷，或者是某一类法律制度的空白，这些都必须在灾害过后进行修正。正是由于在灾害发生后能够进行认真总结和深刻反思，对已有法

律存在的冲突及时修改，对存在的立法缺失进行及时补充，才使日本的灾害风险管理法律体系得到了不断发展和完善。

1946年日本南海道地震催生了《灾害救助法》、《农业、林业和渔业项目救灾补助金的临时措施法》和《公共设施因灾害损坏国家财政补助法》；1959年伊势湾台风后颁布了《土壤保护和灌水控制的紧急措施法》、《灾害对策基本法》、《极端灾害的处理与特别财政援助法》和《暴雪地区特别措施法》；1964年新潟地震后颁布了《地震保险法》、《为减灾而集体搬迁的特殊财政支持法》、《灾害慰问金法》和《活动火山特别措施法》；1995年阪神·淡路大地震后，日本政府及时修订了《灾害对策基本法》和《大规模地震对策特别措施法》，颁布了《地震防灾对策特别措施法》、《特定非常灾害受害者权益特别保障措施法》和《人口密集区减灾改进法》。

2. 重视学校和医院等公共服务设施的建设工程质量

学校和医院由于其独特的社会功能，工程质量至关重要，因此对学校和医院的防灾能力要求非常高。

美国针对地震灾害而颁布的菲尔德法

1933年3月10日，加州长滩发生里氏6.3级的地震。在这次地震中，230多个学校建筑物遭到不同程度的损害，部分建筑甚至倒塌，需重新建设或加固。当时的这些建筑设计不当，没有考虑地震的作用。幸好发生的时间是周五放学后，并没有造成学生伤亡，地震后当地政府非常重视，针对地震可能造成的伤害，加州立法机关迅速作出反应，并颁布了菲尔德法[25]。

菲尔德法是建立在抗震设计标准、设计审核、建设检查、特殊的测试这四个基础上的。

菲尔德法的具体规定如下：

（1）州政府建筑科（Division of State Architect）撰写公立学校的设计标准。美国现行全国统一的建筑规范是国际建筑规范（International Building Code 2006，或称IBC）。加利福尼亚州的建筑标准规范

（California Building Standards Code，或称CBC）也是基于IBC，而具体的公立学校及医院的建筑额外设计标准写在CBC的"A"章节中，"A"章节在一般章节的基础上，增加了更高标准的设计要求。

（2）公立学校的建筑设计图纸与结构施工图纸，必须由具有资质的拥有加州执照的建筑工程师和结构师来完成。

（3）在颁发建造合同之前，设计书和图纸必须由州政府建筑科审核，检查是否符合菲尔德法。审核通过后才可以发给许可证。

（4）必须由学区直接聘请合格的检查员，检查员必须独立于建筑师、工程师和工程承建商，连续不间断地巡查施工过程，保证施工遵守设计图纸。

（5）负责的建筑师和（或）结构工程师必须定期监察施工过程。更改设计图纸（如有必要）必须由工程负责建筑师和（或）结构工程师做好准备程序，并

须经州政府建筑科批准。

（6）特殊的测试（如果有必要）须由州政府建筑科发出指令，由经过认证的测试实验室来完成。

（7）建筑师、工程师、检查员及承建商必须做出报告，确认实际的建设符合经批准的设计图纸。

自从颁布了菲尔德法后，美国的学校建筑严格执行该项法律的规定，建筑物的抗震能力得到了极大的提高。据不完全统计，美国的学校在地震作用下，基本上损坏较轻，较好地保护了教师和学生的生命安全。

3. 强调环境保护的需求

城市生态环境是保持城市健康可持续发展的必要条件，一旦严重失衡，就将出现各种城市问题，阻碍城市的发展，甚至造成灾难性的破坏。美国在这一方面极度重视，灾后恢复重建活动必须考虑对环境的影响，并进行专项评估。

美国生态保护的具体措施[26]

1）生态工业园建设

生态工业园是为了实现循环经济和可持续发展理念，企业之间相互依存而形成的企业共生体系。美国环保局认为："EIP是一种由制造业和服务业所组成的产业共同体，他们通过在环境及物质再生利用方面的协作，寻求环境和经济效益的增强。通过共同运作产业共同体可以取得比单个企业效益之和还大的效益"。

美国生态工业园发展已经有二十多年的历史。在20世纪90年代，美国政府开始关注作为一个新兴工业理念的生态工业园，并在可持续发展委员会下设"生态工业园特别工作组"，推动生态工业园的发展。生态工业园内企业之间通过能量、废物和信息的交换，以实现企业清洁生产，从而使资源得以最大程度利用为目的，尽可能使园区的污染物排放为零。通过多年的努力，美国已经建成3大类（改造型、全新型、虚拟型）总计20多个生态工业园。美国是最早提出生态工业园的国家。与传统工业园相比，生态工业园以工业共生为特点，节约资源、降低废弃物的排出，是实现可持续发展的有力支撑。生态工业园的发展与美国政府在生态保护与经济发展中所持有的可持续发展目标是完全契合的。

2）生态保护的市场机制

生态保护单纯依靠政府的力量势必十分被动，经历过惨痛教训之后，美国政府在生态保护问题的观念上发生了重大变化，即依靠市场的力量，设立不同的经济措施促使企业主动守法，这才是生态保护的最有效手段。美国生态保护政策可以说都是经济政策，也就是说强调开发新技术和新产品而不是通过改变生活方式的方法来实现生态保护和经济的可持续发展，通过措施的多样性，力求充分发挥各级地方政府和企业的积极性，使其自愿参与到环境守法中来。

市场机制在美国生态保护中的积极作用是显而易见的。比如二氧化硫排污权交易制度，根据1970年的《清洁空气法》，美国政府实行了一项弹性政策，在污染物总量控制的前提下，各企业排污口排放的污染物可以相互调剂。

只要企业通过技术革新减少排污量，那么企业就能通过排污权交易的方式获得资金。这极大地提高了企业环境守法的积极性，也便利了政府的环境管理工作。根据美国环保局（EPA）的统计，到2006年，美国二氧化硫的排放量比1990年下降了630万t，首次下降到1000万t以下，相当于下降了4成；从1994年到2005年间，二氧化硫排污权交易累计完成了4.3万件，而2004年的减排成本只有20多亿美元，仅相当于当初预测值的1/3。在市场机制的应用方面，美国证券交易委员会要求上市公司披露相关的环境信息，以利于民众监督。环境信息披露制度增强了企业的环境守法意识。

3）生态补贴政策

根据2002年的《农业法》的授权，美国农业部将通过实施土地休耕、水土保持、湿地保护、草地保育、野生生物栖息地保护、环境质量激励等方面的生态保护补贴计划，以现金补贴和技术援助的方式把这些资金分发到农民手中或用于农民自愿参加的各种生态保护补贴项目，使农民直接受益。

4）自然保护区管理

美国的自然保护区以"国家公园"为名，旨在保护自然资源和历史遗迹，同时能为公众提供欣赏并享受美好环境的空间。成立于1872年的黄石公园是世界上第一个"国家公园"，其产生过程为美国及全球国家公园的生态保护提供了良好的范本。作为世界最早以"国家公园"形式进行自然保护的国家，美国在管理方面制定了诸多相关法律，如1894年的《禁猎法》、1916年的《国家公园法》、1964年的《荒野法》、1968年的《国家自然与风景河流法案》和《国家步道系统法案》，以及1969年的《国家环境政策法》、1970年的《一般授权法》等。在管理体制方面，国家公园系统实施统一管理，即由联邦政府内政部下属的国家公园管理局直接管理，其管理人员都由总局任命和调配，工作人员分固定职员和临时职员、志愿人员。在资金运作方面，美国给予国家公园管理机构以财政拨款，保障了管理工作的顺利进行。

5）温室气体排放控制

1970年美国通过了《清洁空气法》，该法的颁布标志着美国对环境控制采取了更为严格的方法。《清洁空气法》历经1977年和1990年两次重要修订，成为美国控制大气污染的重要基础。该法中确立的排放许可制度、总量控制政策、排污权交易等内容成为现代环境管理的先进举措。针对二氧化碳等温室气体排放的控制，2007年美国最高法院裁定二氧化碳属于《清洁空气法》所规定的空气污染物。2009年6月，美国国会众议院通过的《2009年清洁能源与安全法案》提出，自2012年起，在国内逐步建立温室气体排放限额交易体系。通过明确责任主体，将排放控制目标落实到排放实体，并尝试建立市场机制，推动企业逐步降低二氧化碳减排成本，以实现2020年国家排放控制目标：2020年温室气体排放总量比2005年减少17%，2050年比2005年减少83%。2010年，美国环保局通过温室气体排放许可权授予规则和温室气体的排放许可规则。目前，美国绝大部分州已经制定本州的气候应对计划、政策或法律，包括碳捕捉和储存立法、能源标准以及强制减排目标与排放权交易等；同时，各州还采取州际合作机制，如西部地区气候行动倡议、西部州长联盟之清洁与多元化能源倡议以及地区温室气体倡议等，通过明确减排目标和时间表、建立温室气体总量控制和排放权交易系统等区域行动进行温室气体控制与减排的尝试，既向联邦层面温室气体立法施加影响，也为其立法提供了借鉴。

4. 突出发展公共交通

面对日益增多的私人汽车所带来的低效率、能源浪费、交通拥堵和环境影响，鼓励提倡减少机动车的使用量，积极发展利用公共交通。日本在这方面的相关实践开展较好，效果显著。

日本东京公共交通体系[27]

1）连接首都圈及城际间的高效发达的区域公共交通网络体系

东京是世界上典型的以轨道交通为主导的大都市。在东京首都圈内，由17条国铁JR线（新干线）、13条私营铁路系统构成的巨大的铁路及轨道交通网络骨架维系着交通功能，利用轨道交通和铁路的快速和大容量，整个区域交通系统年运送乘客约158.5亿人次。外部和城际市民通过区域公共轨道交通网络体系进入东京都和区部城市中心或山手环线的综合换乘枢纽，然后利用东京和区部的地铁系统及地面公共交通到达城市各个片区，满足了大量乘客的需求。

（1）首都圈的国铁JR线（新干线）系统

国铁JR线（Japan Railway Line）是电气化铁路，也称新干线，承担了东京首都圈市际间及市内的部分交通出行，总长度近900km。国铁JR线由两条环线及若干条放射线组成，以东京站为中心向首都圈及其他地区辐射。新干线车站设在东京和区部，市民出行主要选择新干线进出东京区部、东京，其站点与城市地铁、轻轨连成一体，组成综合交通枢纽，换乘方便。这给上班族和旅行者提供了很大的便利，使新干线的利用率非常高，年运载量在1.4亿人次以上。

（2）东京交通圈的私营铁路系统

首都圈中国铁JR线未覆盖到的区域，市民可选择私营铁路系统进入东京和区部的山手环线。私营铁路线大部分以区部山手环线为终点或起点，主要由东急线、小田急线、京急线、西武线、京王线、东武线、京成线等13条线路组成，覆盖了东京首都圈交通圈及其以外的其他地区。私营铁路线由20家民营铁路公司运营管理，运营时速达40~45km，站距2km左右，高峰时运行间隔4min，有效地补充了国铁JR线的不足。

2）方便快捷的中心地区（东京、东京区部）地铁线网及地面公共交通网络体系

（1）东京区部地铁线网

东京区部地铁线网由东南海滨城市中心向北、向西扇形发展，呈放射式布局，地铁线路系统由13条线路组成，其中环线1条（也称山手环线，有内环和外环之分），绕东京区部市中心运行，连接东京市的东京、上野、池袋、新宿、涩谷、品川等32个综合枢纽站；放射线12条，主要覆盖东京区部，总里程超过280km，运营时速30~35km，站距1km左右，与区域国铁JR线、私营铁路线衔接联运。大量的人流通过地铁线路快捷地进入中心城区各个区域的工

作场所。方便高效的特点吸引了众多城市居民使用公共交通工具。

（2）东京地面公共交通系统

作为东京区部地铁线网系统的补充，东京地面公共交通系统沿城市道路呈网络状分布。城市道路中划出了大量公共汽车专用道，保障地面公交体系的优先权，也确保了地面公交的发达、快捷、准确和高效。地面公共交通系统以公共汽车、出租车为主，与轨道交通站点、城市交通枢纽、对外交通枢纽衔接紧密，换乘距离短，服务水平高，分布密度大，指示清晰，便于乘客的换乘和使用，满足了大部分市民的基本出行要求。90%以上的居民和上班族在轨道交通和地面公交系统车站400m服务范围内。

3）综合便捷的城市公共交通

在城市公共交通运输系统中，城市快速轨道系统能否发挥其应有的作用，客观要求各种运输工具必须很好地连接，即发挥公共交通枢纽的作用。东京区域中各种运输系统汇集连为一体的主要枢纽多达32个，它们是乘客集散、转换交通方式的重要场所，实现了市内、市外交通的无缝衔接，保证了城市生产、生活的高效进行。综合交通换乘枢纽基本实现了各种交通方式之间同台零换乘。枢纽车站往往有若干层，与大铁路相连接的车站站台多达十几个，出租车、市内公共汽车分布在枢纽两侧地面一层，自行车、私家车、客车停车场设计在地面以下。轨道交通线路和铁路线高架在地面一层以上，既保证了轨道交通的安全、快速运行，又没有对城市用地发展造成阻隔。人流与地面公交线路、轨道交通线路各行其道，没有交叉干扰，客流组织合理、高效、有序。在改善交通状况的同时，综合交通枢纽不仅解决了人流换乘问题，还形成了东京特有的交通枢纽商业群，发挥了城市交通枢纽的综合功能，成为城市不同区域的主要公共活动中心。在东京32个大型综合交通枢纽站中较为著名的分别是位于山手环线上的新宿、涩谷、池袋、东京、上野的5个大型综合交通枢纽站。

（1）新宿车站

新宿车站始建于1885年，是各条铁路集中的一个大型交通枢纽设施和商业文化活动中心，途经这里的铁路有包括JR中央线在内的山手线、中央线、总武线、埼京线和都营地铁新宿线、大江户线以及私营铁路公司的小田急线、京王线和西武新宿线等，共有11条线路和33个站台，是日本第一大车站。每天在这里上下车的乘客达160万人，它不仅是日本，也是世界上平均每天客流量最多的车站。新宿车站以东京都政府大楼为中心，分为西口区、南口区和东口区，它们连成一体共同构成了新宿交通枢纽商业中心。

（2）池袋车站

池袋车站兼有交通枢纽和文化娱乐中心的功能，站内可换乘4条地铁，11条巴士线。从车站前延伸出去的购物街上，除有水族馆和天象馆之外，还有宾馆、购物中心、展示场馆和大型会议中心等设施。此外，车站附近还有东京艺术剧场和大学等，给本地区增加了浓烈的文化气息。

（3）涩谷车站

位于东京涩谷区的是JR山手线、埼京线、东急东横线、田园都市线、京王井之头线、地铁银座线、半藏门线，涩谷站是交通枢纽和文化信息中心。

（4）东京车站

东京站位于东京区部中心，这里以东京站枢纽为中心集中了日本有代表性的大企业总公司，是日本的商务中心。这一带也是日本的行政和政治中心地区，有国会议事堂、首相官邸、国会图书馆、江户城遗址等。

（5）上野车站

上野枢纽站位于东京台东区，集中了6条以上的铁路线，周边集中了东京都美术馆、东京文化会馆、国立西洋美术馆、国立科学博物馆和东京国立博物馆等文化设施，为市民休闲活动的主要场所。

4）完善细致的各类公共交通管理、安全设施

东京的道路普遍不如我国大城市的宽阔，车道也比较窄，尽管路窄车多，但交通秩序良好，路上并不十分拥堵。除了发达的公共交通网络之外，也与其拥有人性化、先进的道路管理、安全设施分不开。日本在交通设计、建设上的人性化理念体现得非常到位，而且十分重视细节的处理，将"以人为本"的理念贯彻到实际工作中。

（1）完善的交通管理设施

东京的交通管理设施设置密度大，而且科学、规范、系统性强，体现了人性化的思想。日本交通标志以自己特有的形状、符号、图案、颜色和文字向交通参与者传递合理、清晰、细致、醒目的信息。无论是城市还是乡村，所有的路口，无论大小，均设有信号灯。管制中心将收集的交通信息进行处理，经过处理和优化的交通控制信号自动地传送到各个路口的信号机上，实现了交通信号中心协调自动适应控制。东京都内共有14700多个信号控制路口，其中7308个实现了中心协调控制，其余路口为感应控制或单点控制，设置于路口、路段的显示板用文字、图形显示邻近路段的交通状况，同时，系统还提供以电话、手机、传真等形式的交通信息查询功能。优化的智能交通环境为交通系统良好运行创造了条件。

（2）细致的交通安全设施

为保证交通安全、畅通，道路防护设施中的车行护栏、护柱、人行护栏、分隔物、高缘石、防眩板、防撞护栏等细致地分布在道路的各个部位和有效视角范围内，布置合理、科学，有效地降低了交通事故率，减少了人员伤亡和财产损失。为了有效地预防夜间交通事故的发生，东京非常重视改善驾驶员夜间驾驶时的视觉环境。在道路体系中设置明确的道路照明设施、防护栏、视线诱导标志、紧急联络设施以及其他交通安全设施。通过沿道路线形布置照明器、视线诱导设施，为夜间行驶的驾驶人员提供道路方向、线形、坡度等情报，提供道路线性轮廓的指示，诱导交通流的交汇运行，指示或警告前方行驶方向的改变，对提高行驶的安全性和舒适性起着非常重要的作用。

2.2 国内城市灾后恢复重建规划的演进

我国也是世界上地震灾害多发的国家之一，地处环太平洋和喜马拉雅—地中海两大地震带之间，近期以及历史上地震造成的破坏均是极其严重的。因此，与国外相对应，下面结合国内影响较大的地震灾害事件介绍相应的灾后恢复重建状况。

2.2.1 唐山灾后恢复重建规划

1. 震灾概述

1976年7月28日凌晨3点42分，在唐山、丰南一带发生了一次7.8级强烈地震，震源深度12km，地震仅持续约12s，唐山就被夷为一片废墟，682267间民用建筑中有656136间受到严重破坏或者倒塌，造成242769人死亡，16.4万人重伤。唐山市区地面建筑和城市基础设施基本上全都被毁，供电、供水、通信和交通全部中断，造成的直接经济损失在30亿元以上[28]。

2. 唐山灾后重建规划工作情况

唐山震后合理制定了《唐山市城市总体规划》，并严格按照总体规划进行恢复建设。

1）唐山市城市总体规划及其调整

1976年8月，国家建设委员会、河北省建设委员会以及国家建设委员会城建局等单位，针对唐山市编制了有关震后重建的《唐山市城市总体规划》。为了用较短的时间，把唐山建设得比震前更美好，体现中国20世纪70年代城市建设的先进水平，1978年3月再次组织北京等地的城市规划专家，调整了相应的城市总体规划。1979年9月，又通过专题研究了新华道、建设路等主要街道的建筑物布局、高度、绿化等街景规划，进一步完善了《唐山市城市总体规划》。

按照《唐山市城市总体规划》，震后恢复的新唐山划分为中心区、东矿区和新区。城市规划面积56.6km²，人口65万。

在《唐山市城市总体规划》的实施过程中，结合唐山建设的具体情况曾作过一些调整。1981年10月，国务院提出国民经济"调整、改造、整顿、提高"的方针。唐山市震后重建的调整原则是：压缩城市规模，控制城市人口，减少占地与投资，加快居民住宅建设。1982年1月，中共河北省委和中共唐山市委制定了《唐山市恢复建设贯彻收缩方针的调整方案》，确定了调整城市建设的基本原则：控制中心区，缩小新区，利用路南区。原路南区的居民和企业不再全部迁出。在能够避开地震断裂带和采煤波及区的地域，一部分原有工业企业可以就地重建，迁出的企业由92个减少到9个，节省了搬迁费。并规划新建13个住宅小区，有效地利用了路南区的土地。重建路南区内的小山繁华商业区。重建资金的调整原则是：重点保证住宅建设，从紧安排配套工程，进一步调整工业企业，压缩非生产性建设，在确保地震烈度8度抗震设防标准的前提下，降低建筑造价。调整后，唐山市区划分为中心区（路南区、路北区）、东矿区和新区。城市规划调整后，城市占地面积73km²，人口76万。

2）震后城市总体规划的抗震防灾措施

在制定《唐山市城市总体规划》时，从城市规划的角度确定了抗震防灾的指导思想：控制城市规模，积极发展小城市；注意功能分区，合理利用建设用地；适当降低建筑物密度，提高空地绿地面积；建筑物按抗震8度设防，提高建筑物结构质量；制定防灾规划，防止次生灾害发生。依据抗震防灾指导思想，采取了一系列抗震减灾的战略性措施。改变中心区工矿企业过于集中，建筑物和人口密度过高的历史状况，严格控制中心区的规模；开辟新区，从中心区迁入部分大中型工厂，相应减少市中心区的人口；东矿区原地恢复重建，以开滦矿务局的几个大型煤矿为基础，依矿建区，完善城市基础设施，发展多功能的新兴综合性城市。实施这种城市布局规划后，唐山市区由各相距25km的三座中等城区组成，在地理位置上形成组团式、分散性的"小三角"。唐山市区的住宅与工业建筑，按照地震安全评价结果和地震影响小区划确定的地震烈度进行抗震设防。依据"大震不倒、中震可修、小震不坏"的抗震设计原则，对于性质、高度、层数不同的建筑物采用不同的抗震措施，重要的建筑物和城市生命线工程合理选择地段，提高抗震烈度设防，采用抗震性能好的结构形式。

3）主要项目专项规划

（1）住区规划

①生活居住区主要分布在新华道、文化路以及建设路一带，改变了原有工业、居住混杂布局状况；②加强了住宅抗震设防建设；③居住区按3万～5万人进行规划，由4～5个居住小区组成；④公共设施按两级配套设计，小区内设置居民委员会、中小学、托幼园所、粮店、副食店、小吃店等，居住区内设置街道办事处、派出所、百货、邮电、储蓄、电影院、综合修理部、书店、药店、煤气调压站、热力点等；⑤住宅以4～5层条式楼房为主，适当布置一些点式6层住宅。[29]

（2）道路交通规划

①增加救援干道，打通"丁"字路，采取裁弯取直以及适度加宽等措施，建成四通八达的"棋盘式"道路网。②吸取震后救援力量进城困难的教训。震后规划确定了每个方向的两条进出道路。③在城市入口处沿主要公路布置停车场地。

（3）市政工程及防灾规划

①通盘考虑城市供电、供水、防洪、排水、环保以及邮电通信等设施，充分考虑防灾需要。②各市政专项均以"多条腿走路"为原则。在市区不同方位建了四个水厂，形成多水源环形供水。③采用多电源环形供电方式，采用有线、无线通信相结合，机房分建的手段；确定了唐山市采取新的抗震设防烈度，即8度设防，同时将城市生命线工程设防标准适当提高到9度。④在建筑抗震方面，确定与之对应的内浇外砌、砖混加构造柱、框架轻板等建筑结构。

3. 唐山灾后重建组织部署工作情况

1）灾后重建的总体计划安排

到1977年年底，群众生活、工业生产、文教卫生、商业、城市生命线系统等已经基本恢复，震区已经具备了从恢复阶段向重建阶段转化的基本条件。

1978年2月1日，河北省革命委员会适时向国务院呈报了《关于加快重建唐山市的报告》，提出要以尽快的速度、较少的投资，把唐山建设成现代化的社会主义新型城市；要自力更生、艰苦奋斗，高速度发展工业生产，采用大包干的方法，按照全市统一规划、统一设计、统一投资、统一施工、统一分配、统一管理的"六统一"原则，尽快重建震后的新唐山；尽量采用新技术、新材料，城市布局要力求科学、合理，有利生产，方便生活，体现出中国20世纪70年代的建筑科学水平。1978年2月11日，国务院批复了这一报告。

2）加强震后重建的组织领导

国家抗震救灾指挥部、河北省抗震救灾指挥部、唐山市抗震救灾指挥部等各级指挥机构在唐山市重建过程中加强领导，合理组织，统一指挥，有效地加快了重建的进程。

3）灾后重建工作的组织实施

唐山灾后重建大体分为施工准备、组织施工、清理废墟、搬迁等四个方面。

一是施工准备阶段。在地震废墟上建设新的城市，唐山市从城市规划、勘察、设计、建筑材料、施工建筑物资与设备、施工队伍和施工场地等各个方面做好充分准备工作。最先准备的是震后《唐山市城市总体规划》，唐山市震后重建的规划、勘察与设计是在全国十几个省、市和国务院有关部委的大力支持下完成的。工程地质勘察与设计任务采用勘察设计单位与唐山市不同区域、建筑工程对口分片包干的方法，分别承担勘察设计任务。重建唐山消耗的钢材、水泥等建筑材料是在国家物资总局、国家建材总局和河北省有关部门的支持下，经唐山物资部门积极落实、组织调运，新建了22个建筑构件厂，制造和调运了施工设备1600多台（件）。在施工准备阶段，解决了一些比较重要的具体问题。

（1）建筑结构的选择。经反复比较研究，决定实验内浇外挂、内浇外砌、砖混加构造柱和框架轻板4种结构形式。所谓内浇外挂是内部纵墙、横墙为现浇钢筋混凝土，用筒子模板或片模一个单元一次浇灌而成，且墙面不再抹灰，大楼板、厨房、厕所隔板、外墙、楼梯、阳台等构件均在构件厂生产并抹面。内浇外砌的外墙改为砖砌，其他和内浇外挂相同。结果表明，内浇外砌整体性能好，抗震性能和保温性能高，造价比较便宜，被选作住宅建筑的主要结构形式之一。

（2）建筑材料的选择。住宅建筑结构确定后，重点进行唐山启新水泥厂的续建、唐山市水泥厂的扩建，并新建唐山市第二水泥厂，以确保水泥的大量需求。

二是组织施工。有10万多人参加了唐山大地震震后的重建施工，其中支援唐山建设的省内外施工队伍5.6万人，唐山市的施工队伍3.1万人，各县和人民公社的建筑队1万多人。

震后重建过程中，组织施工主抓了施工重点、施工部署、施工质量和施工管理四个重要环节。从施工准备到重建全面展开，一直把居民住宅建设作为施工重点。具体做法是：①"四集中"。集中一部分施工条件好的居民小区、集中建筑设备、集中建筑材料、集中施工力量，重点保证居民住宅建设。②"三优先"。对居民住宅建设优先安排资金、优先供应物资、优先保证运输，一些不影响居民住宅配套的公用建筑给居民住宅建设让路。③在资金、建筑材料暂时出现困难时，允许居民住宅建设先借后补，避免影响施工进度。④居民住宅建设与水、电、路以及学校、商业等配套工程同步进行，一座居民住宅小区建成后，居民即可入住。1979～1985年，各年竣工的居民住宅面积均超过当年竣工总面积的60%，平均每年有3万多套配套住宅交付使用，基本适应了搬迁的需要和居民入住新居的需求。

三是清理废墟。唐山大地震中，唐山市中心区的建筑物基本倒塌，产生的废墟大约有2000万m²。为重建唐山，必须清理废墟，并运往指定的地点。最初利用载重汽车清理主要街道的废墟，疏通市内交通，确保运送重伤员与救灾物资的车辆通行。各厂矿企业的废墟在恢复生产与重建过程中自行清理。截至1978年年初，唐山市中心区清理废墟量多达1000m²，为进一步清墟奠定了基础。随着清墟工作量的加大，现有运输工具已经不能满足需求，1979年3月，组建了唐山市机械化施工公司，承担市中心区的主要清墟任务，提高了清墟效率和重建速度。也为1986年年底基本完成清墟任务创造了良好条件。

四是搬迁腾空。所谓搬迁腾空是震后灾区从简易城市向新城市发展的一个必经阶段，随着重建从城市的外围向市中心地带进展，居民或厂矿企事业单位从简体房或简易建筑物向新建的永久性建筑物陆续搬迁，为开辟新的建设地域腾出施工工地的过程。

4. 重建成果

地震发生后，唐山人民进行了抗震救灾、恢复生产、重建家园的艰苦斗争。震后重建，是唐山城市建设史上的一个特殊时期，是一项中外罕见的浩大工程，共耗费资金43亿元。到1986年6月底，唐山重建完成。城市建成区面积达到101.38km²，市区面积比震前扩大了40%；主要基础设施与震前相比，住宅建筑面积增长1.26倍，道路增长38%，供水管网增长1.65倍，日供水能力增长1.29倍，排水管道增长1.19倍，路灯增长1.58倍；人均公共绿地面积由震前的0.77m²提高到1.74m²；集中供热面积达到424.9万m²，6.7万户居民用上了燃气。一座功能分区明确，布局比较合理，市政公用设施比较配套，抗震性能良好，生产、生活方便，环境比较优美的新型城市基本建成。

2.2.2　云南澜沧一耿马地震灾后重建情况

1. 灾害概况

1988年11月6日21时03分14秒，澜沧一耿马发生7.6级地震，仅十几秒之后又发生一次7.2级地震，震中位于东经22.8°、北纬99.7°，地震造成地表出现了大裂缝、山体滑坡和地基液化。其中，地裂缝宽度达4～5m，最长的达几公里。其中，许多公路路面产生鼓包、张裂或路基失效，此外长达10km的国防公路路面被滚石掩埋，殃及路过的汽车和行人。据统计，澜沧、耿马和沧源三县的十几个乡镇受灾极为严重，该次地震死亡748人，重伤3759人，轻伤3992人，95%以上的房屋都遭到不同程度的破坏，农业生产设施和生命线工程受到严重破坏，直接经济损失达275000万元。[30]

2. 用地调整

集中布置公共建筑和行政机关，使城市向南发展，结合商业服务和农贸市场的需要在适当的地方布置城市广场。工业区集中布置在城市的南边。此外，不适合建设的用地可布置公园绿地并作为防灾疏散空间[31]。

3. 居民住房恢复重建

灾前已有的房屋重心位置普遍偏高，在地震作用下极易发生破坏。因此，灾后恢复重建的房屋应严格控制房屋的重心高度。首先，对破坏严重不可修复或修复代价较大的房屋推倒进行重建，应避开地震活断层这样危险地段，尽量采用抗震性能好的结构设计形式，比如保留原有的木结构形式，但应注重木结构构件的保护，还可以采用抗震性能较好的钢筋混凝土结构，采用砌体结构的房屋，应加强构造措施，适当增加构造柱、圈梁，严格保证灾后住房恢复重建的施工的质量。然后，修复和加固轻微和中等破坏的建筑。由于当地的经济发展在当时还比较落后，没能完全按照建筑抗震设计规范建造或加固，还存在部分房屋仍不符合抗震要求。

4. 城市基础设施

1）学校

本次地震破坏的教学楼横墙数量很少，都是纵墙承重形式，抗侧移刚度严重不足，在此次的地震作用下学校教学楼破坏极其严重，因此震后恢复重建的学校应采用横墙和纵墙联合承重，增加结构的抗侧移刚度。

2）医院

在本次地震中未按抗震要求设计的医院发生了严重的破坏，而极个别按照抗震设防烈度设计的医院基本上保持完好。医院作为非常重要的生命线工程，在灾后恢复重建的规划中，根据实际情况适当提高了抗震设防等级，以保障紧急情况下能正常抢救受伤人员。

3）交通

加强乡村公路的连通，合理设置生命线救援干道，按照抗震规范要求恢复重建被破坏的桥梁，恢复原有的道路，避开地震活断层带，提高公路的等级。

4）给水排水系统

根据当地已有的水源，建设可靠的供水网络系统，管线的设计应避开地震活断层，集中建设污水排放系统，注重环境的保护。

2.2.3　雅安市城市灾后恢复重建规划

1. 灾害概况

2008年5月12日，四川省阿坝州汶川县境内发生8.0级大地震。这次地震是新中国成立以来破坏性最强、损失最重、波及范围最广、救灾难度最大的特大地震。"5·12"汶川大地震波及雅安，全市经济社会和人民生命财产遭受重大损失，雅安被列入全省6个重灾市中。全市8个县（区）154个乡镇和街道办事处1113个村委会社区899279人不同程度受灾。因特大地震死亡30人，失踪2人，受伤1351人，需临时安置89611人。汉源、宝兴、名山、芦山、雨城、天全六县被省地震局列入全省50个严重受灾县（区），其中，汉源和宝兴两县被列入全省21个重灾县。截至6月18日，全市因灾造成直接经济损失143.16亿元[32]。

2. 重建原则

以人为本，民生优先，尊重自然，科学布局。统筹兼顾，协调发展。创新机制，协作共建。安全第一，保证质量，厉行节约，保护耕地，传承文化，保护生态，因地制宜，分步实施。

3. 重建目标

1）灾后重建阶段目标（2008～2010年）

完成受损城乡居民点、公共服务设施、交通和市政基础设施的恢复重建，完成受损历史文化名城、名镇、名村和风景名胜资源的修复重建，启动因受严重地震灾害及严重次生地质灾害威胁而需要进行布局和功能调整的城镇搬迁工作。

2）优化提升阶段目标

以资源环境承载力为基本前提，按照人与自然和谐发展的思路，走集约、统筹、健康、可持续的城镇化道路，加快建成全面小康社会。加快推进城镇化，走集中、差异发展的城镇化道路，科学引导人口和产业分布，向适宜建设地区的城镇集中，逐步形成以雅安都市区为龙头，带动其余县域中心城镇、中心镇和一般镇的城镇发展格局，优化区域开发格局。

注重提高城镇化质量，健全城镇功能，提高城镇吸纳就业和辐射带动能力，提高基础设施和公共服务设施的保障能力和服务水平，提高抗御自然灾害和突发性公共事件的能力。促进城乡统筹发展，优先恢复重建受灾群众的基本生活和公共服务设施，将推进工业化和城镇化与新农村建设相结合，逐步构建城乡平等发展的基础平台，实现基本公共服务、基础设施、产业发展从城镇向乡村的延续。

4. 居民住房安置规划

1）城镇居民住房安置规划

（1）城镇灾民住房安置（表2-1）

（2）城镇中低收入受灾家庭安置规划

灾后雨城区针对城镇中中低收入家庭进行了调查，制定了针对这些家庭的廉租住房和经济适用房三年安置规划，同时解决中低收入受灾家庭和因灾致贫家庭的住房安置问题，共安置12700户，4.4万人，建筑面积66万m²，投资约8.6亿元（表2-2）。

雅安市分区县原址集中安置城镇灾民　　　　　　　表2-1

区县名	涉及乡镇	安置点	户数	人数	建筑面积（万m²）
雨城区	16	16	1835	7474	22.422

雅安市分区县城镇中低收入家庭廉租住房与经济适用房安置　　　　　　　表2-2

区县名	户数	人数（万）	建筑面积（m²）	投资计划（万元）	廉租住房		经济适用房	
					建筑面积（m²）	投资计划（万元）	建筑面积（m²）	投资计划（万元）
雅安市域	25569	7.9231	1248480	165945	859100	113575	389380	52370
雨城区	12700	4.445	660400	85852	508000	66040	152400	19812

2）农房恢复重建规划

（1）异地异址安置

本次地震灾害造成雅安市67万农村居民不同程度受灾，约占全市农村人口的56%，其中房屋倒塌和严重受损居民为95096户，另有不少农户受到次生山地灾害影响需要搬迁安置。根据向适宜建设地区进行相对

集中安置，以及结合新农村建设进行集中安置的原则，各区县制定了农村异地异址集中安置规划（表2-3）。

雅安市分区县新农村建设安置农村灾民　表2-3

区县名	涉及乡镇	安置点	户数	人数	建筑面积（万m²）
雨城区	18	169	25325	85546	256.638

（2）资金测算

全市75262户民房倒塌和严重损坏，按每户建房120m²、每平方米造价800元测算，需建房903万m²、建设资金72.25亿元。一般损房117001户，按照每户3500元测算，需建设资金4.09亿元。两项共计需建设资金76.34亿元。

（3）资金来源

一是灾民通过自救投入；二是政府补助，中央和省按2.2万元/户补助，对低保户、优抚对象、残疾人家庭等可适当增加补助；三是社会支持；四是国家向地震灾区的房屋贷款；五是灾后重建的资金和社会捐赠资金要专款专用，严禁挤占、挪用、截留或以任何借口拖延兑现补助资金。

5. 公共服务设施重建

1）文化体育设施

（1）文化体育设施布局，应根据当地经济发展水平、文化需求和民族文化传统等因素，在满足当前适用需要的基础上，适当考虑留有发展的余地。文化体育设施的选址应选择位置适中、交通便利、有公交车到达的地段，并设有广场，便于疏散。

（2）居住区及以下的文化体育设施可与同级别公共服务设施集中布置，形成各级集中的中心，也可相邻设置或独立设置。

2）教育设施

（1）中、小学校选址应在交通方便、地势平坦开阔、空气清新、阳光充足、排水通畅的地段，与各类有害污染源（物理、化学、生物）的距离应符合国家有关防护距离的规定。

（2）学校教学区与铁路的距离不应小于300m，与城市干道或公路之间的距离不应小于80m。

（3）学校不应与集贸市场、公共娱乐场所、医院传染病房、太平间、公安看守所等不利于学生学习和身心健康，以及危及学生安全的场所毗邻。

（4）中、小学校选址应避开高层建筑的阴影区和不良地质区或不安全地带；架空高压输电线、高压电缆，不得穿越校区。

（5）新规划的学校用地应确保留有足够的面积及合适的形状，能够布置教学楼、操场和必要的辅助设施。

（6）被列为城市防灾避难场所的中小学操场、室外文体活动场地，应满足应急要求。

3）卫生设施

（1）综合医院的选址，应满足医院功能与环境的要求，院址宜设于地势较高和地形比较规整的用地，并应选择在交通便利、位置适中、患者就医方便和环境安静的位置，应充分利用城镇基础设施，避开污染源（主干道路及工业发出的噪声及烟雾等）和易燃易爆物的生产、贮存场所。

（2）社区卫生服务中心宜结合社区服务中心组合设置，并满足交通便利、服务地区位置适中的要求。

（3）社区卫生服务站宜结合社区服务站设置，建筑布局合理。

（4）乡镇卫生院选址，宜方便群众、靠近行政、商业中心，位置醒目，交通方便；节约土地，不占用耕地；地势较高、地基稳固、地形规则，有必要的防洪排涝设施；充分利用当地的水、电、路等基础设施；环境安静、远离污染源，处于居住集中区下风位置，与少年儿童活动密集场所应有一定距离；远离易燃、易爆物品的生产和贮存区，远离高压线路及其设施。

6. 综合防灾体系建设

1）综合防灾减灾体系

（1）整合各类防灾减灾资源，加强政府对城乡安全的综合协调、社会管理和公共服务职能，建立长效机制，建设现代化的城乡综合防灾减灾体系。加强组织领导机构建设，统一组织、协调、指挥全市防灾减灾工作。

（2）建立统一协调的灾害监视、预测、预报、预警、信息、指挥和救援等综合网络，加强灾害科学的综合研究，完善综合防灾规划和应急预案，保障应急物资储备与供应，全面提高救灾专业队伍的救灾救援能力，加强防灾减灾法律和规范系统建设。

（3）按照统一协调、属地管理和分级管理的原则，各类灾害防治主管部门、各区县（自治县）建立健全相应的灾情监视、预报、预警、信息、指挥和救援网络，完善防灾减灾规划和针对不同程度灾情的应急预案和设施建设，建立公共突发事件、暴力反恐应急处理体系，减少其对经济社会的影响。积极开展防灾减灾宣传教育活动。

（4）加强防灾基础设施建设。结合交通网络建设疏散救援通道，突出灾时疏散救援道路通行能力保障。各城市需选择对外疏散出入口，确定3~5条主要疏散救援通道。对可能阻碍道路通行的山体塌方和建筑倒塌采取避让、改造加固等防范措施，同时提高疏散救援道路上桥梁和高架段的抗震性能；利用学校、体育场馆、文化场馆和城市公园进行加固或改造建设综合应急避难场所，面积指标采用人均2m²，同时考虑场地条件、生活设施配置、生活物资储备和安全防护的技术要求，应急避难场所的设置要保证市民在发生地震或其他重大突发性灾害时，能够迅速到达避难场所；高标准建设应急水源、移动通信设施、避难场所等生命线工程。

2）抗震

雅安市域位于四川盆地西缘，地处四川甘孜、松潘地槽褶皱系与杨子准地台区的结合部，大致位于著名的鲜水河、安宁河、龙门山三大断裂构造带交汇部的东部，地势高差悬殊，河谷深切，褶皱断裂发育。受此控制和影响，雅安市存在发生地震的地质构造背景，是历史上中小地震发生区和地质灾害多发地区之一，同时也受邻近地区中强地震的严重威胁。建立完善的地震监视预报、地震灾害预防和地震紧急救援三大工作体系，提高综合防御能力，使地震灾害造成的经济损失和人员伤亡数降低到最小。

（1）建立健全和完善地震工作体系和工作机制，加快防震减灾系统现代化建设。建设雅安市防震减灾指挥中心工程、数字地震监视台网工程、数字强震监视台网工程；建设地震前兆台网数字化工程、GPS地壳形变监视网工程、地震分析预报智能决策系统工程。根据地质构造分析，雅安市的石棉县位于鲜水河断裂带、安宁河断裂带、大凉山断裂带、大渡河断裂带延伸段的交汇处，建议有关部门加强该区域的断裂带及地震活动现状监测。

（2）强化震灾预防措施，提高综合防御能力。城镇选址应避开地震断裂带和砂土液化区；重大建设工程、易产生严重次生灾害的工程应进行地震安全性评价，并按地震安全性评价结果进行抗震设防。做好老城区重点危旧建筑物的抗震性能鉴定、评价和抗震加固工作；乡镇建设工程同样达到抗震设防要求。根据最新地震灾害评估报告适当提高建筑物抗震设防标准，石棉、宝兴县按8度抗震烈度设防，其余6县1区按7度抗震烈度设防，生命线工程提高1度设防。

3）地质灾害防治

（1）完成地质灾害调查与区划工作，严格控制人为诱发地质灾害的发生；初步建成群专结合的地质灾害监测网络和信息系统，建立并逐步完善地质灾害监测预警体系。

（2）合理避灾。分析灾区地质情况，根据灾区城镇和村庄重建的环境和条件，对城镇的地质断裂、山体滑坡和崩塌等地质不安全因素进行论证，划分出可能威胁城镇和村庄的地质灾害隐患分布和影响范围，对城镇可能遇到的地质断裂、山体滑坡情况采取选址避让为主的防范措施；对规模较小的山体滑坡和崩塌等情况采取削坡改造、工程加固为主的防范措施。

（3）逐步实施地质灾害治理工程。按照全面规划与重点防治相结合的原则，对严重威胁城镇、居民聚居区、交通干线、重大工程项目安全的地质灾害隐患点有计划地分期分批实施工程治理。对已查明的危险性大、危害程度高的地质灾害点进行治理和进行专业监测。对危岩滑坡及其影响地区实行严格管理，避免在建设过程中深挖、高切和不合理的堆填，对可能诱发新的危岩滑坡行为必须坚决制止。加大对重点地质灾害地区及城镇和人口集中分布区、工矿企业、风景名胜区、交通和水利等区域不良地质区段的治理力度，基本完成危害严重的灾害点整治。

4）防洪

（1）规划结合长江上游生态屏障建设，切实加强退耕还林还草，搞好水土保持和水源涵养；并结合青衣江、大渡河水系梯级电站开发，调节径流，削减洪峰。

（2）各级城镇要遵循"堤防与疏浚相结合，工程措施与非工程措施相结合，整治江河与综合利用相结合"的原则，加大防洪力度，雅安市区按50年一遇洪水频率设防，各县城及青衣江干流其余堤段按20年一遇洪水频率设防，其余各镇、乡按10年一遇洪水频率设防，泥石流地区按10年一遇标准设防；与滨河绿化同步建设路堤结合的防洪生态堤岸，整治河道，清除违章建（构）筑物；各城镇特别要避开洪水危害地段进行建设，沿山修建必要的截洪沟，将山洪及次生泥石流灾害降到最大限度。

5）消防

（1）搞好消防安全布局规划，易燃易爆、影响消防安全的工业、仓库和其他设施应布置在城镇的安全地带，合理规划和建设公共加油加气站，加强文物保护单位、重要建筑和历史街区的消防监督工作。限期整改文物古建筑、标志性建筑存在的火灾隐患；完善消防车通道及消防水源设施。

（2）城市消防供水系统要能够充分满足消防用水量的要求，按规范设置市政消火栓，主城内建成布局合理的消防固定取水点或取水设施。

（3）建成雅安市域范围内的报警、调度、指挥和信息处理自动化管理系统、城市火灾报警监控管理网络系统。建立技术先进、功能完善的现代化消防通信调度指挥系统。

（4）根据用地布局结构和各个组团的功能定位，结合城镇重点消防地区分布状况，城市消防站布局采取均衡布点与重点防护相结合的原则，建立网络式防

灾救灾体系，统一指挥，协同作战，确保城市消防安全。城镇建设区按不大于7km²设置一个普通型陆上消防站。远离城镇的大型企业建立专职消防队，乡镇应建立群众自防自救组织。

（5）加快消防规划编制。在规划期内编制完成全市及各区县城市消防规划，贯彻"预防为主、防消结合"的消防工作方针，坚持消防基础设施与城市规划建设同步协调发展的原则。

6）人防

坚持"平战结合、长期准备、重点建设"的原则，各级城镇地下空间开发、市政基础设施、房屋建筑等工程的规划和建设应兼顾人民防空的要求。加快编制人防建设专项规划，推动人防工程建设又好又快地发展，以满足雅安作为国家新增重点人防城市的防空需要。

2.2.4　甘肃定西地震灾后重建情况

1. 灾害概况

2013年7月22日7时45分，甘肃省定西市岷县、漳县交界地带，北纬34.5度，东经104.2度，发生了6.6级地震，震源深度20千米，此次灾害共造成定西、陇南、天水、白银、临夏、甘南等6市（州）的22个县（区）、204个乡（镇）、12.3万人受灾；因灾死亡89人，失踪5人，受伤628人；紧急转移安置3.16万人；倒塌房屋1968户5785间，损坏房屋22496户73151间，东山区5个乡镇大面积停电，部分通讯中断和道路塌方[33]。

2. 居民住房恢复重建

灾区农村原有住房的结构形式大部分为土木结构，而县城的大部分房屋结构都是砖混结构、框架结构，农村大部分房屋并没有按照建筑抗震设计规范的要求进行建造，根据对住房破坏的调查分析，木屋架的木材尺寸偏小，力学性能较差，砌筑用的砂浆是草泥，墙体的强度低，因此抗震性能较差。据统计土木结构房屋破坏最为严重，尤其是靠近震中的房屋。根

据以往灾后重建的经验，须统一部署，注意避开地震断层、泥石流、山体崩塌等次生自然灾害可能发生的危险地区，选择适宜场地，共同建设，严格执行建筑相关规范的要求，设置多道抗震防线，加强构造措施和建筑材料的质量控制，严格检查各个环节的质量[34]。

城乡居民住房任务主要包括恢复重建6.88万户和维修加固7.96万户，政府积极引导灾区居民重建并为其提供资金援助，帮助灾区居民尽快重建家园，恢复正常的生活。

3. 基础设施恢复重建

（1）电力

灾后，国家电网甘肃省电力公司组织有关人员分批赶赴现场，实地查勘受灾电网设施，根据预估未来10年乃至更长时期农村电网负荷发展需求，通过电网恢复重建，全面提升岷县、漳县电网抗灾和供电能力。岷县、漳县电网灾后重建重点规划110千伏、35千伏布点，把35千伏梅川变升压为110千伏变电站，新建35千伏永光、蒲麻变电站，安装配电变压器25台，改造10千伏线路28千米、0.4千伏线路40千米，户表2.4万户，建设了实用的供电系统[35]。

（2）通信

为了帮助灾区救援，中国电信集团公司派出通信专业抢修队伍，政府派出应急通信车和设置通信专线进行重点保障，有力保障了各级抗震救灾指挥部及抢险队伍通信畅通，经过多方努力，通信在短时间内得到了恢复。

（3）交通

该次地震导致部分道路塌方，路基受到了严重破坏，道路恢复应注重路基的建设质量，加强对乡村公路建设的投入，建立便利的交通，避开危险地段，提高公路抗震防灾能力。

4. 公共服务设施恢复重建

（1）学校

灾后，政府非常注重灾区教育设施的恢复，由于该地区较为偏远，教学设施普遍较为落后，所以应抓住这次机遇，全面提高当地的教学设施，为灾区的孩子提供必需的教育资源，为灾区以后的发展培养优秀的人才。

（2）医院

注重乡镇卫生院和村卫生室的建设，根据灾区居民的分布情况，合理布置卫生院和卫生室，加大资金投入，保障灾区人民的生命健康。

2.2.5 舟曲泥石流灾后恢复重建

1. 受灾概况[36]

2010年8月8日凌晨，甘肃省甘南藏族自治州舟曲县发生特大山洪泥石流灾害。舟曲特大山洪泥石流灾害主要涉及城关镇和江盘乡的15个村、2个社区，主要在县城规划区范围内，受灾面积约2.4平方公里，受灾人口2647人。人员伤亡惨重，截至2010年10月11日，遇难1501人，失踪264人。受泥石流冲击的区域被夷为平地，城乡居民住房大量损毁，交通、供水、供电、通信等基础设施陷于瘫痪，白龙江河道严重堵塞，堰塞湖致使大片城区长时间被水淹，造成严重损失。

2. 重建目标

2010年年底前，基本完成城乡居民住房维修加固任务。2012年年底前，全面完成城乡住房、公共服务和基础设施等各项恢复重建任务，使灾区基本生产生活条件和经济社会发展全面恢复并超过灾前水平。

3. 城乡居民住房

（1）城镇居民住房

根据规划布局和群众意愿，统筹县城、峰迭新区和兰州市秦王川转移安置区的城镇住房建设。地方政府可通过建设经济适用房、廉租房等方式解决受灾群众住房问题。对自愿到其他县市落户的群众，对其购房给予适当资金补助。

对新建的居民小区，要相应配套建设基础设施，完善服务功能。住房建设要推广应用安全节能环保新材料、新技术。

（2）农村居民住房

农村居民住房重建要与新农村建设相结合，加强统筹规划，科学选址，确保安全。有条件的地方相对集中建设，并配套建设必要的基础设施。对宅基地、承包地灭失的农村居民，尊重本人意愿，可与城镇居民住房统筹规划建设。做好避让搬迁区和重建中征地拆迁的农村居民安置和住房建设。

住房城乡建设部门要做好农村居民点的规划，加强对农村居民住房建设的技术指导，根据当地实际，提供多样化、有民族特色的住房设计式样。加强施工管理，确保质量安全。

4. 公共服务

（1）教育。根据人口布局变动情况，合理调整教育资源布局，恢复重建初中、小学、幼儿园和电大工作站。在兰州市秦王川转移安置区建设舟曲高中寄宿制学校。

（2）医疗卫生。恢复重建妇幼保健站、卫生监督所、疾病预防控制中心、社区卫生服务中心、卫生院、村卫生室及计划生育服务设施。补充配置因灾受损的医疗卫生设备，充实医疗卫生机构专业人才队伍。

（3）文化体育和广播影视。恢复重建受损的公共文化广场、群众健身设施及村文化室。修复受损文物，加强非物质文化遗产保护。恢复重建县广播电台、电视台、无线广播电视发射台站、有线电视网络、监测台站及广播电视村村通设施。

5. 基础设施

（1）水利。加强白龙江河道综合整治工程建设，恢复重建县城段左岸的堤防和护岸以及右岸防洪堤局部损毁段，进一步清除淤积物，疏通河道，基本恢复河道原行洪断面，提高县城段防洪标准。建设峰迭新区防洪工程。恢复重建乡村供水工程和农田灌溉设施。恢复重建损毁水文站，加强水文监测能力建设。

（2）交通。恢复重建省道313线和受损农村公路，以及受损的公路客、货运输站场和养护管理设施。加强国道212线、省道210线保通工作，确保进入灾区的

通道安全畅通，提高通行能力和服务水平。加快临洮至武都高速公路项目前期工作，并规划建设舟曲县城连接线。结合恢复重建建设应急救援直升机起降场，提高抢险救灾和应对突发事件快速机动能力。

（3）能源。恢复重建损毁的输变电及配套设施，结合新区建设，适当增加变电站布点，完善配电网络，提高供电可靠性和自动化水平。结合新一轮农村电网升级改造和理顺农村电力管理体制，修复、完善农村电网。恢复重建受损加油站，新建城区天然气供气站及入户管线工程。加强农村能源建设，积极推广户用沼气、太阳灶、太阳房、太阳能热水器、省柴节煤炉灶炕，继续实施以电代薪工程。

（4）通信和邮政。恢复重建基础传输网和固定通信、移动通信、数据通信设施，推进通信基础设施的共建共享和三网融合，提高通信服务水平和安全可靠性。建设应急固定通信站点，配备应急通信装备，提高应急保障能力。恢复重建邮政业务用房及邮政服务网点。

（5）市政设施。加快新水源、水厂和供水管网建设，完善供排水系统，建设污水、垃圾处理设施。恢复建设县城道路、桥梁，增加城区主通道，调整优化路网结构。建设峰迭新区与县城之间的连接道路及公共交通站点，提高交通系统保障能力。充分利用堰塞体清淤废渣、建筑废弃物，做好峰迭新区场地回填。按照规划确定的人口规模，合理配套建设峰迭新区、兰州市秦王川转移安置区市政基础设施。

2.2.6　国内城市灾后恢复重建规划的演进规律

国内城市化的进程现阶段仍在继续，相关规划法规建设进程明显晚于国外，直至汶川地震恢复重建时方取得长足进步。结合国内早期的唐山直至近期的玉树地震灾后恢复重建规划，可发现如下演进规律。

1. 突出城市基础设施建设

城市基础设施是城市赖以生存和发展的生命线系

统和城市发展的基础条件。作为发展中国家，随着经济水平的发展，城市基础设施建设在恢复重建过程中占的比重越来越大。可以说，城市基础设施的建设水平直接反映了城市的现代化程度。

案例1 雅安市城市灾后基础设施恢复重建[32]

1）电力

（1）变电站规划

将姚桥变电站迁至金凤山脚下，并增容至16000kVA；七盘变电站增设一台3.15万kVA主变压器；多营变电站增设5000kVA主变压器；草坝变电站增设500kVA主变压器。

（2）电网规划

保留原有110kV和35kV高压线，并预留30.0m和24.0m宽高压防护走廊。配合变电站增容和新建，新建设的35kV和110kV高压线路尽量避开城市建设用地，不能避开的线路，应尽量避免架设于居住、商业、教育、文娱等人员密集或活动较为频繁的城市用地内。除建设和变电站配套的110kV输电线路外，重点对城区10kV输电线路进行改造。规划将主要景观大道电力线全部入地埋设，并加大实施户表工程力度。

（3）电站建设

近期继续完成大兴电站的建设工作，并在大兴下游新建水津关电站，装机容量分别为7.5万和5.1万kW。

2）通信

（1）通信线路

近期对西城、上坝、河北3个片区的现状架空电信网络进行改造，将光纤网络埋地敷设，城市新区开发建设应将市话、长话、非话数据通信、有线电视和其他通信业务所需线路管孔与主次干道同时设计施工一次埋地建成，避免重复建设。电信电缆管道一般与电力线路分设道路两侧，原则上电信线路布置在道路的西、南侧。同时，发展以电信网、电视网、计算机互联网为主的业务网，促进"三网融合"，基本建成高速、宽带、安全的多媒体数据网络。并积极推行"户线"工程，结合城市有线电视CATV网的建设，发展用户光缆网。近期建设大兴通信大楼，面积1000m²，总投资100万元。

（2）邮政

目前雅安市区内有1个邮政总局，下设河北、西门、文化路和羌江4个支局，存在局所数量不足、服务半径过大、场地偏小等问题。规划近期增加邮政局所网点，完善市区计算机网通信平台和中心局信息中心建设，配合城市发展，加快"户箱工程"建设和报刊亭建设。

3）燃气

雅安燃气以天然气为主，主要取自川西北邛崃气田，2004年城市燃气普及率为43%。城市天然气目前日供应量为3万～4万m³，当前城市供气管网设计日供气能力为20万m³。

目前，城市天然气输配系统由平落输气首站、名山清管调压站和雅安输配调压站以及城市输气管网组成。长输管线长度56.7km，市区输气管网基本敷设到了主要街道和住宅开发小区，城市市区输气运行压力为0.4MPa，管道长度（含中、低压管道）接近100km。由于目前城市管网日供气能力大大超出日供气量，近期首要任务是增加城市燃气普及率，计划在2005～2010年间，每年新发展民用燃气用户3000户，并尽最大努力发展餐饮业和机关、学校用户。近期规划随着市区规模的扩大，在城区内新建42km的输气管道，并将影响城市建设的姚桥天然气门站移至金凤山山脚。

4）给水

对现有给水设施的损坏情况进行评估，根据损坏情况采取修复、加固或改造的措施，修复后的给水设施在达到灾前水平的同时应有所提升。同时，完善各城镇给水设施及管网包括市政消火栓等。并启动包括雅安市区在内的各县城、城（乡）镇第二水源（应急备用水源）的选址建设。

5）排水

对现有排水设施损坏情况进行评估，确定需要修复、重建和改造的污水管道以及雅安市城市污水处理厂等排水设施规模，恢复原有排水设施的功能。与此同时，按照各地总体规划及其相关规划，在灾后三年恢复重建阶段（2008～2010年）先期完成各县城包括雅安市区污水管网系统和城镇污水处理厂的改造和新建。对于工业园区的工业污（废）水应独立设置处理设施，与工业园区建设同步进行，并严格按照国家相关环保标准进行循环利用和无害化处理后达标排放。

案例2　玉树地震灾后基础设施恢复重建[37]

基础设施的恢复重建，既要加快灾区受损设施的功能恢复，又要充分考虑恢复重建的能力保障需求。根据灾区地质地理条件和城乡建设规划，调整布局，优化结构，合理确定建设标准，统筹各类设施建设，推进共建共享，充分发挥基础设施对经济社会发展的支撑作用和安全保障能力。

1）能源

电网：恢复完善灾区供电网络，加快重建城镇电网，扩大农村电网覆盖范围。建设玉树地区六县电网互联工程，提高供电保障能力。尽快开展与电网主网互联工程的前期工作。水电：修复重建受损小水电站及农牧区小水电设施，新建查隆通、查日扣水电站，增加有效电力供给。新能源：推动太阳能等可再生能源利用，修复受损光伏电站设施设备，新建并网光伏电站，推广户用光伏电源，提高新能源供应水平。

应急能源：抓紧建设过渡期应急燃油机组。组织做好灾区煤炭、天然气、成品油等能源调配及相关设施配套工作，及时保障灾区恢复重建阶段生产生活用能需求（表2-4）。

灾后具体能源基础设施恢复重建　　　　　　表2-4

配电网	修复和加固受损35kV线路159km，10kV线路145km。全面恢复重建城乡中低压配电网络1100km和进户设施
六县联网工程	新建110kV线路589km，变电站（开关站）7座，新增变电容量约22万kVA，新建玉树地区电力调度中心
水电	修复拉贡、禅古等11座受损水电站，重建西杭、当代2座水电站，新建查隆通、查日扣2座水电站
光伏发电	修复光伏电站机房面积579m²、设备（逆变器）6台、线路80km，更换蓄电池。新建1万kV光伏电站1座。采用户用光伏电源解决无电户用电问题。推广户用光伏电源4万户，共7200kW。
应急电源	新建3万kW应急燃油机组
油气	建设成品油库1座，液化石油气灌装站1座
供煤设施	新建结古镇封闭储煤场，占地6000m²，储煤规模3万～5万t。

2）通信

公众通信网：加快公众通信网的恢复重建，修复受损的传输网、移动通信网、固定电话网和宽带互联网，提高城乡通信覆盖率、服务水平和安全可靠性，推进通信基础设施的共建共享和三网融合。

应急通信：加强应急通信建设，建立健全应急通信保障体系，提高应急通信、运输通信保障能力（表2-5）。

灾后具体通信基础设施恢复重建　　　　　　表2-5

公众通信网	恢复重建固定电话网3.34万线，宽带网4.23万线，移动通信核心网设备7套，基站587个，通信光缆1.57万皮长公里、传输设备418套，通信局房、通信管道、杆路、铁塔、电源等配套基础设施
应急通信	建设卫星应急通信设备72套、短波电台10套和其他配套设施

3）水利

农田水利：恢复重建玉树、称多、囊谦三县农牧区水利灌溉设施，改造灌区配套设施，提高农牧业综合生产能力。防洪设施：建设结古镇防洪工程，加强河道综合治理，建设巴塘河和扎西科河堤防、北山排洪渠及沟道防洪工程。加强其他县镇防洪工程建设和重点河流河道整治。水土保持：加强三江源自然保护区水土保持综合治理，以沟道拦蓄、沟岸防护、林草恢复为重点，加大水源地保护力度，提高水源涵养能力。水文及水资源监测：恢复重建水文、水保设施，提高水文、水保监测能力（表2-6）。

灾后具体水利基础设施恢复重建　　　　表2-6

农田水利	恢复重建5项农田灌溉工程，新建33km输水渠道；改造9项农田灌溉工程，衬砌输水渠道28km；恢复重建7项草场灌溉工程，新建引水口13座、输水管道53km、阀门井30座、分水闸20座；恢复重建设施农业水利配套工程5项，引水堰（闸、坝）20座、温棚97座、输水管道20km、输水渠道0.2km、水源13处、各类渠系建筑物343座、蓄水池29座
防洪设施	除险加固水库1个；恢复重建堤防7.6km、排洪渠15.8公里；新建堤防48.7km、排洪渠30.5km
水土保持	重建谷坊40座、拦沙坝33座、沟岸防护21km；新建谷坊64座、拦沙坝8座、沟岸防护28km
水文及水资源监测	恢复重建新寨水文站、直门达水文站、下拉秀水文巡测站、隆宝滩水文巡测站，配置相应的监测设备

4）市政设施

结古镇：按照结古镇总体规划，建设道路及公共交通系统。加强供水、排水等设施建设，提高建筑节能标准，因地制宜地选择供热和采暖方式，推广利用可再生能源和清洁能源供热。配套建设污水、垃圾处理设施，建设必要的民用液化石油气储配设施，实现市政公用设施全面覆盖。按照标准设置紧急避灾场所和避灾通道。

其他城镇：加强城镇道路改造，加大水源设施及给水排水系统建设力度，配套建设污水、垃圾处理及储配气站等设施。支持村镇垃圾处理和环卫设施建设（表2-7）。

灾后具体市政基础设施恢复重建　　　　表2-7

城镇道路、桥梁和公共交通系统	修复、新建城镇道路238km，建设市政桥梁26座，新建公交场、站12处
城镇给水排水系统	改扩建自来水厂4座及配套附属设施，输配水管网450km。建设排水管网
城镇污水处理设施	新建城镇污水处理厂4座，配套中水回用及污水管道
城镇燃气	建设液化天然气供气站1座及配套管道，建设液化石油气供应设施9处，贮存能力1500m³
城镇供热	恢复重建城镇供热设施，因地制宜建设太阳能等可再生能源与清洁能源供热系统
生活垃圾处理	新建垃圾处理场1座，修复县城生活垃圾处理场3座以及相应配套环卫设施

5）农牧区基础设施

饮水安全：恢复重建农牧区饮水安全工程，基本解决玉树灾区农牧区饮水安全问题。配套设施：加强恢复重建村庄及居民点通水、通电、通路及必要的防护等配套设施。实施乡村清洁工程，有条件的村庄推行垃圾收集、填埋处理（表2-8）。

灾后具体农牧区基础设施恢复重建		表2-8
饮水安全	恢复重建饮水工程1463处，受益人口12.96万人；新建饮水工程786处（含寺院饮水），受益人口4.66万人	
农村能源	恢复重建太阳灶19886台、生物质炉64115台，修复农牧区小水电设施	
乡村道路	油路1374km，砂石路206km	
清洁工程	建设乡村清洁工程258处	

2. 开始重视生态环保问题

过去国内片面重视经济发展，忽视环境保护问题。随着近年来雾霾天气的频发，工程建设对环境的影响也开始为公众所关注，恢复重建活动必须注重生态环境保护问题。

案例1 汶川地震灾后恢复重建之生态环保[38]

生态环境的恢复重建，要尊重自然、尊重规律、尊重科学，加强生态修复和环境治理，促进人口、资源、环境协调发展。

1）生态修复

坚持自然修复与人工治理相结合，以自然修复为主。做好天然林保护、退耕还林、退牧还草、封山育林、人工造林和小流域综合治理，恢复受损植被。

在岷江、嘉陵江、涪江上游地区和白龙江流域实施生态修复工程，逐步恢复水源涵养、水土保持等生态功能。

恢复重建种苗生产基地、森林防火、林业有害生物监测、动植物病害防控设施和林区基础设施。

设立中国汶川国家公园，在龙门山断裂带中心区域划定特殊保护区域，以保护珍稀濒危动植物、独特地质地貌和震后新景观为主体功能，兼顾旅游业和其他不影响主体功能的产业发展。

加强各级自然保护区、风景名胜区、森林公园和地质公园保护设施的恢复重建。具有较高知名度和较大保护价值，受损严重、安全性差的各类保护区，要以保护为主，影响保护对象的生产设施等原则上不予恢复。

恢复重建卧龙、白水江等大熊猫自然保护区，异地新建卧龙大熊猫繁育研究基地，做好大熊猫及其栖息地的监测，建立大熊猫主食竹开花预警监测系统（表2-9）。

灾后具体生态修复情况		表2-9
生态修复林草植被恢复	修复生态公益林728万亩，退耕还林等补植补造187万亩	
种苗生产基地	修复种苗生产基地18.9万亩、苗圃用房和温室大棚43.1万m²	
自然保护区	修复国家和省级自然保护区49个、大熊猫等珍稀野生动物栖息地180万亩、自然保护区生活生产设施16万m²	
风景名胜区	修复国家级风景名胜区9个、省级风景名胜区30个	
森林公园	修复国家森林公园17个、省级森林公园18个	
森林防火与森林安全监测	修复防火瞭望塔350座、通信基站和中继台152座、专业营房和物资储备库5万m²	
林区基础设施	修复林区道路8202km、给水管线2512km、供电线路3643km、通信线路2829km	
草地恢复	修复草地233万亩	
水土保持	治理水土流失面积2073km²	

2）环境整治

加强对污染源和环境敏感区域的监督管理，做好水源地和土壤污染治理、废墟清理、垃圾无害化处理、危险废弃物和医疗废弃物处理。

恢复重建灾区环境监测监管设施，提升环境监管能力。加强生态环境跟踪监测，建立灾区中长期生态环境影响监测评估预警系统（表2-10）。

灾后具体环境整治情况　　　　　　　　　　　　表2-10

饮用水源地保护	建设饮用水水源地污染防治设施323处
土壤污染治理	高风险区和重污染土壤治理22处
核与辐射环境安全保障	建设放射性废物库、辐射环境监测网点、辐射安全预警监测系统等

3）土地整理复垦（表2-11）

加强土地整理复垦，重点做好耕地特别是基本农田的修复。对损毁耕地，要宜修尽修，最大限度地减少耕地损失。对抢险救灾临时用地和过渡性安置用地，要适时清理，对可以复垦成耕地的要尽可能恢复成耕地。对损毁的城镇、村庄和工矿旧址，以及其他具备整理成建设用地条件的地块，要抓紧清理堆积物，平整土地，尽可能减少恢复重建对耕地的占用。灾后土地复垦情况见表2-11。

灾后土地整理复垦情况（hm²）　　　　　　　　表2-11

	小计	灾毁耕地整理复垦	临时用地整理复垦	建设用地整理复垦	其他
四川	145164	111880	6152	27132	
甘肃	15506	12403	345	1441	1317
陕西	2826	1280	149	910	487
合计	163496	125563	6646	29483	1804

案例2　玉树地震灾后恢复重建之环境保护[37]

加强生态环境保护是恢复重建的重要内容。坚持尊重自然、尊重科学，加强三江源、隆宝自然保护区等建设，加大环境整治和土地整理力度，提高防灾减灾能力，努力实现高原生态系统良性循环。

1）生态修复

自然保护区：加强三江源、隆宝自然保护区建设，坚持自然恢复与人工治理相结合，加大天然林保护、封山育林和小流域综合治理等工程建设投入力度，加快开展水源涵养区、自然保护区管护设施恢复重建，逐步修复生态系统功能。草原恢复：继续推进退牧还草工程，加大以草定畜、畜草平衡实施力度，加强草原封育，实行划区轮牧、休牧和禁牧，有条件的地方建设人工草场。积极开展鼠害防治和黑土滩治理，逐步恢复林草植被（表2-12）。

2）环境整治

水源地保护：加强水源地保护，防止有害物质排入水源保护区，消除地震产生的病原微生物、消毒剂等多种次生灾害对集中式饮用水水源地的环境影响。开展城乡饮用水水源地保护区环境整治和生态恢复，保障饮用水安全。

废弃物处置：加大固体废弃物安全处置力度，加强资源回收利用，完善再生资源分类、回收、加工、利用。鼓励对建筑废墟中的有用物质进行回收利用。加快玉树医疗废弃物处置中心建设，加强医疗废物产生、收集、运输、处置全过程监管，消除环境安全隐患。

环境监测：加强环境监测监管，恢复重建环境监测设施，建立完善的环境监管体系，增强生态环境与生态破坏的环境监察执法和突发事件应急能力（表2-13）。

灾后生态修复具体情况　　　　　　　　　　　　　　　　　　表2-12

自然保护区	修复三江源和隆宝2个国家级自然保护区管护设施等
森林和草原防火	修复防火设施，维修防火道路等
森林保护和城镇绿化	修复森林病虫害防治和森林保护设施，城镇及周边绿化造林、苗圃建设
草地恢复	修复人工草地0.4万hm²和受损草地围栏

灾后环境整治具体情况　　　　　　　　　　　　　　　　　　表2-13

环境监测	修复环境保护机构的监测、监察、信息及实验室等业务用房
应急监测	配备环境监测与环境监察的必要设备，实现环境监测、监察标准化建设
专项监测	建设结古镇环境自动监测站、长江直门达和巴塘河兴寨断面水质自动监测站，修复珍秦、隆宝生态定位站

3）土地整治

灾毁土地整理：加强对因灾受损土地的整治，确保受损耕地、抢险救灾和过渡性安置等临时用地恢复畜牧业和种植业综合生产能力。重点做好对灾毁耕地、牧草地、村镇建设用地的整理复垦，土地整治总面积2139hm²，其中复垦耕地1160hm²。

临时用地整理：对抗震救灾和恢复重建过程中的救灾抢险用地、过渡性安置用地、施工临时用地等，能够恢复的尽可能整理复垦。

3. 突出发展公共交通

与国外一样，面对日益增多的私人汽车所带来的低效率、能源浪费、交通拥堵和环境影响，国内通过发展地铁、快速公交和采取机动车按尾号限行的措施，开始积极发展公共交通。

案例1　汶川地震灾后交通恢复重建[38]

加快公路的恢复重建，充分利用原有公路和设施，以干线公路为重点，兼顾高速公路，打通必要的县际、乡际断头路。适当增加必要的迂回路线，力争每个县拥有两个方向上抗灾能力较强的生命线公路，初步形成生命线公路网。

对干线和支线铁路中受损的路段和运营设施设备等进行全面检测、维护和加固，对受损严重的线路和生产运营设施进行改建或重建，提高对外通道能力。

区分轻重缓急，修复受损民航设施设备，全面恢复并提高民航运输能力。建立健全交通应急体系，建设应急交通指挥、抢险救助保障系统（表2-14）。

灾后具体交通基础设施恢复重建　　　　　　　　表2-14

高速公路	修复勉县至宁强至广元、广元至巴中、雅安至石棉、都江堰至映秀、成都至绵阳、绵阳至广元、成都至邛崃、成都至都江堰、成都至彭州、宝鸡至牛背等高速公路
干线公路	修复国道108、212、213、316、317、318线等受损路段共约1910km，以及22条省道（含2条省养县道）约3323km，12条其他重要干线公路约848km，适时启动绵竹至茂县、成都至汶川高等级公路
铁路	修复加固宝成、成昆、成渝等干线铁路和成汶、广岳、德天、广旺等支线铁路，改建或重建宝成线109隧道等路段及受损严重的绵阳、广元、江油、德阳等主要车站，建设成都至都江堰城际铁路、成绵乐铁路、兰渝铁路，适时启动成兰铁路、西安至成都铁路
民航	修复成都、九黄、绵阳、广元、康定、南充、泸州、宜宾、汉中、咸阳、安康、兰州、庆阳等机场以及民航空管、航空公司、航油等单位受损的设施设备

案例2 玉树地震灾后交通恢复重建[37]

公路：加快干线公路恢复重建，提高国省干线公路技术等级和抗灾能力，构建"一纵一横两联"生命线公路通道，建设通县二级公路，提高西宁至玉树公路建设等级和保通能力。全面修复农村公路灾损路段，恢复建设便民桥梁，努力提高通达、通畅水平。修复重建客货运站场等设施。

民航：尽快修复玉树巴塘机场受损设施设备，建设目视助航灯光系统及市内保障基地等工程，建设航线通信工程等，提高机场吞吐能力和航空应急救援保障能力。

铁路：为加强恢复重建物资运输保障，实施青藏铁路相关站场货运设施配套完善工程。

邮政：恢复重建邮政业务用房及相关设施，完善邮政网点，配置相关设备，保障和提高邮政服务能力（表2-15）。

灾后具体交通基础设施恢复重建　　　　　　　　表2-15

干线公路	构建"一纵一横两联"生命线公路通道："一纵"为国道214线共和至多普玛（青藏界）段、"一横"为省道308线玉树至不冻泉段、"联一"为省道312线珍秦至称多段、"联二"为省道309线多拉麻科至杂多段。整治改造1717km，其中一级公路10km，二级公路1277km，三级公路430km
农村公路	建设农村公路343km；修复便民桥梁65座，总长1822m
客运站场等设施	建设玉树州客运站及9个县乡客运站；恢复重建公路道段设施
铁路	建设西宁北站铁路货运中心应急工程，配套完善平安驿、湟源、海晏、格尔木等站货运设施
民航	修复玉树巴塘机场建筑、道路、供电、供油、通信、导航等设施，新建目视助航灯光系统、站坪、联络道、通信导航、应急救援等工程。建设玉树至西宁航线通信工程、西宁二次雷达工程
邮政	重建及改造邮政业务用房10处，配置网络交换机等设施设备。新建邮政网点30处

4. 注重文化传承和体育设施的建设

与国外显著不一样的是，我国有悠久的历史文化，多达五千年。历史是城市之根，文化是城市之魂。传承本土历史，弘扬地域文化，是彰显城市特色的必由之路。在当今城市竞争的手段、方式和内容日益趋同的情况下，突出城市的历史文化气息是进一步增强城市软实力和吸引力的重要途径。

案例1　汶川地震灾后文化体育设施灾后恢复重建[38]

1）文化体育设施

合理布局公共文化和体育设施，抓好县级图书馆、文化馆、档案馆、影剧场（团）、广播电视、新闻出版、体育场馆、青少年活动场所、乡镇综合文化站等各类设施的恢复重建。

公共文化设施要尽可能集中规划建设，乡镇综合文化站要充分发挥文化宣传、提供信息、科普及技术培训等服务功能。恢复重建文化信息资源共享工程服务网络。恢复广播电视网络功能，恢复重建广播电台、电视台和广播电视无线发射、监测台站等，修复广播电视村村通设施。乡镇广播电视站业务用房与乡镇综合文化站统一建设。恢复重建公益性出版机构、新华书店等设施以及农家书屋、公共阅报栏。恢复重建受损体育场（馆）等设施，乡镇体育场所的恢复重建原则上要与学校或文化设施统筹规划，共建共享（表2-16）。

文化体育设施灾后恢复重建具体情况　　　　　表2-16

公共文化设施	恢复重建图书馆52个、文化馆54个、乡镇综合文化站1177个，影剧场（团）和全国文化信息资源共享工程服务县级支中心、基层点
广播影视设施	恢复重建无线广播电视发射、监测台90座，广播电台54座，修复广播电视传输覆盖网络1892km，广播电视有线前端51个，修复配置乡镇广播电视站播出和传输设备18332台（件），广播电视村村通设施和流动电影放映车及设备等
新闻出版设施	恢复重建公益性出版机构4个、新华书店1146处，农家书屋和受损公共阅报栏
体育设施	恢复重建受损体育场42个、体育馆37个，后备人才训练等设施83处，配套建设基层全民健身设施

2）文化自然遗产

注重世界文化自然遗产和民族文化的抢救保护，保护非物质文化遗产以及具有历史价值和少数民族文化特色的建筑物。修缮恢复世界文化自然遗产、文物保护单位、烈士纪念物保护单位和博物馆、文物中心库房、文物管理所、非物质文化遗产专题博物馆、民俗博物馆和传习所以及相关宗教活动场所（表2-17）。

文化自然遗产灾后恢复重建具体情况　　　　　表2-17

世界文化自然遗产	修复青城山—都江堰、九寨沟、黄龙、四川大熊猫栖息地
中国世界遗产预备名录	修复三星堆遗址、藏族羌族碉楼与村寨、剑南春酒坊遗址
文物保护单位	修复二王庙、彭州领报修院、江油云岩寺、平武报恩寺、理县桃坪雕楼羌寨、徽县新修白水路摩崖等各级文物保护单位190处，少数民族物质文化遗产20处
博物馆及文物库房	修复绵阳市博物馆、什邡市博物馆、茂县羌族博物馆、陇南市博物馆、广元市中心库房、汉源县文管所等65处，馆藏文物3473件（套）
非物质文化遗产	修复北川羌族民俗博物馆、剑南春酒酿造技艺专题博物馆、绵竹年画博物馆和传习所等88处

案例2　玉树地震灾后恢复重建之文化保护[37]

1）文化遗产保护

文物保护：对国家级、省级、县级文物保护单位和重要文物点实施保护性清理、维修加固和修复重建。对馆藏文物、寺内文物进行认定和修复。维修加固和重建受损的博物馆、文物库房、文管所。注重文物保护与当地居民生活特别是宗教生活的和谐共存，做好文物保护修复与开展传统宗教文化活动的协调工作。非物质文化遗产保护：重点恢复重建受损国家级、省级非物质文化遗产和博物馆。培养民族民间文化传人，加强卓舞、依舞、民歌、安冲藏刀锻制技艺等的传承。

地震纪念设施：保留必要的玉树地震遗址，建设纪念设施（表2-18）。

文化遗产灾后恢复重建具体情况　　　　　　　　　　　　表2-18

文物保护	国家级文物保护单位3处，省级文物保护单位17处，县级文物保护单位3处，一般文物保护点21个，文物中心库房1个
文化遗产	少数民族物质文化遗产保护2项，重建东仓大藏经珍藏馆
非物质文化遗产	恢复重建非物质文化遗产博物馆（传习所）6个
遗址纪念设施	建设地震遗址纪念设施1处

2）宗教设施

宗教活动场所：对损毁宗教活动场所及宗教教职人员生活用房的恢复重建，要一视同仁，同等对待，合理安排，给予支持。寺院等宗教活动场所的恢复重建，由相关部门进行评估并与寺院管委会协商，合理制定恢复重建方案。其中，涉及文物保护单位宗教活动场所的原址恢复重建方案，要按规定报文物主管部门批准。

宗教教职人员生活用房：宗教教职人员生活用房的恢复重建，要合理确定建设规模和标准，与寺院管委会协商，统筹考虑施工组织方式（表2-19）。

宗教设施灾后恢复重建具体情况　　　　　　　　　　　　表2-19

宗教活动场所	玉树宗教活动场所（含清真寺1座）87座，以及石渠县宗教活动场所维修加固
教职人员生活用房	宗教教职人员生活用房87358m²
寺院配套设施	建设饮水、通电、通信、广播影视、道路等
佛教学校	玉树藏传佛教学校1所

5. 强化城市综合防灾减灾体系的建设

在灾害调研的过程中，通常会发现已有的防灾标准、防灾措施或者工程质量方面可能存在的一些问题。在此基础上，一般均需考虑是否调整相应的防灾标准，改进相应的防灾措施，并进一步完善工程质量监督机制。通过这些方面的工作，进一步促进城市综合防灾减灾规划体系的建设。

案例1　汶川地震灾后恢复总体重建规划之防灾[38]

加强紧急救援救助能力建设，充实救援救助力量，提高装备水平，健全抢险抢修和应急救援救助专业队伍；加强救灾指挥系统建设，健全救灾和灾情管理系统。结合交通网建设疏散救援通道，建立应急水源、备用电源和应急移动通信系统。健全救灾物资储备体系，提高储备能力。完善各类防灾应急预案，加强城乡避难场所建设，普及防灾减灾知识，提高全民防灾减灾意识。

预警方面包括探查灾害监测点10301个、布置灾害监测点324个和建立5个气象预警信息发布点。救援救助建设包括成立灾害救助应急指挥平台和建立1个救灾物资储备库。综合减灾建设成立省级减灾中心，建立5个综合减灾宣传教育基地和129个城乡避难所。地质灾害治理包括治理重大地质灾害隐患点8693处，其中搬迁避让4694处。

案例2　玉树地震灾后恢复重建之防灾[37]

次生灾害防治：加强地质灾害隐患排查及地质灾害调查，按照预防为主、治理与避让相结合的原则，采取切实可行的地质灾害防治措施。及时开展城镇及重要公路沿线泥石流、山体崩塌、滑坡治理。

防灾减灾能力建设：加强防灾减灾体系和综合减灾能力建设，提高灾害预防和紧急救援能力。加强地震、地质、气象、洪涝灾害等的专业监测系统建设，提高监测预测预警能力。加强雷电灾害防御工作，恢复雷电防御设施。加强基础测绘工作，恢复建设测绘基准基础设施，开展基础地理数据生产，建设地理信息公共服务平台（表2-20）。

防灾减灾系统恢复重建具体情况　　　　　　　　　　　　表2-20

监测预警	地质灾害隐患点监测302处，地震监测点48个，地震活动构造探察和地震小区划6处，气象综合观测系统、预报预测系统和公共服务系统及其配套设施14处，恢复州气象台雷电防御中心、人工影响天气作业基地
救援救助	州县乡三级救灾物资储备设施共9处，建设防汛仓库5处，防洪减灾信息化系统5处
地质灾害治理	崩塌应急治理138处，综合治理211处
测绘设施	连续运行参考站7个，遥感影像获取与地理信息数据生产；公共服务平台建设

2.3　国内外城市灾后恢复重建规划比较

中、美、日三国都是地震灾害多发的国家之一，横向研究对比国内外的灾后恢复重建规划，对我国的灾后重建工作具有十分重要的意义。结合国内外灾后重建规划异同，进行比较分析如下。

1）相同之处

（1）均由政府牵头组织，联合企业或机构协同进行。

例如，1985年9月19日墨西哥城发生8.1级强震后，墨西哥政府立即成立了全国重建委员会，负责并积极推动震后重建的展开。重建组织机构体系下辖城市地区重建委员会、疏散委员会、财政事务委员会、社会救助委员会、国际救助协调委员会、民事安全和预防委员会等六个专业部门。1994年1月17日在洛杉矶地区发生6.6级的北岭地震后，联邦应急管理局联合加州政府积极组织推动灾后重建。发生在1995年1月17日的7.2级日本阪神地震和2011年9.0级的福岛地震，都造成了大量的建筑物损坏和人员伤亡，由于灾情严重，都是由日本政府统筹组织灾后恢复重建。从我国汶川地震和玉树地震的情况来看，也都是由国务院负责牵头组织实施灾区的恢复重建任务。

（2）重建的基本任务都是强调：以人为本，民生作为第一位考虑的问题；灾后重建不仅注重当前，也要注重城市经济和社会的长远发展；重视工程质量，保障安全；关注环境保护等。

从重建的优先顺序度来看，一般居民的住房、水电供应是放在第一位考虑的。城镇居民住房的恢复重建，依据城镇总体规划和近期建设规划，实行维修加固、原址重建和异址新建相结合。对一般损坏的住房要进行加固，对倒塌和严重破坏的住房进行新建。积极恢复电网运转和修复受损的供水设施。积极利用灾后产业重建的契机，实施产业结构优化调整，关停并转产能落后和污染的企业。在此基础上，吸收灾害经验教训，提高设防标准，强调工程质量。不再唯GDP论，强调重视环保问题，建设生态宜居城市。

2）差异之处

（1）资金来源：国内主要是依靠中央财政性资金

和地方对口支援资金，国外主要依靠发行国债、国际 援助和民间捐赠筹集重建资金。

案例1 汶川地震灾后恢复重建资金[38]

坚持用改革的办法多渠道筹措恢复重建资金，充分发挥灾区作为恢复重建主体的作用，充分调动各方面积极性，积极创新筹资方式和使用方式，提高资金使用效率，为实现本规划确定的目标和完成重建任务提供资金保障。

1）资金需求和筹措

根据本规划确定的目标和重建任务，恢复重建资金总需求经测算约为1万亿元。

恢复重建资金主要通过以下渠道筹措：中央财政、地方财政、对口支援、社会募集、国内银行贷款、资本市场融资、国外优惠紧急贷款、城乡居民自有和自筹资金、企业自有和自筹资金、创新融资以及其他渠道筹措的资金。

2）创新融资机制

采取多种方式，增强省级地方政府筹措资金能力。探索建立新型住房融资金融机构和专业性住房融资担保机构，开展住房融资租赁业务试点等，解决城乡居民住房融资困难。在规划区内有条件的县（市、区）建立适合农村特点的小额贷款公司和农村资金互助社等。鼓励设立支持中小企业和科技创新的创业投资企业，探索设立支持恢复重建的各类基金，鼓励符合条件的灾区中小企业发行短期融资券、中小企业集合债券等，推动中小企业贷款资产证券化试点，积极探索开发银行信托理财产品，拓宽灾区中小企业融资渠道。加大保险产品创新力度，支持为恢复重建提供工程、财产、货物运输、农业以及建设人员意外健康等各类保险。

3）资金配置原则

财政性资金，主要用于城乡居民住房补助，以人口安置、公共服务、公益性市政公用设施和基础设施、农业服务体系和农村基础设施、防灾减灾、生态修复、环境整治、土地整理复垦和贷款贴息等方式，对城乡居民倒塌损毁住房、公共服务设施、基础设施恢复重建以及工农业恢复生产和重建给予支持。

对口支援资金，主要用于城乡居民住房、公共服务、市政公用设施、农业和农村基础设施的恢复重建，以及规划编制、建筑设计、专家咨询、工程建设和监理等服务。

社会募集资金，坚持尊重捐赠者意愿和政府引导相结合的原则，优先用于农村居民住房、学校、医院、文化、社会福利、农村道路和桥梁、地震遗址纪念地和设施、自然保护区、文化自然遗产、精神家园等的恢复重建。

信贷资金，主要用于城乡居民住房、农业产业化、农业生产基地、交通、通信、能源、工业、旅游、商贸和文化产业等的恢复重建。

资本市场融资，主要用于交通、通信、能源、工业、旅游、商贸和文化产业等的恢复重建。

国外优惠紧急贷款资金，主要用于城镇和农村公益性设施、基础设施、廉租房、生态修复、环境整治等的恢复重建。

创新融资，主要用于增强地方财力，引导信贷和社会资金投入，加大对城乡居民住房建设、中小企业融资和产业结构调整的扶持等。

案例2 玉树地震灾后恢复重建资金[37]

根据本规划确定的目标和恢复重建任务，玉树地震灾后恢复重建资金总需求约为320亿元。灾后恢复重建所需资金以中央财政资金为主，同时包括省级财政资金、社会捐赠资金以及居民和企业少量自筹资金。中央财政灾后恢复重建资金实行"总量包干，分类控制"的管理办法，由地方政府根据规划项目和轻重缓急统筹做好中央财政资金、省级财政资金、捐赠资金和其他自筹资金的安排使用。

案例3　日本阪神地震灾后恢复重建资金[28]

1995年4月1日，兵库县与神户市共同成立了《阪神·淡路大震灾复兴基金》，以支援各种灾区重建的工作。为了应对灾变，复兴基金筹措了高达9000亿日元的金额。此基金全是由地方政府负责向银行借钱筹措的，未来仍需偿还，完全运用孳息来从事复兴计划。其中，兵库县负责筹措2/3，神户市政府负责筹措1/3。这9000亿日元的基金，以10年计划，利息大概是3600亿日元，就以这3600亿日元的庞大经费来做事后地方重建工作。利息支付成为支撑基金的最大负担，这一部分完全是由中央政府以交付税的方式负担。可以说，中央政府完全承担基金的财务，但是整个复兴基金的运作过程中，地方政府拥有相当的分配以及支应的自主权。生活重建的项目，包括住宅、医疗、就业、产业、教育等，都是由地方政府扮演着主要的角色。中央因为负担利息支出，也稍有发言权。此一运作呈现出中央与地方的伙伴关系，是中央与地方合作关系的最好范例。日本基本上不倾向于对个人做过多的补偿。

（2）法规完备性：目前，我国虽然有关于城市规划方面的法律，但相对较少，而日本和美国则相对完备，有关规划的法规文件多达数百种以上。特别是国内目前缺乏防灾规划方面的法律。

美国应对灾害的法律体系[39]

1）美国应对地震的强化区基本法

1977年10月，美国国会通过了《地震灾害减轻法》，旨在"通过制定和实施有效的地震灾害减轻计划，减少地震造成的生命和财产危险"；1980年，颁布实施了《地震灾害减轻和火灾预防监督计划》，其中明确规定了美国联邦紧急事务管理局的权利与义务；1990年11月，颁布实施了重新审定的《国家地震减灾减轻计划法》，政府有关部门依法进行防震减灾。根据灾害减轻法及修正案的要求，制定并执行《国家地震灾害减轻计划》，明确规定了计划的宗旨、目标、具体内容及计划实施单位。美国政府制定了《地震安全与土地利用计划》（1987年）、《地震危险性区划》（1994年）和《加州地震灾害减轻法案》，组织实施了《加利福尼亚地震损失减轻计划》（2007年）等。

2）政府部门管理、社会管理及全民参与体制与机制

1963年，美国成立了世界上第一个灾害研究中心，主要从事对社会紧急事件反应的多种社会研究。美国建立危机管理体制的历史可追溯到20世纪初。1908年，美国成立了以联邦调查局为主体的社会危机管理机构。随后，1947年，成立了以国家安全委员会为领导的综合性危机管理体制；1979年，美国成立联邦紧急事务管理局（FEMA）这一独立政府机构，处理国家灾情。2001年，"9·11"事件发生后，美国危机意识进一步增强，采取了一系列强化危机管理的措施，最终形成了目前较为完善的危机管理体制。

（3）公众参与程度：相较国外而言，我国恢复重建规划较多地采取传统自上而下的主导模式，导致公众对于重建规划过程的认知程度有限，在政策的决策阶段和实施阶段均缺少公众参与的主动性。

（4）高度重视环境保护：国外灾后恢复重建对环境保护要求很高，必须通过环保部门严格审核，而国内近年才开始真正关注环保问题。

第3章　城市灾后恢复与重建规划体系

在阐述城市灾后恢复与重建规划的基本任务、目标以及分析国内外恢复与重建规划的特点之后，本章将进一步探讨编制灾后恢复与重建规划体系所涉及的主要环节，具体包括灾后恢复与重建规划体系的基本要求、内容框架、编制组织与方法和依据的法规与管理实施等环节。

3.1　城市灾后恢复重建规划的基本要求

灾后恢复与重建首先要解决民生问题，如住房、水电和交通问题；其次，尽快修复医疗和学校等公共服务设施；在此基础上，考虑产业重建和生态环境修复，并注重进一步提高城市综合防灾减灾的能力。具体内容如下。

3.1.1　满足灾区居民住房要求

灾后恢复重建首先关注涉及居民住房的民生问题，注重城镇居民住房的恢复重建，重点解决房屋倒塌或严重损坏、无房可住群众的居住问题，使灾区群众尽快有一个安全舒适的住所，恢复正常的社会秩序。坚持修复加固和原址重建为主，合理控制建设成本。对

于通过加固能够满足居住安全要求的，原则上不得拆除重建。对于无法原址重建的，应考虑就近解决。

应按照统一规划、安全可靠和经济适用的原则，组织好城镇居民的住房恢复重建。根据房屋受损程度鉴定结果，对那些能够通过维修加固、符合安全要求的房屋，应尽快进行维修加固，以节省建设资金。对新建的居民小区，要相应配套建设基础设施，提升服务功能。住房建设要注重体现地方特色和保护传统民居风貌，注重节约用地和绿色环保，积极推广应用绿色环保和安全节能的新材料、新技术。

例如，汶川地震灾后恢复重建总体规划要求城镇住房新建85.98万套，总面积6620.10万m²，其中四川6490.03万m²，甘肃98.50万m²，陕西31.57万m²；加固住房面积5807.09万m²，其中四川5517.7万m²，甘肃220.47万m²，陕西68.92万m²。

年度任务安排：第一年城镇住房的新建住房完成总量的30%，加固住房完成总量的80%；第二年要求新建住房完成总量的70%，基本完成加固住房任务；第三年全部完成加固住房与新建住房任务。

3.1.2　恢复市政公用基础设施

供水、排水、污水、能源、电力、燃气、供热、

通信、交通和环卫等工程设施是城市最基本、最主要的基础设施，维系着城市的正常运转。在灾害发生过程中，这些基础设施一旦受损，不可避免地会严重影响灾区的生活生产秩序，灾后应紧急予以恢复。城市基础设施为城市建设提供先决性物质条件，其功能和效率直接支撑和影响城市运行和发展，是保障城市发展的关键性措施。

3.1.3　恢复公共服务设施

在灾后恢复重建规划中，公共服务设施也是需要优先考虑的，例如尽早安排学校和医院的恢复重建。此外，也需要考虑文化体育、文化自然遗产、就业和社会保障、社会管理等公共服务设施，以提供必需的公共服务，维护正常的社会秩序。

例如，汶川地震灾后恢复公共服务设施的主要任务如下：

（1）教育：小学3462所，初中970所，高中153所，高等院校24所等。

（2）医疗卫生：医院169个，疾病预防控制机构63个，妇幼保健机构52个，乡镇卫生院1263个，计划生育服务机构66个等。

（3）文化体育：恢复重建图书馆52个、文化馆54

个、乡镇综合文化站1177个，影剧场（团）和全国文化信息资源共享工程服务县级支中心、基层点等。

（4）文化自然遗产：修复青城山—都江堰、九寨沟、黄龙、四川大熊猫栖息地等。

（5）就业和社会保障：县级就业和社会保障综合服务机构51个，基层劳动保障工作平台1855个等。

3.1.4　产业重建

灾后居民住宅、基础设施和公共服务设施完成后就需要考虑灾区群众的就业问题，使其获得稳定的经济来源，方可维持稳定的社会秩序，因此要积极进行灾后产业重建，并吸引投资建设新的工业、商业和娱乐设施等，促进灾区多渠道就业，才能保证当地的经济繁荣。

灾后产业重建从长远来看是十分重要的，一方面可以解决就业问题，另一方面也可为当地的经济发展注入活力。灾区产业恢复重建要根据资源环境承载能力、产业政策和就业需求，对企业重建结合综合评估采取不同的重建策略，部分可以考虑原地重建，对环保不达标或者缺乏竞争力的部分企业可以考虑关停或者搬迁异地重建。通过上述方式，可以促进当地良性发展。

例如，汶川地震灾后产业重建的主要任务如下：

（1）工业企业：原地恢复项目2261个，原地重建项目729个等。

（2）产业集聚区：撤并和迁建的工业园区：阿坝水磨工业园区、平武南坝工业园、北川石材工业园、安县花荄工业园区、青川工业集中区、什邡蓥华工业园、什邡穿心店工业区、绵竹龙蟒河工业集中区、绵竹高尊寺化工集中发展区；扩大面积的国家级、省级开发区：绵阳高新技术产业开发区、江油工业园区、德阳经济开发区、广汉经济开发区、彭州工业园区、都江堰经济开发区、陇南西成经济开发区；新设立的循环经济产业集聚区：成都、德阳、绵阳、广元、天水、汉中循环经济产业集聚区。

3.1.5 提高防灾减灾能力

结合灾区灾害调研，防灾减灾体系的恢复重建，要积极吸收灾害给予的经验教训，必要时调整防灾标准，进一步提高城市的综合防灾减灾水平。通过规划，要坚持预防为主，加强灾害监测预警网络、防灾设施和应急救援能力的建设，为灾区经济和社会协调发展提供保障。

例如，汶川地震灾后防灾减灾的主要任务如下：

（1）监测预警：建设地质灾害监测点10301个、地震灾害监测点324个、气象预警信息发布点285个。

（2）救援救助：建设省市县灾害救助应急指挥平台，救灾物资储备库121个。

（3）综合减灾：建设省级减灾中心3个、综合减灾宣传教育基地105个、城乡避难所129个。

（4）地质灾害治理：治理重大地质灾害隐患点8693处，其中搬迁避让4694处。

3.1.6 促进生态修复

灾后灾区的生态环境不可避免地会遭受一定程度的破坏，甚至有可能造成严重的自然生态环境恶化或退化，以至于引发生态灾害继而影响到灾区城镇居民的生产、生活。因此，通过恢复重建规划，要求逐步恢复林草植被，恢复重建受损的自然保护区、风景名胜区，治理水土流失，加快灾区生态环境修复，恢复退化的生态系统，发挥灾区的自然生态屏障功能。这样方可确保城市的生态安全，实现人与自然的和谐发展。

例如，汶川地震灾后生态环境修护的主要任务如下：

（1）生态修复：修复生态公益林728万亩，退耕还林等补植补造187万亩，修复种苗生产基地18.9万亩、苗圃用房和温室大棚43.1万㎡，修复国家和省级自然保护区49个、大熊猫等珍稀野生动物栖息地180万亩和自然保护区生活、生产设施16万㎡等。

（2）环境整治：建设饮用水水源地污染防治设施323处、高风险区和重污染土壤治理22处，建设放射性废物库、辐射环境监测网点和辐射安全预警监测系统等。

3.2 城市灾后恢复重建规划的编制组织与方法

城市灾后恢复与重建规划一般由国务院职能部门和地方人民政府牵头组织编写，具体规划的编制需要分为三个阶段进行，即前期调研准备、编制总体规划纲要和汇总总体规划技术成果三个阶段。

3.2.1 恢复重建规划的编制组织

恢复重建规划的编制组织一般主要由国务院抗震救灾总指挥部、灾后重建规划组、国家发展与改革委员会、住房和城乡建设部和灾区省级人民政府组成。国务院抗震救灾总指挥部、灾后重建规划组、国家发展与改革委员会、住房和城乡建设部和受灾地区省级人民政府组成负责编制灾后重建总体规划，主要规划内容包括城乡住房、公共服务、基础设施、产业重建、防灾减灾和生态修复等方面。住房和城乡建设部、灾区省级人民政府以及相关的专业部门负责编制城镇体系规划、城乡住房建设和公用基础设施等灾后恢复重建规划。

在编制灾后恢复重建总体规划前，应当结合灾情，对现行城市总体规划以及各专项规划的实施情况进行总结，对基础设施的支撑能力和建设条件重新做出评价；针对存在的问题和出现的新情况，从土地、水、能源和环境等城市长期的发展保障条件出发，依据全国城镇体系规划和省域城镇体系规划，着眼区域统筹和城乡统筹，对城市的定位、发展目标、城市功能和空间布局等战略问题进行前瞻性研究，作为城市恢复重建总体规划编制的工作基础。

3.2.2　恢复重建规划的编制方法

灾后恢复重建规划总体规划的编制需要分为三个阶段进行，即前期准备、编制总体规划纲要和汇总总体规划技术成果三个阶段。在此基础上，方可编制恢复重建总体规划和附属专项规划。

规划编制的前期准备工作主要包括：①灾害损失状况和灾区基础资料的收集与调研；②规划编制的前期研究，主要是对现行城市总体规划进行评价和展开战略问题的前瞻性研究两项重要的工作内容。

灾后恢复重建总体规划纲要的编制，主要是研究总体规划中的重大问题，撰写专题研究报告，提出解决方案并进行论证。

汇总总体规划编制的成果要求是指对城市整体规划的各项目标提出规定性的要求，涉及城市规模、中心城区整体布局、生态环境保护与建设、资源保护与利用、市政基础设施和城市综合防灾等内容。

城市灾后恢复重建总体规划编制的工作步骤如下。

1）前期准备

熟悉城市灾后恢复重建规划任务内容及工作要求。了解灾后恢复规划开展的基本条件：如基础资料，地形图的覆盖范围、绘制时间、比例大小，行政主管部门的要求，需要跨行政协调的问题等。制定合理的编制工作计划，应明确人员分工和技术责任，注意时间，合理安排工作进度。

2）灾害现场调研

现场调查：全面了解灾后城市地形、地貌、建筑物受损程度、道路桥梁等交通损坏情况、生命线系统、灾害破坏特点、生态环境等方面现状，绘制受灾现状图。

灾区资料收集：收集城市历史、自然条件、人口、工业与仓储、城区道路交通、居住、公共建筑和园林绿化、市政设施、生态环境、郊区、历史文化古迹及人防等资料。

对灾区调查资料进行整理和统计，编制基础资料汇编，并对城市原有的经济结构、用地结构、人口结构、基础设施损害情况进行分析。

3）编制灾后城市恢复重建总体规划纲要

进行专题论证，对城市规划中的重大问题进行专题研究（如城市防灾减灾能力、城市规模、发展方向、产业结构调整、环境保护、土地与水资源保护等）。

4）编制城市灾后重建总体规划

3.3　城市灾后恢复与重建规划的法规与管理

20世纪以来，许多国家都制定了有关城市规划的法律和法规。其中，英国在1944年制定了《城乡规划法》；苏联于1958年由部长会议国家建设委员会颁布了《城市规划与修建法规》；联邦德国先后在1960年、1971年颁布了《联邦城市建设法》和《城市建设促进法》；日本自1919年制定《城市规划法》起，陆续制定了关于城市规划和建设的法规多达400多种。然而，我国直到1984年才由国务院颁布了《城市规划条例》。这是中华人民共和国成立后第一部关于城市规划、建设和管理的基本法规。在《城市规划条例》的基础上，1989年、2008年又先后颁布了《中华人民共和国城市规划法》和《中华人民共和国城乡规划法》。

与其他国家相比，虽然我国已经制定了一些关于防灾减灾和城市规划方面的法规文件，但并没有可直接用于城市灾后恢复重建的相关内容。在现阶段，城市灾后恢复重建规划的制定主要是借鉴汶川、玉树等地震灾区的地震灾后恢复重建规划进行，具有灾种和地区两方面的局限性。

3.3.1 城市灾后恢复与重建规划法规

1）适用法规

如前所述，灾后恢复与重建规划需要参考的法规主要包括《中华人民共和国城乡规划法》和对应不同灾种的一些专业性法规，其中《城乡规划法》是最核心的法律法规，是规范性法律文件。

目前，在灾后重建方面主要依据有《中华人民共和国城乡规划法》《中华人民共和国抗震防灾法》《中华人民共和国防洪法》、《建筑抗震设计规范》、《汶川地震灾后恢复重建条例》（国务院第526号令）。此外，也可参照国家针对地方的地震灾后恢复重建总体规划以及一些地方的相关规划，例如《国家汶川地震灾后恢复重建总体规划》、《玉树灾后恢复重建总体规划》和《雅安市城市灾后恢复重建规划》等。下面就上述法规文件进行部分内容阐述介绍。

2）《中华人民共和国城乡规划法》[40]（主要内容）

（一）总则简介

城乡规划包括城镇体系规划、城市规划、镇规划、乡规划、村庄规划和社区规划。城市规划、镇规划分为总体规划和详细规划。详细规划分为控制性详细规划和修建性详细规划。规划区是指城市、镇和村庄的建成区以及因城乡建设和发展需要，必须实行规划控制的区域。规划区的具体范围由有关人民政府在组织编制的城市总体规划、镇总体规划、乡规划和村庄规划中，根据城乡经济社会发展水平和统筹城乡发展的需要划定。城市、镇规划区内的建设活动应当符合规划要求。

制定和实施城乡规划，应当遵循城乡统筹、合理布局、节约土地、集约发展和先规划后建设的原则，改善生态环境，促进资源、能源节约和综合利用，保护耕地等自然资源和历史文化遗产，保持地方特色、民族特色和传统风貌，防止污染和其他公害，并符合区域人口发展、国防建设、防灾减灾和公共卫生、公共安全的需要。在规划区内进行建设活动，应当遵守土地管理、自然资源和环境保护等法律、法规的规定。

（二）城乡规划的基本内容

城市总体规划、镇总体规划的内容应当包括：城市、镇的发展布局，功能分区，用地布局，综合交通体系，禁止、限制和适宜建设的地域范围，各类专项规划等。规划区范围、规划区内建设用地规模、基础设施和公共服务设施用地、水源地和水系、基本农田和绿化用地、环境保护、自然与历史文化遗产保护以及防灾减灾等内容，应当作为城市总体规划、镇总体规划的强制性内容。城市总体规划、镇总体规划的规划期限一般为二十年。城市总体规划还应当对城市更长远的发展作出预测性安排。

乡规划、村庄规划应当从农村实际出发，尊重村民意愿，体现地方和农村特色。乡规划、村庄规划的内容应当包括：规划区范围，住宅、道路、供水、排水、供电、垃圾收集、畜禽养殖场所等农村生产、生活服务设施、公益事业等各项建设的用地布局、建设要求，以及对耕地等自然资源和历史文化遗产保护、防灾减灾等的具体安排。乡规划还应当包括本行政区域内的村庄发展布局。

（三）城乡规划的实施说明

地方各级人民政府应当根据当地经济社会发展水平，量力而行，尊重群众意愿，有计划、分步骤地组织实施城乡规划。城市的建设和发展，应当优先安排基础设施以及公共服务设施的建设，妥善处理新区开发与旧区改建的关系，统筹兼顾进城务工人员生活和周边农村经济社会发展、村民生产与生活的需要。镇的建设和发展，应当结合农村经济社会发展和产业结构调整，优先安排供水、排水、供电、供气、道路、通信、广播电视等基础设施和学校、卫生院、文化站、幼儿园、福利院等公共服务设施的建设，为周边农村提供服务。乡、村庄的建设和发展，应当因地制宜、节约用地，发挥村民自治组织的作用，引导村民合理进行建设，改善农村生产、生活条件。城市新区的开发和建设，应当合理确定建设规模和时序，充分利用现有市政基础设施和公共服务设施，严格保护自然资源和生态环境，体现地方特色。

在城市总体规划、镇总体规划确定的建设用地范围以外，不得设立各类开发区和城市新区。旧城区的改建，应当保护历史文化遗产和传统风貌，合理确定

拆迁和建设规模，有计划地对危房集中、基础设施落后等地段进行改建。历史文化名城、名镇、名村的保护以及受保护建筑物的维护和使用，应当遵守有关法律、行政法规和国务院的规定。城乡建设和发展，应当依法保护和合理利用风景名胜资源，统筹安排风景名胜区及周边乡、镇、村庄的建设。风景名胜区的规划、建设和管理，应当遵守有关法律、行政法规和国务院的规定。城市地下空间的开发和利用，应当与经济和技术发展水平相适应，遵循统筹安排、综合开发、合理利用的原则，充分考虑防灾减灾、人民防空和通信等需要，并符合城市规划，履行规划审批手续。城市、县、镇人民政府应当根据城市总体规划、镇总体规划、土地利用总体规划和年度计划以及国民经济和社会发展规划，制定近期建设规划，报总体规划审批机关备案。

建设规划应当以重要基础设施、公共服务设施和中低收入居民住房建设以及生态环境保护为重点内容，明确建设的时序、发展方向和空间布局。建设规划的规划期限为五年。城乡规划确定的铁路、公路、港口、机场、道路、绿地、输配电设施及输电线路走廊、通信设施、广播电视设施、管道设施、河道、水库、水源地、自然保护区、防汛通道、消防通道、核电站、垃圾填埋场及焚烧厂、污水处理厂和公共服务设施的用地以及其他需要依法保护的用地，禁止擅自改变用途。

3）《中华人民共和国防洪法》[41]（主要内容）

（一）总则

为了防治洪水，防御、减轻洪涝灾害，维护人民的生命和财产安全，保障社会主义现代化建设顺利进行，制定本法。防洪工作实行全面规划、统筹兼顾、预防为主、综合治理、局部利益服从全局利益的原则。开发利用和保护水资源，应当服从防洪总体安排，实行兴利与除害相结合的原则。江河、湖泊治理以及防洪工程设施建设，应当符合流域综合规划，与

流域水资源的综合开发相结合。

防洪工作按照流域或者区域实行统一规划、分级实施和流域管理与行政区域管理相结合的制度。各级人民政府应当组织有关部门、单位，动员社会力量，做好防汛抗洪和洪涝灾害后的恢复与救济工作。国务院水行政主管部门在国务院的领导下，负责全国防洪的组织、协调、监督、指导等日常工作。国务院水行政主管部门在国家确定的重要江河、湖泊设立的流域

管理机构,在所管辖的范围内行使法律、行政法规规定和国务院水行政主管部门授权的防洪协调和监督管理职责。

国务院建设行政主管部门和其他有关部门在国务院的领导下,按照各自的职责,负责有关的防洪工作。县级以上地方人民政府水行政主管部门在本级人民政府的领导下,负责本行政区域内防洪的组织、协调、监督、指导等日常工作。县级以上地方人民政府建设行政主管部门和其他有关部门在本级人民政府的领导下,按照各自的职责,负责有关的防洪工作。

(二)防洪规划

防洪规划是指为防治某一流域、河段或者区域的洪涝灾害而制定的总体部署,包括国家确定的重要江河、湖泊的流域防洪规划,其他江河、河段、湖泊的防洪规划以及区域防洪规划。防洪规划应当服从所在流域、区域的综合规划;区域防洪规划应当服从所在流域的流域防洪规划。防洪规划是江河、湖泊治理和防洪工程设施建设的基本依据。

国家确定的重要江河、湖泊的防洪规划,由国务院水行政主管部门依据该江河、湖泊的流域综合规划,会同有关部门和有关省、自治区、直辖市人民政府编制,报国务院批准。其他江河、河段、湖泊的防洪规划或者区域防洪规划,由县级以上地方人民政府水行政主管部门分别依据流域综合规划、区域综合规划,会同有关部门和有关地区编制,报本级人民政府批准,并报上一级人民政府水行政主管部门备案;跨省、自治区、直辖市的江河、河段、湖泊的防洪规划由有关流域管理机构会同江河、河段、湖泊所在地的省、自治区、直辖市人民政府水行政主管部门、有关主管部门拟定,分别经有关省、自治区、直辖市人民政府审查提出意见后,报国务院水行政主管部门批准。城市防洪规划,由城市人民政府组织水行政主管部门、建设行政主管部门和其他有关部门依据流域防洪规划、上一级人民政府区域防洪规划编制,按照国务院规定的审批程序批准后纳入城市总体规划。修改

防洪规划,应当报经原批准机关批准。

(三)编制防洪规划

应当遵循确保重点、兼顾一般,以及防汛和抗旱相结合、工程措施和非工程措施相结合的原则,充分考虑洪涝规律和上下游、左右岸的关系以及国民经济对防洪的要求,并与国土规划和土地利用总体规划相协调。防洪规划应当确定防护对象、治理目标和任务、防洪措施和实施方案,划定洪泛区、蓄滞洪区和防洪保护区的范围,规定蓄滞洪区的使用原则。

受风暴潮威胁的沿海地区的县级以上地方人民政府,应当把防御风暴潮纳入本地区的防洪规划,加强海堤(海塘)、挡潮闸和沿海防护林等防御风暴潮工程体系建设,监督建筑物、构筑物的设计和施工符合防御风暴潮的需要。

山洪可能诱发山体滑坡、崩塌和泥石流的地区以及其他山洪多发地区的县级以上地方人民政府,应当组织负责地质矿产管理工作的部门、水行政主管部门和其他有关部门对山体滑坡、崩塌和泥石流隐患进行全面调查,划定重点防治区,采取防治措施。城市、村镇和其他居民点以及工厂、矿山、铁路和公路干线的布局,应当避开山洪威胁;已经建在受山洪威胁的地方的,应当采取防御措施。

平原、洼地、水网圩区、山谷、盆地等易涝地区的有关地方人民政府,应当制定除涝治涝规划,组织有关部门、单位采取相应的治理措施,完善排水系统,发展耐涝农作物种类和品种,开展洪涝、干旱、盐碱综合治理。城市人民政府应当加强对城区排涝管网、泵站的建设和管理。

防洪规划确定的河道整治计划用地和规划建设的堤防用地范围内的土地,经土地管理部门和水利行政主管部门会同有关地区核定,报经县级以上人民政府按照国务院规定的权限批准后,可以划定为规划保留区;该规划保留区范围内的土地涉及其他项目用地的,有关土地管理部门和水行政主管部门核定时,应当征求有关部门的意见。

4)《中华人民共和国抗震防灾法》[42]（主要内容）

（一）总则

为了防御和减轻地震灾害，保护人民生命和财产安全，促进经济社会的可持续发展，制定本法。在中华人民共和国领域和中华人民共和国管辖的其他海域从事地震监测预报、地震灾害预防、地震应急救援、地震灾后过渡性安置和恢复重建等防震减灾活动，适用本法。防震减灾工作，实行预防为主、防御与救助相结合的方针。

县级以上人民政府应当加强对防震减灾工作的领导，将防震减灾工作纳入本级国民经济和社会发展规划，所需经费列入财政预算。在国务院的领导下，国务院地震工作主管部门和国务院经济综合宏观调控、建设、民政、卫生、公安以及其他有关部门，按照职责分工，各负其责，密切配合，共同做好防震减灾工作。县级以上地方人民政府负责管理地震工作的部门或者机构和其他有关部门在本级人民政府领导下，按照职责分工，各负其责，密切配合，共同做好本行政区域的防震减灾工作。

国务院抗震救灾指挥机构负责统一领导、指挥和协调全国抗震救灾工作。县级以上地方人民政府抗震救灾指挥机构负责统一领导、指挥和协调本行政区域的抗震救灾工作。国务院地震工作主管部门和县级以上地方人民政府负责管理地震工作的部门或者机构，承担本级人民政府抗震救灾指挥机构的日常工作。各级人民政府应当组织开展防震减灾知识的宣传教育，增强公民的防震减灾意识，提高全社会的防震减灾能力。任何单位和个人都有依法参加防震减灾活动的义务。国家鼓励、引导社会组织和个人开展地震群测群防活动，对地震进行监测和预防。国家鼓励、引导志愿者参加防震减灾活动。中国人民解放军、中国人民武装警察部队和民兵组织，依照本法以及其他有关法律、行政法规、军事法规的规定和国务院、中央军事委员会的命令，执行抗震救灾任务，保护人民生命和财产安全。从事防震减灾活动，应当遵守国家有关防震减灾标准。国家鼓励、支持防震减灾的科学技术研究，逐步提高防震减灾科学技术研究经费投入，推广先进的科学研究成果，加强国际合作与交流，提高防震减灾工作水平。对在防震减灾工作中做出突出贡献的单位和个人，按照国家有关规定给予表彰和奖励。

（二）防震减灾规划

国务院地震工作主管部门会同国务院有关部门组织编制国家防震减灾规划，报国务院批准后组织实施。县级以上地方人民政府负责管理地震工作的部门或者机构会同同级有关部门，根据上一级防震减灾规划和本行政区域的实际情况，组织编制本行政区域的防震减灾规划，报本级人民政府批准后组织实施，并报上一级人民政府负责管理地震工作的部门或者机构备案。编制防震减灾规划，应当遵循统筹安排、突出重点、合理布局、全面预防的原则，以震情和震害预测结果为依据，并充分考虑人民生命和财产安全及经济社会发展、资源环境保护等需要。县级以上地方人民政府有关部门应当根据编制防震减灾规划的需要，及时提供有关资料。防震减灾规划的内容应当包括：震情形势和防震减灾总体目标，地震监测台网建设布局，地震灾害预防措施，地震应急救援措施，以及防震减灾技术、信息、资金、物资等保障措施。编制防震减灾规划，应当对地震重点监视防御区的地震监测台网建设、震情跟踪、地震灾害预防措施、地震应急准备、防震减灾知识宣传教育等做出具体安排。防震减灾规划报送审批前，组织编制机关应当征求有关部门、单位、专家和公众的意见。防震减灾规划报送审批文件中应当附具意见采纳情况及理由。防震减灾规划一经批准公布，应当严格执行；因震情形势变化和经济社会发展的需要确需修改的，应当按照原审批程序报送审批。

（三）恢复重建

国务院或者地震灾区的省、自治区、直辖市人民政府应当及时组织对地震灾害损失进行调查评估，为地震应急救援、灾后过渡性安置和恢复重建提供依据。地震灾害损失调查评估的具体工作，由国务院地震工作主管部门或者地震灾区的省、自治区、直辖市人民政府负责管理地震工作的部门或者机构和财政、建设、民政等有关部门按照国务院的规定承担。地震灾区受灾群众需要过渡性安置的，应当根据地震灾区的实际情况，在确保安全的前提下，采取灵活多样的方式进行安置。过渡性安置点应当设置在交通条件便利、方便受灾群众恢复生产和生活的区域，并避开地震活动断层和可能发生严重次生灾害的区域。过渡性安置点的规模应当适度，并采取相应的防灾、医疗、防疫措施，配套建设必要的基础设施和公共服务设施，确保受灾群众的安全和基本生活需要。实施过渡性安置应当尽量保护农用地，并避免对自然保护区、饮用水水源保护区以及生态脆弱区域造成破坏。过渡性安置用地按照临时用地安排，可以先行使用，事后依法办理有关用地手续；到期未转为永久性用地的，应当复垦后交还原土地使用者。过渡性安置点所在地的县级人民政府，应当组织有关部门加强对次生灾害、饮用水水质、食品卫生、疫情等的监测，开展流行病学调查，整治环境卫生，避免对土壤、水环境等造成污染。过渡性安置点所在地的公安机关，应当加强治安管理，依法打击各种违法犯罪行为，维护正常的社会秩序。

地震灾区的县级以上地方人民政府及其有关部门和乡、镇人民政府，应当及时组织修复毁损的农业生产设施，提供农业生产技术指导，尽快恢复农业生产；优先恢复供电、供水、供气等企业的生产，并对大型骨干企业恢复生产提供支持，为全面恢复农业、工业、服务业生产经营提供条件。各级人民政府应当加强对地震灾后恢复重建工作的领导、组织和协调。县级以上人民政府有关部门应当在本级人民政府领导下，按照职责分工，密切配合，采取有效措施，共同做好地震灾后恢复重建工作。

国务院有关部门应当组织有关专家开展地震活动对相关建设工程破坏机理的调查评估，为修订完善有关建设工程的强制性标准、采取抗震设防措施提供科学依据。特别重大地震灾害发生后，国务院经济综合宏观调控部门会同国务院有关部门与地震灾区的省、自治区、直辖市人民政府共同组织编制地震灾后恢复重建规划，报国务院批准后组织实施；重大、较大、一般地震灾害发生后，由地震灾区的省、自治区、直辖市人民政府根据实际需要组织编制地震灾后恢复重建规划。

地震灾害损失调查评估获得的地质、勘察、测绘、土地、气象、水文、环境等基础资料和经国务院地震工作主管部门复核的地震动参数区划图，应当作为编制地震灾后恢复重建规划的依据。

地震灾后恢复重建规划应当根据地质条件和地震活动断层分布以及资源环境承载能力，重点对城镇和乡村的布局、基础设施和公共服务设施的建设、防灾减灾和生态环境以及自然资源和历史文化遗产保护等作出安排。

地震灾区内需要异地新建的城镇和乡村的选址以及地震灾后重建工程的选址，应当符合地震灾后恢复重建规划和抗震设防、防灾减灾要求，避开地震活动断层或者生态脆弱和可能发生洪水、山体滑坡和崩塌、泥石流、地面塌陷等灾害的区域以及传染病自然疫源地。

地震灾区的地方各级人民政府应当根据地震灾后恢复重建规划和当地经济社会发展水平，有计划、分步骤地组织实施地震灾后恢复重建。

地震灾区的县级以上地方人民政府应当组织有关部门和专家，根据地震灾害损失调查评估结果，制定清理保护方案，明确典型地震遗址、遗迹和文物保护单位以及具有历史价值与民族特色的建筑物、构筑物的保护范围和措施。

对地震灾害现场的清理，按照清理保护方案分区、分类进行，并依照法律、行政法规和国家有关规定，妥善清理、转运和处置有关放射性物质、危险废物和有毒化学品，开展防疫工作，防止传染病和重大动物疫情的发生。

地震灾后恢复重建，应当统筹安排交通、铁路、水利、电力、通信、供水、供电等基础设施和市政公用设施，学校、医院、文化、商贸服务、防灾减灾、环境保护等公共服务设施，以及住房和无障碍设施的建设，合理确定建设规模和时序。

各级人民政府应当组织开展防震减灾知识的宣传教育，增强公民的防震减灾意识，提高全社会的防震减灾能力。

从事防震减灾活动，应当遵守国家有关防震减灾标准。国家鼓励、支持防震减灾的科学技术研究，逐步提高防震减灾科学技术研究经费投入，推广先进的科学研究成果，加强国际合作与交流，提高防震减灾工作水平。

5）《城市抗震防灾规划管理规定》[43]（主要内容）

为了提高城市的综合抗震防灾能力，减轻地震灾害，根据《中华人民共和国城市规划法》《中华人民共和国防震减灾法》等有关法律、法规，制定本规定。在抗震设防区的城市，编制与实施城市抗震防灾规划，必须遵守本规定。本规定所称抗震设防区，是指地震基本烈度六度及六度以上地区（地震动峰值加速度不小于0.05g的地区）。城市抗震防灾规划是城市总体规划中的专业规划。在抗震设防区的城市，编制城市总体规划时必须包括城市抗震防灾规划。城市抗震防灾规划的规划范围应当与城市总体规划相一致，并与城市总体规划同步实施。城市总体规划与防震减灾规划应当相互协调。城市抗震规划的编制要贯彻"预防为主，防、抗、避、救相结合"的方针，结合实际、因地制宜、突出重点。国务院建设行政主管部门负责全国的城市抗震防灾规划综合管理工作。省、自治区人民政府建设行政主管部门负责本行政区域内的城市抗震防灾规划的管理工作。直辖市、市、县人民政府城乡规划行政主管部门会同有关部门组织编制本行政区域内的城市抗震防灾规划，并监督实施。

第六条　编制城市抗震防灾规划应当对城市抗震防灾有关的城市建设、地震地质、工程地质、水文地质、地形地貌、土层分布及地震活动性等情况进行深入调查研究，取得准确的基础资料。

有关单位应当依法为编制城市抗震防灾规划提供必需的资料。

第七条　编制和实施城市抗震防灾规划应当符合有关的标准和技术规范，应当采用先进技术方法和手段。

第八条　城市抗震防灾规划编制应当达到下列基本目标：

（1）当遭受多遇地震时，城市一般功能正常；

（2）当遭受相当于抗震设防烈度的地震时，城市一般功能及生命线系统基本正常，重要工矿企业能正常或者很快恢复生产；

（3）当遭受罕遇地震时，城市功能不瘫痪，要害系统和生命线工程不遭受严重破坏，不发生严重的次生灾害。

第九条　城市抗震防灾规划应当包括下列内容：

1）地震的危害程度估计，城市抗震防灾现状、易损性分析和防灾能力评价，不同强度地震下的震害预测等。

2）城市抗震防灾规划目标、抗震设防标准。

3）建设用地评价与要求：

（1）城市抗震环境综合评价，包括发震断裂、地震场地破坏效应的评价等；

（2）抗震设防区划，包括场地适宜性分区和危险地段、不利地段的确定，提出用地布局要求；

（3）各类用地上工程设施建设的抗震性能要求。

4）抗震防灾措施：

（1）市、区级避震通道及避震疏散场地（如绿地、广场等）和避难中心的设置与人员疏散的措施；

（2）城市基础设施的规划建设要求：城市交通、通信、给水排水、燃气、电力、热力等生命线系统，及消防、供油网络、医疗等重要设施的规划布局要求；

（3）防止地震次生灾害要求：对地震可能引起水灾、火灾、爆炸、放射性辐射、有毒物质扩散或者蔓延等次生灾害的防灾对策；

（4）重要建（构）筑物、超高建（构）筑物、人员密集的教育、文化、体育等设施的布局、间距和外部通道要求。

（5）其他措施。

第十条 城市抗震防灾规划中的抗震设防标准、建设用地评价与要求、抗震防灾措施应当列为城市总体规划的强制性内容，作为编制城市详细规划的依据。

第十一条 城市抗震防灾规划应当按照城市规模、重要性和抗震防灾的要求，分为甲、乙、丙三种模式：

（1）位于地震基本烈度七度及七度以上地区（地震动峰值加速度不小于0.10g的地区）的大城市应当按照甲类模式编制；

（2）中等城市和位于地震基本烈度六度地区（地震动峰值加速度等于0.05g的地区）的大城市按照乙类模式编制；

（3）其他在抗震设防区的城市按照丙类模式编制。

甲、乙、丙类模式抗震防灾规划的编制深度应当按照有关的技术规定执行。规划成果应当包括文本、说明、有关图纸和软件。

第十二条 抗震防灾规划应当由省、自治区建设行政主管部门或者直辖市城乡规划行政主管部门组织专家评审，进行技术审查。专家评审委员会的组成应当包括规划、勘察、抗震等方面的专家和省级地震主管部门的专家。甲、乙类模式抗震防灾规划评审时应当有三名以上建设部全国城市抗震防灾规划审查委员会成员参加。全国城市抗震防灾规划审查委员会委员由国务院建设行政主管部门聘任。

第十三条 经过技术审查的抗震防灾规划应当作为城市总体规划的组成部分，按照法定程序审批。

第十四条 批准后的抗震防灾规划应当公布。

第十五条 城市抗震防灾规划应当根据城市发展和科学技术水平等各种因素的变化，与城市总体规划同步修订。对城市抗震防灾规划进行局部修订，涉及修改总体规划强制性内容的，应当按照原规划的审批要求评审和报批。

第十六条 抗震设防区城市的各项建设必须符合城市抗震防灾规划的要求。

第十七条 在城市抗震防灾规划所确定的危险地段不得进行新的开发建设，已建的应当限期拆除或者停止使用。

第十八条 重大建设工程和各类生命线工程的选址与建设应当避开不利地段，并采取有效的抗震措施。

第十九条 地震时可能发生严重次生灾害的工程不得建在城市人口稠密地区，已建的应当逐步迁出；正在使用的，迁出前应当采取必要的抗震防灾措施。

第二十条 任何单位和个人不得在抗震防灾规划确定的避震疏散场地和避震通道上搭建临时性建（构）筑物或者堆放物资。

重要建（构）筑物、超高建（构）筑物、人员密集的教育、文化、体育等设施的外部通道及间距应当满足抗震防灾的原则要求。

第二十一条 直辖市、市、县人民政府城乡规划行政主管部门应当建立举报投诉制度，接受社会和舆论的监督。

第二十二条 省、自治区人民政府建设行政主管部门应当定期对本行政区域内的城市抗震防灾规划的实施情况进行监督检查。

　　第二十三条　任何单位和个人从事建设活动违反城市抗震防灾规划的，按照《中华人民共和国城市规划法》等有关法律、法规和规章的有关规定处罚。

　　第二十四条　本规定自2003年11月1日起施行。本规定颁布前，城市抗震防灾规划管理规定与本规定不一致的，以本规定为准。

　　《地震灾后恢复重建总体规划》是制定恢复重建专项规划、政策措施和恢复重建实施规划的基本依据，是开展恢复重建工作的重要依据，任何单位和个人在恢复重建中都要遵守并执行本规划，服从规划管理。

　　灾区省级人民政府要根据本规划制订恢复重建年度计划，明确重建时序，落实责任主体。

3.3.2　城市灾后恢复重建规划管理实施

　　地震灾后恢复重建总体规划一般是灾区制定恢复重建专项规划、各项政策措施和恢复重建实施规划的基本依据，是开展恢复重建工作的重要依据，要求任何单位和个人在恢复重建中都要遵守并执行本规划，服从规划管理。

　　国务院下属对应职能部门和灾区省级人民政府需要根据恢复重建总体规划，尽快编制完成城乡住房、城镇体系、土地布局、基础设施、公共服务设施、产业重建和生态修复等专项规划，并积极组织落实。

　　灾区省级人民政府要制定出明确的恢复重建年度计划、优先顺序，并落实责任主体。同时，指导灾区下一级市、县级人民政府编制本行政区恢复重建实施规划，具体组织实施，可根据需要编制或修改相应的城乡规划。

　　为检查总体规划实施的效果，建议中期阶段可由国务院和灾区省级人民政府对应管理职能部门对本省实施本规划的情况进行中期评估。在规划实施结束后，由国务院牵头组织有关地区和部门对实施情况再进行全面检查总结。

　　灾区市、县级人民政府要在省级人民政府指导下，编制本行政区恢复重建实施规划，具体组织实施。根据需要编制或修改相应的城乡规划。

　　一般而言，在规划实施的中期阶段，由国务院发展改革部门领导组织对本次规划实施情况进行中期评估，评估报告报国务院。灾区省级人民政府也要对本省实施本规划的情况进行中期评估。在本规划实施结束后，由国务院发展改革部门牵头组织有关地区和部门对本规划实施情况进行全面总结。

　　规划范围以外其他灾区的恢复重建规划由灾区省级人民政府组织编制和实施，国家在恢复重建政策措施、重建资金安排以及财政转移支付、扶贫开发等方面给予支持。

3.4　城市灾后重建规划的内容框架

　　城市灾后恢复重建系列规划主要包括恢复重建总体规划和各项专项补充规划。总体规划主要涉及城市空间布局、城乡住房、城镇建设、公共服务、基础设施、产业重建、防灾减灾和生态修复等主要内容。一般需要另行补充的专项规划可能至少包括灾后城镇体系、城乡住房建设和公用基础设施的恢复重建专项规划。

　　灾后恢复重建总体规划的主要内容包括：根据灾后城市社会经济发展需求、人口状况和环境承载力，确定城市的发展定位和规模；综合确定水、土地和能源资源的使用标准和控制指标；根据灾害状况和未来城市发展需求，划定禁止建设区、限制建设区和适宜建设区；统筹安排各类建设用地；修复完善各类基础设施和公共服务设施；大力发展公共交通设施；结合受灾状况，提升城市综合防灾减灾能力；积极修复各类生态环境；保护风景名胜，延续城市历史文化。

　　灾后恢复重建城镇体系专项规划包括市域城镇总体布局、城镇恢复重建类型、城镇人口与用地规模等。城乡住房建设专项规划涉及城乡住房恢复重建分类、规模，新建或加固住房的建设要求和标准，资金来源，政策措施和规划实施落实等。市政公用基础设施重建专项规划涉及供水、排水、污水、能源、电力、燃气、供热、通信、交通和环卫各种生命线工程设施的重建标准、规模和技术要求。风景名胜区灾后恢复重建规划涉及灾损评估、重建总体计划、重建技术导则、开放标准、投资估算和重建工作实施保障措施等。

3.5 城市灾后恢复重建规划与其他相关规划的关系

城市灾后恢复与重建规划最大的特点是在灾时规划，而非常时规划。就规划地位而言，灾后恢复重建规划相当于灾前城市总体规划考虑灾害后的修订版，将替代原有的城市总体规划，指导灾后相当长一段时间内城市的发展。

3.5.1 灾后恢复重建规划与现行城市规划的关系

灾后恢复重建总体规划需要考虑的专项规划内容与现行城市总体规划在涉及领域方面是相同的，但不同在于要结合灾害状况重新进行评估，必须考虑有针对性地进行调整。例如，需要结合灾后的自然条件与社会条件，重新确定城市选址、空间布局和建设规模，重新定位城镇功能与用地布局，优化调整产业结构，制定出既考虑灾害特殊情况又可持续发展的规划方案。因此，灾后城市的重建规划与常态下的规划在指导思想、工作程序和实施方略上均有着较大的差异。

3.5.2 灾后恢复重建规划与城市综合防灾减灾规划的关系

从本质上讲，灾后恢复重建规划是一个受灾城市在特殊时期、特殊的背景下制定的城市发展规划。因此，恢复重建必须立足于提高城市综合防灾减灾能力的基础之上，避免再造成类似的灾害重演。城市综合防灾规划主要涉及城市抗震工程设施、城市消防工程设施、城市防洪工程设施和城市地质灾害等专项规划，这些专项规划的内容可以考虑结合对应的灾种反映到恢复重建规划当中，作为有益和必要的补充。

第 2 篇　规划实务

第4章 评估方法

本章主要介绍恢复重建工作中的两类主要工作的评估方法：灾害损失评估和资源环境承载力评估。

4.1 灾害损失评估

灾害损失评估包括灾害所造成的人员伤亡和社会财产损失、灾害对生产和生活造成的破坏以及为修复被破坏的灾区正常社会秩序的投入[44]。其中，社会财产损失可分为直接和间接经济损失：直接经济损失是灾害造成的可统计的人、财、物的损失；间接经济损失是指由直接经济损失引起和牵连的其他损失，包括失去的在正常情况下可以获得的利益和为恢复正常活动或者挽回所造成的损失所支付的各种开支、费用等，是灾害对经济的间接影响，是一种深层次的经济损失。本部分所说的灾害损失主要指直接经济损失。

在现代防灾减灾理念下，防灾减灾措施有工程措施和非工程措施两种，其效益均以减轻灾害程度来体现，即减少经济损失和人员伤亡。全面、准确、及时、科学地评估灾情，有以下几个方面的重要作用：①可为灾前采取预防措施，灾后抢险救灾的人力、财力和物力分配提供依据；②可为政府补助资金提供依据；③可为恢复重建规划制定提供依据；④可为防灾减灾资金投入的方向、数量和工程规模的确定提供依据；⑤可为灾害保险理赔提供依据。

依据灾害损失评估发生时间的不同，灾害损失评估分为灾前、灾中、灾后进行的损失评估。①灾前损失评估。灾害发生前，根据预报的相关信息，结合相关科学研究模型和历史经验，对可能受灾地区耕地、房屋、人口、工农业产值、私人财产等进行损失评估。②灾中损失评估。在灾害发生过程中，根据实时监测数据，依据相关科学研究模型和历史经验，通过包括社会经济信息的基础背景数据库对已经和未来可能受影响地区耕地、房屋、人口、工农业产值、私人财产等进行损失评估。这一评估是动态的，也带有预测性。③灾后损失评估。在灾害发生后，根据一定的方法和口径，对灾害损失进行统计。

灾后进行损失评估，既可为灾后应急计划和恢复重建规划的制定提供基本依据，也可为将来的灾害研究提供基本素材，意义十分重大。在我国，灾后损失评估工作往往有较多部门参与。如民政部门会从侧重灾民救助角度进行统计，而住建部门则会从城市工程设施损失角度进行统计，水利部门从水利相关设施损失角度进行统计，交通部门从交通系统（一般不含市政交通）损失角度进行统计等。本部分所说的灾害损失评估主要是指灾后损失评估。

灾害损失评估一般包括两个方面工作，一是建立灾害损失评估的指标体系，二是给出灾害损失评估的定量方法。

4.1.1　灾害损失评估指标体系

目前，对于灾害损失评估的指标体系的研究比较多，但由于研究角度和研究内容的不同，结论不尽相同。但一般而言，评估的指标主要根据灾害损失的构成加以确定。如：有的研究者将灾害损失划分为社会方面的损失和自然环境方面的损失。有的研究者将灾害损失的指标划分为属性指标和货币指标，属性指标包括人员伤亡和灾害持续时间等指标；货币指标包括财产损失、救灾费用和灾害所引起的效益损失等经济损失指标。目前，比较公认的损失评估指标体系如表4-1所示。

灾害损失评估指标体系　　表4-1

一级指标	二级指标
灾害损失 人员伤亡损失	直接伤亡损失
	伤残人员的医疗保险、社会福利、生活救济损失

续表

一级指标	二级指标
灾害损失 经济财产损失	间接经济损失
	直接经济损失
灾后救援损失	救灾投入
	灾区生产力恢复期的减产损失

4.1.2　灾害损失定量评估方法

1. 传统灾损评估方法

灾害发生后，根据灾害的大小，分别由中央、省、市、县各级政府及有关主管部门派出调查组，到现场进行全面的或抽样的调查和评估，其内容是：灾害灾变等级评定；灾害影响范围；各类受灾体受损程度的评定和分类统计；直接灾害损失计算；间接灾害损失计算；灾害等级的评定等。

这种由各级政府逐层汇总上报的方式主要是利用经验，根据一定的标准直接估算，简单实用，但存在诸多弊端：统计速度慢，耗时耗力，并且上报结果极易受人为因素影响，自报数据缺乏科学性，损失统计结果往往偏大，与实际损失相差甚远，成果精度不够，与目前灾情评估工作所需的要求很不相符。

2. 灾度

灾度是自然灾害损失绝对量度量的分级标准。灾度的确定主要从对灾害的承受能力、致灾的自然条件背景以及相应的管理对策三方面综合考虑，并结合我国国情制定。马宗晋等人建立的灾度等级是以人口的直接死亡数和社会财产损失值作双因子判定为分级标准，将自然灾害损失分成微灾（E级）、小灾（D级）、中灾（C级）、大灾（B级）和巨灾（A级）五个等级。灾度等级的划分标准如表4-2所示。

灾度等级的划分标准　　　　表4-2

灾害等级	人口死亡（人）	财产损失（元）
巨灾（A级）	$> 10^4$	$> 10^{10}$
大灾（B级）	$10^3 \sim 10^4$	$10^8 \sim 10^9$
中灾（C级）	$10^2 \sim 10^3$	$10^7 \sim 10^8$
小灾（D级）	$10 \sim 10^2$	$10^6 \sim 10^7$
微灾（E级）	< 10	$< 10^6$

灾度概念的建立，将自然灾害损失的自然性与社会性以人员死亡和财产损失为桥梁，把自然灾害的强度与社会对灾害的承受能力相互连接。其重要意义在于建立了描述自然灾害损失等级划分的定量化标准。

但是灾度只给出了自然变异对社会财富所造成的破坏的绝对量，灾度大小并不能全面反映出灾害事件所造成的损失占社会财富和社会生存总量的比重。从经济发展的角度衡量，灾度不能满足灾害损失程度的度量，而事实上，有必要建立一种以自然灾害对社会生产总量、社会财富及再生产能力的衡量指标。

3. 灾损率

灾损率是对自然灾害损失相对量的度量。它反映了自然灾害损失占灾区经济生活和社会生产总量的比率。灾损率概念的建立，在灾害等级划分和灾害救援以及灾害管理方面具有十分重要的意义。

从理论上，灾损率是衡量灾害事件所造成的社会影响及破坏能力的评估指标。而在时间域内，随着社会生产总量和社会财富的不断积累以及再生产的扩大，国民经济必将不断地发展扩大，社会财富的积累也将不断地增加。在空间域内，因为各个地区的经济基础、人口密度、资源储备、科技水平和生产能力的差别，其为了应付自然灾害损失的社会储备，全社会的防御、抵抗自然灾害的能力以及灾害事件发生后的抢救和恢复社会再生产的自愈能力也不尽相同。因此，同等灾害事件所造成的损失在时间域和空间域上所反映的将是对社会财富不同的破坏能力和破坏强度，于是需要建立灾损率这种灾害破坏能力的经济指标全面加以描述。因此，灾损率的概念应该是科学的、可操作的和实用的自然灾害损失评估的经济指标。根据我国经济发展指数和新中国成立以来40年自然灾害经济损失的资料统计，对应灾度的概念，将灾损率同样划分为五个等级，判别指标如表4-3所示。

灾损率等级的划分标准　　　　表4-3

灾损率等级	灾损率指数
巨灾（A级）	> 0.5
大灾（B级）	$0.4 \sim 0.5$
中灾（C级）	$0.3 \sim 0.4$
小灾（D级）	$0.2 \sim 0.3$
微灾（E级）	< 0.2

4. 层次分析法

层次分析法（The Analytic Hierarchy Process，简称AHP）是美国运筹学家、匹兹堡大学的萨迪（T.L.Saaty）教授于1970年代初期提出的重要的决策方法。AHP应用一些简单的数学工具表达深刻的内容。基本思想是把复杂问题分解成各个组成因素，再将这些因素按支配关系分组形成逐阶层次结构，通过两两比较的形式确定层次中各因素的相对重要性，然后综合决策者的判断，确定决策方案相对重要性的总的排序，较好地实现定量与定性相结合，能对较为复杂、模糊的问题做出决策，近年来在灾害评估领域如城市火灾、热带气旋的影响、地质灾害边坡失稳等方面得到了广泛的应用。

5. 模糊综合评价法

根据确定的标准对某个或某类对象中的某个因素或某个部分进行评价，称为单一评价，从众多的单一评价中获得对某个或某类对象的整体评价称为综合评价。模糊综合评判方法，是基于模糊关系合成原理，从多个因素出发对被评判事物隶属等级状况进行综合性评判的一种方法。模糊综合评判包含六个基本要素：评判因素论域U；评判等级论域V，V实质是对被评事物变化区间的一个划分；模糊关系矩阵R；评判因素权向量W；合成算子；评判结果向量B，它是对每个被评判对象综合状况分等级的程度描述。灾害系统十分复杂，是自然系统与社会经济系统相互作用的结果，而系统的复杂性与精确性几乎不能共存，模糊综合评价方法使人们对复杂事物的认知定量化，提高了认知的精确性，许多科研人员将该方法应用到灾害损失评估、社会防灾能力评估、灾度或灾害等级评估、恢复力评估中，取得了较好的效果。

6. 灰色关联度分析法

一般的抽象系统都包含多种因素，这些因素共同作用的结果决定了系统的发展态势。我们所关注的是哪些是主要因素，哪些是次要因素；哪些因素对系统发展影响大，哪些影响小；哪些因素对系统发展起推动作用需强化发展，哪些起阻碍作用需加以抑制……承灾体和孕灾环境以及致灾因子构成的复杂灾害系统，灾害的发生和大小由三者的相关因素所决定。灰色关联分析方法弥补了采用数理统计方法作系统分析所导致的缺陷，对样本的多少和样本有无规律都同样适用，而且计算量小，十分方便，更不会出现定量化结果与定性分析结果不符的情况，而使用灰色关联分析对灾害系统的研究也取得了一些成果。

7. 灰色综合评价法

灰色综合评估是指基于灰色系统理论，对系统或因子在某一时段所处状态，进行半定性、半定量的评价与描述，以便对系统的综合效果与整体水平，形成一个相互比较的概念与类别。灰色综合评价方法适用于信息不充分、不完全的问题。考虑到灾害系统涉及的因素较多，在评价过程中未必能准确掌握过去所有的数据，存在部分信息不完全、不明确的情况，可把灾害事件看作一个灰色评价对象，利用灰色系统理论对其进行多层次评价。

8. 加权综合评价法

加权综合评价法是假设由于指标i量化值的不同，而使每个指标i对于特定因子j的影响程度存在差别，用公式表达为：

$$C_{vj} = \sum_{i=1}^{m} Q_{vij} W_{ci}$$

其中，C_{vj}是评价因子的总值，Q_{vij}是对于因子j的指标i的值，W_{ci}是指标i的权重值，m是评价指标的个数。

加权综合评价法综合考虑了各个因子对总体对象的影响程度，是把各个具体的指标的优劣综合起来，用一个数量化指标加以集中，表示整个评价对象的优劣，因此，这种方法特别适用于对技术、决策或方案进行综合分析评价和优选，是目前最为常用的计算方法之一。

9. 灰色聚类法

所谓灰色聚类法，是将聚类对象对于不同聚类指标所拥有的白化数，按几个灰类进行归纳，以判断该聚类对象属于哪一类。其特点是：①灰色聚类法考虑了系统的灰色性和白化程度，以及各灾害指标的综合影响而进行聚类加权，其权重的确定方法也比其他方法更合理。②灰色聚类法本身考虑了灾情损失程度，即受灾程度的重要特性，也就是系统的灰色性比较适合灾害损失评估研究，符合实际情况。③灰色聚类法不仅具有可比性，而且具有综合性等特点。灰色聚类是多因子评定，它既适合于不同灾种、不同灾区，也适合于同一灾种不同灾年的评估分析。聚类结果既便于科学分析，又便于按灰类进行管理规划，且计算过程简单，是进行灾情损失评估和等级划分的有效方法。

10. 模糊聚类法

传统的聚类分析是一种硬划分，把每个待辨识的对象严格地划分到某类中，具有"非此即彼"的性质，界限是分明的。而实际上大多数对象并没有严格的属性，它们在性态和类属方面存在着中介性，具有"亦此亦彼"的性质。人们开始用模糊的方法来处理聚类问题，并称之为模糊聚类分析。由于模糊聚类得到了样本属于各个类别的不确定性程度，表达了样本类属的中介性，即建立起了样本对于类别的不确定性描述，更能客观地反映现实世界，从而成为聚类分析研究的主流。目前，模糊聚类方法在灾害损失评估、灾害区划等研究中也取得了可喜的成果。

4.1.3 灾害损失结果分析

为便于理解和应用，应对灾害损失结果进行统计分析。统计分析一般包括三部分内容：灾害损失总体情况、灾害损失地域统计分析和灾害损失类别统计分析等。

灾害损失总体情况主要介绍灾害损失的大小、级别、分布范围、灾害等级分区等情况。总体灾害损失情况最好以图、表等形式，增强结果的直观性。如《舟曲灾后恢复重建总体规划》对舟曲特大泥石流灾害损失的描述为：舟曲特大山洪泥石流灾害主要涉及城关镇和江盘乡的15个村、2个社区，主要在县城规划区范围内，受灾面积约2.4km²，受灾人口26470人。人员伤亡惨重，截至2010年10月11日，遇难1501人，失踪264人。受泥石流冲击的区域被夷为平地，城乡居民住房大量损毁，交通、供水、供电、通信等基础设施陷于瘫痪，白龙江河道严重堵塞，堰塞湖致使大片城区长时间被水淹，造成严重损失。这是新中国成立以来最为严重的山洪泥石流灾害。

为便于使用，灾害损失统计应结合行政区划进行分地域统计，并给出每个区域的受灾程度和受灾情况。这对救灾和恢复重建工作有帮助。如舟曲特大泥石流灾害中，对灾害分区域的统计如表4-4所示（图4-1）。

舟曲特大泥石流灾害范围统计 表4-4

灾害等级	范 围	面积（km²）
极重区域	城关镇的三眼村、月圆村、南街村、瓦厂村、东城社区、西城社区和北街村大部、东街村大部、北关村部分、罗家峪村部分地区	1.2
严重区域	城关镇的西关村、西街村大部，江盘乡的南桥村、河南村部分地区等	0.2
一般区域	城关镇的锁儿头村、真牙头村、沙川村等村的部分地区	1.0

图4-1 舟曲特大泥石流灾害影响范围[①]（彩图见正文242页附图）

灾害损失分类别统计主要是按照受灾对象分别进行。如根据《自然灾害损失现场调查规范》（MZ/T 042—2013），将受灾对象分为10类进行统计。

1. 人员损失

主要包括受灾人口、因灾死亡人口、因灾失踪人口、因灾伤病人口、转移安置人口、饮水困难人口、

---

① 根据《舟曲灾后恢复重建规划》中相关图纸绘制。

需救助人口等。

2. 房屋

主要包括居民住宅用房（农村与城镇）与非住宅用房的因灾倒塌、严重损坏、一般损坏的房屋数量及其直接经济损失。

3. 居民家庭财产损失

主要包括受损生产性固定资产、耐用消费品和其他财产等的数量及其直接经济损失等。

4. 农业损失

主要包括种植业、畜牧业、渔业、林业和农业机械等损失：

种植业主要调查农作物受灾、成灾和绝收面积，农业生产大棚毁损面积及直接经济损失；

畜牧业主要调查死亡大小牲畜、家禽数量及直接经济损失，养殖场（基地）受损数量及直接经济损失；

渔业主要调查受灾养殖面积、水产品直接经济损失、养殖设施直接经济损失；

林业主要调查受灾、成灾和损毁的森林、苗圃、良种繁育基地面积及直接经济损失；

农业机械主要调查毁损数量及直接经济损失。

5. 工业损失

主要包括受损厂房与仓库、设备、原材料和产成品等的数量及直接经济损失等。

6. 服务业损失

主要包括批发与零售业、住宿和餐饮业、金融业、文化产业和其他服务业等经营性部分的损失，主要调查受损网点数量、受损设备设施的数量及直接经济损失等。

7. 基础设施损失

主要包括交通（公路、铁路、水运和航空）、通信、能源、水利和市政设施等损失：

交通设施主要调查公路（包括国道、省道、县及以下道路、客/货运站和服务区）、铁路（高速铁路、普通铁路、客/货运站）、水运和航空受损情况；

通信设施主要调查通信网、通信枢纽、邮政等受

损情况；

能源设施主要调查电网、发电、油气等设施受损情况；

水利设施主要调查水利基础设施、人饮工程等受损情况；

市政设施主要调查市政道路交通、市政给水排水、市政供气供热、市政垃圾处理、城市绿地等受损情况。

8. 公共服务系统损失

主要包括教育、科技、医疗卫生、文化、广电、体育、自然文化遗产、社会保障、社会福利和社会管理等公益性部分的损失，主要调查受损机构数量、受损设备设施的数量及直接经济损失等。

9. 资源环境损失

主要包括自然保护区、耕地、林地、草地、矿产资源等毁损数量或面积。

10. 其他受灾对象损失

除上述受灾对象损失外，其他受灾对象因灾造成的破坏和损失情况。

值得注意的是，在我国已有针对多种不同的灾害制定的相应的灾害损失评估规范、标准，在进行相关工作时，应注意选用。

4.2　资源环境承载力评价[45]

灾害发生后，区域的本底发展条件可能发生重大改变。因此，重新对规划区资源环境承载力进行审视是非常必要的。

资源环境承载力是一个综合性概念，是指在自然生态环境不受危害并维系良好生态系统的前提下，一个区域的资源禀赋和环境容量所能承载的经济社会活动的规模。它反映了资源环境同人类经济、社会活动相互适应的程度，除了受区域资源环境本身状况的制约外，还受区域发展水平、产业结构特点、科技水

平、人口数量与素质，以及人民生活质量等多种因素的影响。

同时，资源环境承载力还是一个带有"增长极限"的消极概念，与马尔萨斯人口论中的限制机制大体相同，也是1970年代"罗马俱乐部"对人类发展方式的一个警告。它侧重于资源与环境的自然属性，忽视了人类文明进步的影响，也没有涉及地表生态环境与地下矿物资源等因子之间的相互影响关系。

1990年代以来，一些学者尝试对区域资源环境承载力的研究，但这些研究的成果大多侧重于某些重要资源的承载力研究，如矿产资源等。随着区域综合规划的发展，越来越多的研究人员开始将人口、资源、环境和经济社会发展等因素统筹考虑，进行资源环境

承载力的综合评价方法的研究，如状态空间法、生态足迹法等。

4.2.1 评价准则

根据相关研究成果，灾后恢复重建工作中的资源环境承载力评价工作遵循以下原则：

（1）常规指标与特性指标运用相结合。可在主体功能区划分指标体系基础上，根据灾区的特点，增加部分具有灾区特点的评价指标（表4-5）。如地震之后的灾区评价，可增加地质条件、山地次生灾害、水文地质和工程地质、地震灾害损失等刻画震灾特征的指标项和评价内容。

全国主体功能区划地域功能识别指标体系 表4-5

序号	指标项	作用	指标因子
1	可利用土地资源	评价一个地区剩余或潜在可利用土地资源对未来人口集聚、工业化和城镇化发展的承载能力	后备适宜建设用地的数量、质量、集中规模
2	可利用水资源	评价一个地区剩余或潜在可利用水资源对未来社会经济发展的支撑能力	水资源丰度、可利用数量及利用潜力
3	环境容量	评估一个地区在生态环境不受危害前提下可容纳污染物的能力	大气环境、水环境容量和综合环境容量
4	生态脆弱性	表征全国或区域尺度生态环境脆弱程度的集成性指标	沙漠化脆弱性、土壤侵蚀脆弱性、石漠化脆弱性
5	生态重要性	表征全国或区域尺度生态系统结构、功能重要程度的集成性指标	水源涵养重要性、水土保持重要性、防风固沙重要性、生物多样性、特殊生态系统重要性
6	自然灾害危险性	评估特定区域自然灾害发生的可能性和灾害损失的严重性的指标	洪水灾害危险性、地质灾害危险性、地震灾害危险性、热带风暴潮危险性
7	人口集聚度	评估一个地区现有人口集聚状态的一个集成性指标项	人口密度和人口流动强度
8	经济发展水平	刻画一个地区经济发展现状和增长活力的一个综合性指标	地区人均GDP和地区GDP增长率
9	交通优势度	为评估一个地区现有通达水平的一个集成性指标	公路网密度、交通干线的空间影响范围和与中心城市的交通距离
10	战略选择	评估一个地区发展政策背景和战略选择的影响程度	—

（2）整体评价与局部精细评价相结合。在全面评价规划区资源环境承载力的基础上，对极重灾区增加评价内容，提高评价精度。

（3）系统评价与分类评价相结合。根据灾区特点，选取具有灾区特点的分类指标进行评价。如在芦山地震后，相关研究人员对于影响整个规划区的坡

度、自然保护区等指标项，进行全区评价并将评价结果全面纳入最终集成评价结果中；对于水资源等仅在局部区域评价中发挥作用，而人口迁出率则在不同区域选择不同的作用方向。

（4）灾前状况与灾后状况的评价相结合。尽可能在指标评价中，充分考虑灾害对指标项所刻画的现实状态的影响。

（5）确定性评价和不确定性评价相结合。特别关注灾区不确定因素，如地震之后的堰塞湖对重建条件评价结果的影响是不确定的。可以考虑通过不确定分析，分中期和近期来确定适宜建设程度的时序，并提出跟踪评价要求。

4.2.2 评价指标体系的建立

为更好地支撑灾后恢复重建工作，灾后进行的资源环境承载力评价工作依据资源环境要素对人类生存与活动影响的重要程度，选择了4类基本要素——大气、水、土地和能源，在此基础上，考虑到人类可持续发展对生态环境的保护要求，增加生态要素，共同作为灾区资源环境承载力的5类主要要素。其中，前4类要素分别从资源属性和环境属性两个方面进行评价指标的设计，而生态要素主要考虑人类对生态环境的保护要求和生态环境对人类活动的限制。具体的指标体系及描述如表4-6所示。

省级主体功能区划资源环境承载力指标体系　　　　　　　　　　　　　　　　表4-6

要素	序号	指标	描述
大气	1	大气主要污染物	通过各类污染物的平均污染等级，以及成为主要污染物的频度来综合表征区域大气的主要污染物
大气	2	大气环境容量	通过区域大气环境中各类污染物的最大自然容纳能力和通过科技减少的污染物量的综合评价，来表征区域大气环境的容纳能力
水文	3	可利用水资源	通过人均可利用水资源量等评价一个地区剩余或潜在可利用水资源，对未来社会经济发展的支撑能力
水文	4	水资源质量	通过对可利用水资源的水环境质量，来评价区域内可利用水资源的开发利用难度及程度
水文	5	水体主要污染物	通过各类污染物的平均污染等级，来表征区域水环境的主要污染物
水文	6	水环境容量	通过区域水环境中各类污染物的最大自然容纳能力和通过科技减少，以及去除的污染物量的综合评价，来表征区域水环境的容纳能力
土地	7	可利用土地资源	通过人均可利用土地资源等来评价一个地区剩余或潜在可利用土地资源，对未来人口集聚、工业化和城镇化发展的承载能力
土地	8	土地资源开发难度	通过可利用土地资源现有土地类型，土地质量等来综合评价土地资源未来开发利用的最大程度和难度
土地	9	土地质量分布	通过区域土地质量情况的评价确定区域土地环境，为未来土地资源分配及利用提供依据
能源	10	主要能源资源	通过区域内各类可开发能源资源量的评价确定区域主要开发能源资源类型
能源	11	可利用能源资源	通过人均可利用能源量评价区域内可开发利用的能源未来发展的支持程度
能源	12	能源开发难度	通过可利用能源丰度和开发成本综合评价区域内部可能的能源开发程度
能源	13	能源辐射程度	通过可利用能源资源的分布及辐射区域分布评价区域内部可利用能源环境
生态	14	生态多样性	通过生物多样性、生态类型多样性等的综合表征区域生态环境的复杂度
生态	15	生态敏感性	表征区域尺度生态环境敏感脆弱程度的集成性指标
生态	16	自然灾害危害性	为评估特定区域自然灾害发生的可能性和灾害损失的严重性而设计的指标

大气、水、土地和能源要素的资源属性主要通过可利用资源的总量和质量来表现。考虑到在地域面积上存在的显著差异，采用人均可利用资源量作为资源数量的评价指标。而资源的质量既可以直接采用资源质量作为评价指标，如"水资源质量"指标，也可以通过资源开发的难度、成本等间接反映资源的质量，如"土地资源开发难度"指标。而要素的环境属性主要通过主要污染物和敏感元素的环境容量来表现。其中，环境容量采用的是区域中最敏感元素的环境容量作为评价标准，以反映不同区域的环境特质。在4类要素中大气要素作为一种资源，在数量上可以看作是无限的，同时全球性特征比区域性特征更加明显，因此，在省级主体功能区划的资源环境承载力评价指标中只考虑大气的环境属性。

生态要素包含3个集成性指标，其中，"生态多样性"指标主要反映生态环境的保护要求，"自然灾害危害性"指标主要反映生态环境的制约作用，而"生态敏感性"既可以反映环境的限制程度，也可以表现需要保护的程度。

4.2.3 重建分区

资源环境承载能力评价的核心工作是对灾区进行重建条件适宜性评价，然后据此进行重建分区。重建条件适宜性是指：从国土开发强度、人口集聚规模、产业发展类型等方面，某个地域单元重建条件的适宜程度。按照适宜程度的基本标准将重建规划区划分为适宜重建区、适度重建区和生态重建区。

"适宜重建区"是指国土开发强度比较大、适宜人口集聚并形成一定规模城镇、允许全面发展各类产业的区域；原则上可以在重建中原地扩大和维持原有城市、乡镇的规模。

"适度重建区"是指国土开发强度较小、人口集聚规模有限、可适度发展某些类型产业的区域；在控制规模基础上可适度和缩小在原地重建乡镇并有条件就地重建分散的村落。

"生态重建区"是指国土适宜开发的比重很小、不利于人口集聚、产业发展类型有严格限制的区域；原则上可部分重建分散的村落，不宜就地重建具有一定规模的城镇。分散村落的选址、产业发展类型的选择，要具体问题具体分析，在规划工作中进一步论证。

根据重建条件适宜性评价、人口合理容量测算过程和结果，对恢复重建规划提出对策建议。

案例1　玉树灾后恢复重建分区[37]

灾后恢复重建要与三江源、隆宝自然保护区规划相衔接，根据资源环境承载能力综合评价，将规划区国土空间划分为生态保护区、适度重建区和综合发展区（表4-7、图4-2）。

生态保护区：主要指三江源、隆宝自然保护区的核心区、缓冲区和实验区，以及畜牧业适宜发展区。加强对生态功能退化的草地、林地和湿地的保护，控制人为因素对自然生态的干扰破坏，增强水源涵养、水土保持、生物多样性维护等生态系统功能。

适度重建区：主要指集中分布在玉树西北部和东部的农牧业适度发展区和人口相对集中区。对该区域内的乡镇实行就地重建，稳定人口规模，控制农牧业开发和乡镇建设强度。逐步恢复生态系统功能，重点实施退牧还草、退化草地治理、湿地与野生动物保护等工程，适度发展生态旅游等特色产业。

综合发展区：主要指27个乡镇驻地。以乡镇政府所在地为重点，适当集聚人口。在保护生态环境的同时，适度扩大用地规模，完善乡镇公共服务功能，拓宽就业渠道，发展农畜产品加工、生态旅游和特色产业，吸纳生态保护区人口转移。

类型	面积（km²）	占规划区比重（%）	人口（人）	占规划区比重（%）
生态保护区	18519	51.6	76274	30.9
适度重建区	16769	46.8	48875	19.8
综合发展区	574	1.6	121693	49.3
总计	35862	100	246842	100

重建分区　　　　　　　　　　　　　　表4-7

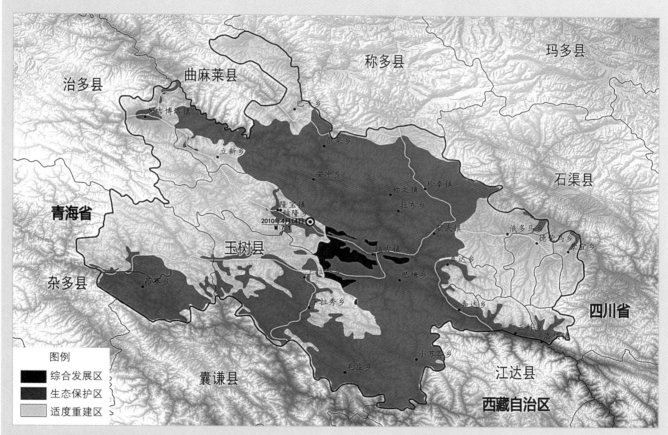

图4-2　玉树地震灾区重建分区图（按自然单元）[①]

案例2　天全县灾后恢复重建分区[46]

生态环境优先，保障生态本底：

以生态文明理念为指导，以建设省级生态县为目标，坚持生态优先、保护优先、人与自然和谐统一的方针，推进生态人居、循环经济、绿色建筑的发展，引导形成基于生态空间管制和环境保护要求的城镇体系、空间布局、产业结构和生活方式，确保灾后恢复重建顺利进行，共分为4个区：生态保护区、生态旅游区、生态农业区和重点发展区（图4-3）。

---

① 据《玉树地震灾后恢复重建总体规划》中相关图纸绘制。

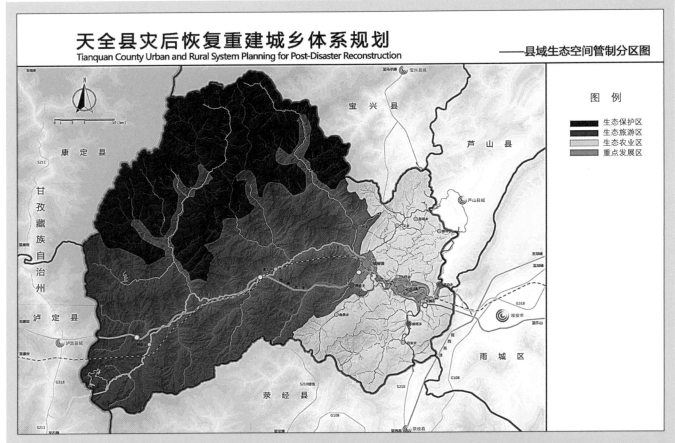

图4-3 天全县灾后恢复重建分区[46]

1）生态保护区

生态保护区为天全县生态环境最优良、生态多样性最丰富的区域，包括大熊猫世界遗产地核心保护区、自然保护区核心区和缓冲区等，面积约为692km²，占全县总面积的28.9%。

该区域内除相关保护区规划确定的科研和基础设施活动，应严格保护，禁止砍伐树木、开采矿产及任何其他建设活动。对现有的矿产开采点进行关停，并对开采区域进行生态修复，恢复植被。

2）生态旅游区

生态旅游区为天全县自然景观和旅游资源分布较集中地区，包括自然保护区实验区、大熊猫世界遗产地外围保护区、二郎山森林公园、二郎山风景名胜区以及生态环境较好的小河乡、思经乡、紫石乡和两路

乡等区域，面积约1159km²，占全县面积的48.4%。

该区域以生态建设为主，对区域内的地质灾害点和矿产开采点进行生态修复，对不符合开采要求的矿点逐步进行关停，对处于地质灾害点影响范围内的村民进行搬迁并对地质灾害点进行工程治理；在该地区活动断裂带两侧各设置200m的防护带，其他断裂带两侧设置100m的防护带，禁止在防护带范围内进行建设活动。

进一步加强退耕还林还草工程，在低山区以营造竹林及经济林为主，大力提高农民在退耕还林地区的收入，在中高山地区管护好楠竹等生态林，真正发挥楠竹在助农增收和保护长江上游生态屏障中的作用。

3）生态农业区

生态农业区主要为天全县农业基础条件较好的区

域，面积约为501km²，占全县总面积的20.9%。

对区域内地质灾害点进行梳理，进行灾害治理。控制地震断裂带两侧防护安全距离，禁止在防护带范围内进行建设活动。

对煤矿开采区域进行探测，划定采空区范围，搬迁采空区上部居民并进行采空区治理。对区域内的矿产开采点进行生态修复，对不符合开采要求的矿点逐步进行关停。

通过农田林网建设，形成良好的农田生态系统。

4）重点发展区

重点发展区主要为地势较平坦、生态敏感性要素较少、各类灾害分布较少的区域，主要沿318国道分布，面积约42km²，占全县总面积的1.8%。

该区域要通过城镇、道路、市政走廊绿化建设，提高绿化覆盖率，并根据城市的水系、自然地形、气候、土壤条件和建筑景观的要求进行植物造景和群落结构设计，突出生态的科学性。同时，优化城镇和产业布局，重点开展城乡环境综合整治。

第5章　城乡空间规划

本章主要进行恢复重建工作在空间上的布局工作。包括恢复重建工作的基础梳理、基本原则确定、重建目标、重建选址、城乡布局、土地利用、公共服务设施布局和基础设施布局八个方面的内容。

5.1　恢复重建基础

调查清楚灾区灾后恢复重建工作的基础是编制好恢复重建规划的前提。一般而言，恢复重建工作的基础包括以下三个部分：①灾区的基本情况。包括灾区的地形、气候条件，行政区划和人口，区位条件等。②灾害损失情况。包括受灾范围、受灾人口、受灾程度、经济损失、房屋受损情况、基础设施受损情况、厂矿企业受损情况等。③灾区恢复重建过程中面临的挑战和机遇。包括由于自身条件和受灾情况不同，灾区在恢复重建过程中所面临的特殊困难和所能利用的有利条件。

5.1.1　灾区概况

灾区概况是为了介绍灾区整体情况，但在介绍过程中，应将介绍重点放在与灾区恢复重建工作有关的内容方面，对无关内容可简单介绍或不介绍。灾区概况一般主要从以下两个方面进行介绍[47]。

1. 自然背景信息

主要介绍灾区的承灾环境，包括灾区的自然致灾因子和孕灾环境等。主要包括气象、水文、地形地貌、地质、地震构造、植被等信息。

2. 社会背景信息

主要介绍灾区承灾体中的社会人文因子。主要包括人口状况（如人口数量、年龄结构、性别、民主构成、宗教信仰等），居民住房信息，农作物种植区域结构和面积，区域经济发展水平、产业结构和规模等信息。

在介绍这两方面信息的基础上，还应对灾区条件进行分析，为后面恢复重建规划提供指导和帮助。分析一般可从以下几个方面进行：

（1）气候条件是否极端；

（2）水资源是否充沛；

（3）是平原、山区还是高原；

（4）是否有活动断裂通过；

（5）生态环境如何，植被是否茂盛、地质灾害是否发育；

（6）人口规模如何；

（7）人口构成是否有特殊性；

（8）灾前经济基础如何等。

案例　汶川地震灾后恢复重建规划
关于灾区概况分析[38]

汶川地震波及四川、甘肃、陕西、重庆、云南等10省（区、市）的417个县（市、区），总面积约50万km²。本规划的规划范围为四川、甘肃、陕西3省

处于极重灾区和重灾区的51个县（市、区），总面积132596km²，乡镇1271个，行政村14565个，2007年年末总人口1986.7万人，地区生产总值2418亿元，城镇居民人均可支配收入和农村居民人均纯收入分别为13050元、3533元（表5-1）。

规划范围　　　　　　　　　　　　　　　　表5-1

所在省	县（市、区）	个数
四川	汶川县、北川县、绵竹市、什邡市、青川县、茂县、安县、都江堰市、平武县、彭州市、理县、江油市、广元市利州区、广元市朝天区、旺苍县、梓潼县、绵阳市游仙区、德阳市旌阳区、小金县、绵阳市涪城区、罗江县、黑水县、崇州市、剑阁县、三台县、阆中市、盐亭县、松潘县、苍溪县、芦山县、中江县、广元市元坝区、大邑县、宝兴县、南江县、广汉市、汉源县、石棉县、九寨沟县	39
甘肃	文县、陇南市武都区、康县、成县、徽县、西和县、两当县、舟曲县	8
陕西	宁强县、略阳县、勉县、宝鸡市陈仓区	4

规划区的主体区域地处青藏高原向四川盆地过渡地带，以龙门山山脉为界，西部与东部的地质地貌差别明显，经济社会发展水平差异较大，总体上具有以下特点：

——地形地貌复杂，平原、丘陵、高原、高山均有分布，部分地区相对高差悬殊，气候垂直变化明显，属典型高山峡谷地形。

——自然灾害频发，高山高原地区地震断裂带纵

横交错，发生地震灾害的几率较高；滑坡、崩塌、泥石流等地质灾害隐患点分布多、范围广、威胁大。

——生态环境脆弱，山高沟深，高山地区耕地零碎、土层瘠薄、水土流失严重。

——生态功能重要，高山高原地区的动植物资源丰富，生态系统类型多样，属于长江上游生态屏障重要组成部分和我国珍稀濒危野生动物重要栖息地。

——资源比较富集，世界文化自然遗产和自然保

护区比较集中，旅游资源丰富，水能、有色金属和非金属矿等资源蕴藏较多。

——经济基础薄弱，平原地区工业化程度相对较高，高山高原地区经济规模较小，产业结构单一，贫困人口集中。

——少数民族聚居，有我国唯一的羌族聚居区，是主要的藏族聚居区之一，多元文化并存，历史人文资源独特。

5.1.2 面临的挑战和机遇

在经历灾害，特别是比较严重的灾害后，灾区的恢复重建工作一定会面临很多困难和挑战，这些都是需要后期去克服的。然而，同样的灾害降临在不同的地区，给灾区所造成的困难和挑战很可能是不一样的。找准灾区在恢复重建工作中所可能面临的困难和挑战，特别是那些灾区相对比较突出和独有的困难和挑战，在恢复重建规划中有针对性地采取措施，可以使恢复重建工作更合理、高效。如，根据池磊的相关研究[48]，汶川地震后，灾区农村住宅重建主要面临如下挑战：

（1）建设总量巨大。根据2010年的四川省政府工作报告，四川省灾后新建住房152.2万套，包括城镇25.9万套，农村126.3万套，汶川大地震波及范围广，包括四川、甘肃、陕西、重庆等10个省市，受灾面积广，农村地区因住宅抗震能力不够和处于山区，受灾尤其严重。

（2）要求时间紧迫。《汶川地震灾后恢复重建总体规划》确定了重建工作的总体目标，计划花3年时间来完成重建的主要任务，基本生活条件和经济社会发展水平达到或超过震前水平。在随后的实施过程中，3年的计划改为2年左右时间基本完成。时间紧迫也是汶川灾后重建的特征之一，即便在这种时间非常紧张的条件之下，农宅恢复重建也成果卓著，原先核定的需恢复重建农村住宅126.3万户，于2009年年底全部竣工，由于余震以及地质次生灾害的发生，因此陆续新增重建的农宅19.61万户，也在2010年基本完工。

（3）建造资金极度短缺。建造资金匮乏是灾后重建的一个主要矛盾。一般来说，农民灾后农宅建造的资金来源有如下五个渠道：政府重建补助资金、社会（基金会）援助资金、银行贷款、对口援助、个人出资。除去接受外界资金援助之外，个人还需承担很大一部分现金支出用来支付房屋建造费用，银行借贷的现金也需在规定的时间偿还，这对于大部分受灾贫困农民来说，是一个重大的负担。在地震前的2007年，据四川省年鉴统计，在四川地震严重的10个县市农民人均纯收入为3898元，最高为都江堰市5536元，最低为茂县2475元（图5-1）。政府补助、金融贷款和个人出资是灾后重建农宅建设的主要资金来源。政府对农民的重建资金补助，在2万元左右。对口支援省份也有部分对农户的补助。大部分的农户获得的重建资金补助在2万～4万元左右。

（4）原料需求紧张。由于灾后重建建设所需的材料、施工力量需在短时间内大规模得到供给，供需关系严重不平衡，从而导致了建材与人工费的大幅涨价。灾后重建时期的页岩砖价格已经从灾前的每块0.3元左右涨到超过0.5元，灾后重建农村自建房建造价格达到约680～700元/m²。

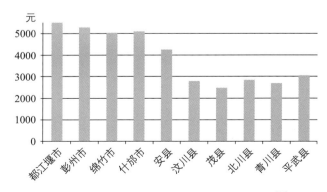

图5-1 2007年受灾前四川省部分县市农民收入统计表[48]

（5）技术资源缺乏。农村居民住宅建设仍然还保持着传统的工匠建造模式，技术基础薄弱，大多数农村住宅就是按照这种模式建造的，受到技术支持的重建农宅只是少数，在四川省重建规划的9896个村庄中，只有2043个有规划设计，规划设计覆盖率只有20.6%。绝大部分的村庄和农宅仍然是在没有规划与单体设计的情况下，由当地的施工队进行集体建造完成。

5.2　基本原则

灾后重建工作千头万绪，各项工作都有尽快推进的理由和现实紧迫性。然而，受制于现实条件和科学规律等制约，城市灾后恢复重建工作很难做到各项工作齐头并进、全面铺开。因此，为统筹城市灾后恢复重建工作，需要制定一套灾后恢复重建遵循的原则，以便各项灾后恢复重建工作在此协调下，遵循一套客观标准，有序推进。

一般而言，灾后恢复重建工作应当坚持以人为本、科学规划、统筹兼顾、分步实施、自力更生、国家扶持、社会帮扶的方针，遵循以下基本原则[49]：

（1）受灾地区自力更生、生产自救与国家支持、对口支援相结合。自力更生是我国的优良传统，在灾害面前，灾区政府和民众应率先行动起来，积极救灾，恢复生产，将灾害损失降到最低。同时，我国是社会主义国家，一方有难八方支援是我国政治体制的重要优势，在灾害到来时，全国各族人民应积极以各种方式支援灾区恢复重建工作，帮助灾区尽快战胜灾害影响。

（2）政府主导与社会参与相结合。无论是过去还是现在，救灾都是政府的基本职能之一。在灾害面前，政府应发挥主心骨的作用，积极组织力量进行救灾，控制灾害损失。同时，由于政府力量毕竟有限，积极引导各种社会力量参与灾后恢复重建是必不可少的。

（3）就地恢复重建与异地新建相结合。由于灾害的影响，灾区有些区域的生产和生活用地可能遭到较大破坏，就地恢复重建面临较大困难，这时应考虑异地重建。但异地重建牵涉面很广，成本非常高，因此，异地重建应慎重。

（4）确保质量与注重效率相结合。受灾过后，灾区生产和生活遭受很大影响，尽快恢复灾区正常生产和生活秩序是全体民众的心声。然而，恢复重建成果毕竟影响灾区未来很长一段时间的生产生活，因此，必须在确保质量的前提下，尽可能提高效率。

（5）立足当前与兼顾长远相结合。由于灾区民众的生产生活遭受严重影响，解决灾区民众迫切的需求是恢复重建工作的首要任务。同时，部分恢复重建工作会在灾区未来相当长一段时间内发挥作用，重建工作也应考虑这种长远影响，避免造成浪费。

（6）经济社会发展与生态环境资源保护相结合。生态环境保护是灾区恢复重建工作应坚持的一个基本要求，通过恢复重建工作，使灾区经济社会得到发展也是恢复重建的重要目标，两者有时并不完全一致，要在二者之间取得合理平衡。

灾区可在以上基本原则的基础上，结合灾区特点，如地形条件（高原、山地、平原等）、人口构成、民族特点、经济条件等作适当调整和完善，形成符合灾区特点的灾后重建原则。

案例1　玉树灾后恢复重建指导原则[37]

重建工作应坚持以下基本原则：

（1）以人为本，民生优先。把保障和改善民生作为恢复重建的基本出发点，优先恢复重建受灾群众住房和学校、医院等公共服务设施，抓紧恢复基础设施功能，改善城乡居民的基本生产生活条件。

（2）保护生态，体现特色。充分考虑灾区生态环境的脆弱性和生态系统的重要性，按照构筑青藏高原生态安全屏障的要求，与三江源自然保护区生态保护建设统筹推进。要特别注重保护民族宗教文化遗产，充分体现当地民族特色和地域风貌。

（3）统筹兼顾，协调发展。灾后恢复重建工作要与促进民族地区经济社会发展相结合，与扶贫开发和改善生产生活条件相结合，与加强民族团结和社会和谐稳定相结合，并为长远发展打下良好基础。

（4）保证质量，厉行节约。城乡居民点和重建项目选址要避开重大灾害隐患点。严格执行抗震设防要求和建设规范，确保重建工程质量和安全。积极推广利用新技术、新能源、新材料。合理确定建设规模和标准，坚持安全、适用、省地、节俭，严格保护耕地和草地。

（5）自力更生，多方支持。灾区各级政府要加强组织领导，动员广大干部群众自力更生、艰苦奋斗，努力建设美好家园。国务院有关部门大力支持，同时发挥社会各界援助的积极性，多方形成合力，共同推进灾后恢复重建。

案例2　集集地震灾后恢复重建原则[28]

（1）以人为本，以生活为核心，重建新家园。

（2）考虑地区及都市长远发展，因地制宜，整体规划农地及建设使用。

（3）建设与生态、环保并重，都市与农村兼顾：营造不同特色之都市与农村风貌，建造景观优美之城乡环境。

（4）强化建筑物、设施与小区防灾功能，建立迅速确实及具应变功能的运输、通信网，强化维生系统。

（5）结合地方文化特色与产业形态，推动传统产业复兴，奖励企业再造。

（6）明确划分中央与地方权责，加强政府部门横向、纵向分工合作：采用弹性、灵活做法，缩短行政程序、加速重建家园。

（7）考虑各级政府财政能力，善用民间资源，鼓励民间积极参与，建立民众、专家、企业、政府四合一工作团队。

（8）公共建设、产业、生活重建计划，由中央主导，民间支持，地方配合；小区重建计划由地方主导，民间参与，中央支持；各项计划依完成时序分别执行。

5.3 恢复重建目标

5.3.1 恢复重建范围

灾害的大小不同，受灾害影响的范围也不一样，不同范围受灾害影响的程度也不一样。如汶川地震中，中国除黑龙江、吉林、新疆外均有不同程度的震感。甚至泰国首都曼谷，越南首都河内，菲律宾、日本等地均有震感。在有震感区域中，Ⅵ度区以上面积合计440442km² [50]，其中：Ⅺ度区面积约2419km²，以四川省汶川县映秀镇和北川县县城为两个中心呈长条状分布，其中映秀Ⅺ度区沿汶川－都江堰－彭州方向分布，长轴约66km，短轴约20km，北川Ⅺ度区沿安县－北川－平武方向分布，长轴约82km，短轴约15km。Ⅹ度区面积约3144km²，呈北东向狭长展布，长轴约224km，短轴约28km，东北端达四川省青川县，西南端达汶川县。Ⅸ度区面积约为7738km²，呈北东向狭长展布，长轴约318km，短轴约45km。东北端达到甘肃省陇南市武都区和陕西省宁强县的交界地带，西南端达到四川省汶川县。Ⅷ度区面积约27786km²，呈北东向不规则椭圆形展布，东南方向受地形影响不规则衰减，长轴约413km，短轴约115km，西南端至四川省宝兴县与芦山县，东北端达到陕西省略阳县和宁强县。Ⅶ度区面积84449km²，呈北东向不规则椭圆形展布，东南向受地形影响有不规则衰减，西南端较东北端紧窄，长轴约566km，短轴约267km，

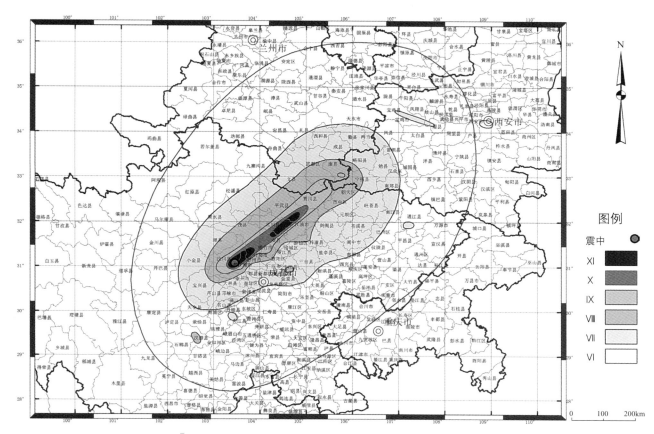

图5-2　汶川8.0级地震烈度分布图[①]

西南端至四川省天全县，东北端达到甘肃省两当县和陕西省凤县，最东部为陕西省南郑县，最西部为四川省小金县，最北部为甘肃省天水市麦积区，最南端为四川省雅安市雨城区。Ⅵ度区面积约314906km²，呈北东向不均匀椭圆形展布，长轴约936km，短轴约596km，西南端为四川省九龙县、冕宁县和喜得县，东北端为甘肃省镇原县与庆阳市，最东部为陕西省镇安县、最西边为四川省道孚县、最北部达到宁夏回族自治区原州区、最南部为四川省雷波县（图5-2）。

但《汶川地震灾后恢复重建总体规划》划定的重建范围为四川、甘肃、陕西3省处于极重灾区和重灾区的51个县（市、区），总面积132596km²，乡镇1271个，行政村14565个。如表5-2所示。

汶川地震灾后恢复重建总体规划范围　表5-2

所在省	县（市、区）	个数
四川	汶川县、北川县、绵竹市、什邡市、青川县、茂县、安县、都江堰市、平武县、彭州市、理县、江油市、广元市利州区、广元市朝天区、旺苍县、梓潼县、绵阳市游仙区、德阳市旌阳区、小金县、绵阳市涪城区、罗江县、黑水县、崇州市、剑阁县、三台县、阆中市、盐亭县、松潘县、苍溪县、芦山县、中江县、广元市元坝区、大邑县、宝兴县、南江县、广汉市、汉源县、石棉县、九寨沟县	39
甘肃	文县、陇南市武都区、康县、成县、徽县、西和县、两当县、舟曲县	8
陕西	宁强县、略阳县、勉县、宝鸡市陈仓区	4

---

① http://www.cea.gov.cn/manage/html/8a8587881632fa5c0116674a018300cf/_content/08_09/01/1220238314350.html.

综上所述，并不是所有灾害影响范围都一定会纳入灾后恢复重建规划范围，而应综合考虑重建主体、受灾情况、重建力量等因素，由政府划定。

5.3.2 恢复重建期限

重建期限是恢复重建工作的一个时间目标，对整个恢复重建工作的安排具有重要影响。同时，重建期限也是政府对灾区民众的一个承诺，对灾区民众有重大的心理抚慰作用。

然而，灾区的恢复重建是一项技术性很强的工作，其进度尽管会受到人们主观愿望的影响，但也受各种客观规律的制约，有其客观必然性。如果恢复重建工作违反了这种客观必然性，就有可能使灾区再次遭受重大损失。

下面以山区地震灾害为例谈谈客观条件对灾后恢复重建周期的影响[51]。据研究，地震发生后，山体由于受地震影响，会出现山体破碎、岩体强度和结构发生改变，为地质灾害后期发育提供物质来源。由于不同岩土体类型、地层年代、距发震断层距离、坡度、坡向等对地震的破坏相应不一致，导致地质灾害的发展趋势会出现差异。同时，地震还会造成震区山体松动，地质条件恶化，大量松散物质产生使得灾害体抗剪强度降低，容易触发次生地质灾害。相关研究显示，松潘—平武于1976年发生7.2级地震，震后地质灾害持续时间约为10~15年，芦山地震后，其导致的次生地质灾害持续时间可能在8~10年，尤其是震后3年。因此，山区发生地震灾害后，其恢复重建工作期限应与山体稳定进程相适应，否则有可能使恢复重建工程选址位于次生地质灾害威胁区内。

因此，恢复重建工作的重建期限应在尊重自然规律的前提下，综合考虑灾民愿望、经济条件等因素，由政府确定。

5.3.3 恢复重建目标

灾后重建工作面临恢复和发展两大主要任务。因此，灾后重建规划一般包括以下六个基本目标：

第一，居民得到基本住所。通过自建、助建、互建等方式修复加固受损房屋和新建房屋，确保无房和危房户获得安全、实用、卫生住所（包括租赁房）。

第二，提高基本公共服务水平。尽快恢复灾区教育、医疗卫生、计划生育、文化、文物保护、新闻出版、广播影视、体育、社会福利、就业和社会保障、基层政权等公共服务领域的正常运转，甚至使公共服务人口覆盖率超过震前。

第三，全面恢复基础设施。基础设施主要包括交通（高速公路、干线公路、铁路、民航）、通信（通信、邮政）、能源（电网、电源、煤矿、油气）和水利四个方面内容，重建应该使基础设施达到或超过震前水平。

第四，初步恢复生态环境。基本恢复灾区森林植被和野生动植物栖息地，恢复重建受损的自然保护区，林木种苗生产和牧草种子基地生产能力恢复到灾前水平，使水土流失得到一定控制，森林、草地等生态功能初步恢复。恢复重建灾区受损的生态保护和环境保护基础设施，使生态环境监管能力得到恢复。完成主要污染物减排任务，灾区环境质量基本恢复到震前水平。

第五，恢复重建市场服务体系。优先恢复重建与灾区群众基本生活和工农业生产密切相关的市场服务网点及流通基础设施，逐步形成布局合理、设施齐全、功能配套、结构优化的市场服务体系，为灾区生活和生产恢复与经济社会发展提供市场服务保障，使市场服务网点全面恢复，流通基础设施得到加强和改善，市场服务体系的功能得到恢复和提升，满足居民生活需要，吸纳劳动力就业，促进工农业生产和经济社会发展。

第六，恢复重建防灾减灾。抓紧治理各种灾害，加强灾害监测预警、各类灾害防治、应急指挥和救援救助能力建设，建立健全综合减灾管理体制和运行机制，使灾害监测预警预报体系基本恢复，重大次生灾害隐患点得到有效治理，应急救援救助能力得到提高，综合减灾能力明显提升，全面提高综合减灾能力和灾害风险管理水平，切实保障人民群众生命财产安全，促进灾区经济社会协调可持续发展。

案例1　日本阪神地震灾后恢复重建目标[28]

一、重建"市民的生活"

1．早期大量提供优质的住宅。

• 在震后最初的3年中，大量供应公营住宅及民间住宅，并向老年人等提供住宅服务。

• 通过神户重建住宅样品展览会（神户市主办的支持市民自力重建住宅的组织）和阪神淡路大震灾基金等，支持市民自己建设住宅。

• 通过建设重建住宅样板街区和制定住宅设计标准等，促进安全居家建设。

2．发挥地区的特点，促进住宅环境建设与整治。

• 通过在受灾街区的"住宅街区综合建设整治事业"（国家与地方政府投资项目）等，促进街区建设与整治事业。

• 通过灵活利用城中心区"长屋（日本旧时木结构街的棚户）区改善诱导制度"等，发挥以街区为单位的地区特点，促进房屋重建。

• 为了促进家园、街区、社区的建设，设立相关人才中心和基金。

3．加强和完善保险、医疗和福利

• 通过加强精神保健咨询、上门访问谈心等，促进城市保健事业的发展。

• 针对因震灾而产生的新的福利需要，扩大政府的公共服务。

• 以政府的"安心康健窗口"为核心，完善地区心理治疗网络建设。

4．提供教育设施，丰富生活

• 恢复重建学校设施，加强防灾设施建设、通过电脑网络的作用，促进信息教育。

• 编制震灾记录，制定防灾教育的课程体系。

• 通过促进学校对社会事业的开放，提供学习机会，促进终身教育。

二、振兴"都市的活力"

• 产业的振兴

• 神户港的重建

• 交通网络的建设与修复

三、重新振兴和再现"神户的魅力"

• 促进面向重建的市民运动

• 振兴市民的新的文化与体育

• 推进国际都市的建设

• 重视信息沟通的街区和社区建设

• 环境舒适、充满绿色和水的城市建设

四、推进"共同参与协作（协动）的街区和社区建设"

• 共建可以相互交流与和谐的地区（社区）

• 建设充满个性和魅力的社区

• 建设充满自主性和创造性的社区

• 促进民间企业的自发地到具有活力的地区活动。

案例2　天全县灾后重建目标[46]

近期以建设集山水景观、自然生态特色为一体的安全、生态、山水宜居城市为目标，建设以商贸、旅游服务为特色的雅安西部中心城市。近期实现城市生产生活条件、公共服务设施、基础设施全面恢复并超过灾前水平，群众安居乐业，社会和谐稳定，经济社会全面振兴，全面完成恢复重建的各项任务，城市综合服务功能明显增强，宜居环境建设取得初步成效，为五年整体跨越、七年实现全面小康奠定坚实基础。

5.4　重建选址

选址是城乡规划中非常重要的一项工作，灾后的重建选址工作更是具有极为重要的意义。灾后恢复重建是灾区科学发展的重要契机，是城市发展新的机遇期。城乡恢复重建，特别是涉及异地新建，应非常谨慎地科学决策。重建选址在确保安全的前提下，应综合考虑选址对地区长远发展的影响，遵循就地就近的原则，充分听取和尊重灾区群众的意见，坚持灾后重建科学有序。

1. 重建选址应首先考虑地质灾害影响因素

从历史上看，地质灾害避让是城乡居民点灾后重建选址首先应考虑的重要因素。安全需求是人生存和发展的基本需求。应充分认识城乡建设过程中，地质灾害发生的长期性和严峻性。灾后重建过程中，应强调"以人为本，安全第一"原则，贯彻"预防为主，避让与治理相结合"方针，主动避让地震断裂带和滑坡点。

2. 重建选址应综合考虑地区长远发展的要求

城镇不仅是地区人口集聚的中心，同时也是地域内的社会公共服务中心。选址重建势必会引起区域人口、经济、社会各方面的剧烈变化，对地区长远发展产生巨大的影响。重建选址应综合考虑地区长远发展的要求。原有城镇体系在灾后重建过程中势必调整，以满足这一地区未来长远的、整体的发展需求。需要从区域社会经济发展基本趋势判断出发，以地区资源环境承载力为基本依据，从地区产业结构调整、重大基础设施建设、生态环境维护和创造、对自然和文化资源保护等方面考虑地区长远发展需求。

重建选址要研究不同重建选址类型下城乡运营成本的差异；要关注对区域社会关系网络的影响；要综合分析异地选址对原有城乡发展格局的影响；要符合区域发展的总体要求；民族地区还要充分照顾到民族自身发展的要求，进而科学合理地确定重建规划选址类型。规划选址应有利于实现优化城镇体系，有利于地质灾害高易发区的人口、产业实现合理布局的发展目标，有利于保持地方特色和发扬民族文化，并通过发展解决灾后重建面临的各种问题。

3. 重建选址应遵循就地就近原则

灾后城乡重建规划选址应遵循就地就近原则，尽量依托其他居民点进行重建。应根据不同地区的特点，因地制宜，采取不同的重建发展模式。可依次选取三种类型：原地恢复重建，即在原址对损毁建筑物清理后进行重建；本行政区内（行政村内、乡镇内）异地新建，即在本行政区范围内依托其他居民点或者另外选址进行人口、产业的转移和城镇功能的新建，原有居民点缩小规模或者撤并；跨行政区异地新建，即跨本级行政区依托其他地区的居民点或者另外选址进行异地新建，原有居民点缩小规模或者撤并。无论是哪一类型的选址重建，都应本着实事求是、尊重科学的态度，以地震、地质灾害和生态环境承载力评估结果为基本依据。

城乡居民点的重建选址首先要对受地震灾害破坏的城镇进行地质灾害评价。如果原址可以作为建设用地继续使用的话，应按照已批准的城镇总体规划，或对已批准的城镇总体规划进行相应调整，进行原地恢复重建。绝大部分遭到地震破坏的城镇都应采取这类方式。

如果经地震、地质灾害和生态环境承载力评估后，原场地存在重大安全隐患或者经过地质灾害避让后，确实无法原地恢复重建的，则需要开展异地新建的选址工作。异地新建原则上首先考虑依托本级行政区内其他乡镇居民点进行新建，即村不跨村、乡不跨乡、镇不跨镇，依次类推，将搬迁城镇的人口、产业、城镇功能向其他居民点进行疏解。比如汶川特大地震中的青川县城乔庄镇，灾后重建将行政功能疏解到本县的竹园镇。

如本级行政区内不具备条件，则需要根据具体情况，考虑跨行政区新建的可能。乡镇居民点的异地新建涉及人口和产业的转移，应统筹兼顾，充分论证，严格依据相关程序，科学决策。如涉及县城等承担区域重要服务职能的乡镇功能搬迁，则更应慎之又慎。

4. 重建选址应充分听取当地人民群众意见

灾后重建事关人民群众的切身利益，重建规划都要充分尊重人民群众的意愿。灾后重建规划体现出公共政策属性。重建选址工作应"符合民众意见，尊重专家意见。"重大重建工作在决策前都应充分听取人民群众的意见，做到公开透明，有利于维护好社会的稳定。重建规划（包括重建选址）应有多方案准备，权衡不同需求，听取不同意见，关怀弱势群体，进行科学选择，营造和谐环境。

案例　唐山地震灾后重建选址[52]

唐山市是依托多年前开滦煤矿的发展建立起来的，陶瓷、煤炭、水泥等重工业是城市发展的主要产业推动力。地震前的唐山城市格局由主城区和距其东部25km的东矿区两个片区组成。出于震后城市生产、生活安全的迫切需要，城市空间结构和选址的规划变得尤为重要。当时，城市选址有两种意见：一是原地重建；二是异地重建。两者各有优缺点。原地重建可以：①保留唐山的产业体系以及社会经济文化特色；②减少搬迁征地费用，节约土地资源；③有利于城市原有基础设施的利用；④向世人展示唐山重新耸立的决心。而异地重建则可：①有效避开地震活动断裂带；②空出压煤区；③节省原地重建的清墟费用。最后，规划采用了混合型的布局方式，除在老市区安全地带的原地重建并适当向西、北发展外，将机械、纺织、水泥等工业及相应生活设施迁至主城区北部25km处的丰润区城东侧建设新区，选址基于其所具有的以下特点：①破坏较轻；②土地不是高产农田；③1km²内无村庄，无须搬迁；④依托丰润区城发展新区，易于组织。由此，唐山城市被有机地分散成三大片区：中心城区、丰润新区和东矿区。从而形成南、北、东三足鼎立的"一市三城"的分散组团式城市布局结构。

5.5　城乡布局

5.5.1　城乡布局的作用

城乡布局规划就是在灾区地域范围内，以区域生产力合理布局和城镇职能分工为依据，确定不同人口规模等级和职能分工的城镇的分布和发展规划。城乡布局规划致力于追求灾区布局整体最佳效益，其作用主要体现在灾区统筹协调发展上。

（1）指导相关规划的编制。城乡布局是站在灾区整体利益最大化的角度，综合考虑灾区各部分、甚至灾区与周边区域的关系基础上制定的，各规划在编制时应主动予以对接和落实。

（2）全面考察灾区发展态势，发挥对重大开发建设项目及重大基础设施布局的综合指导功能。重大基础设施的布局通常需要从区域层面进行考虑，城乡布局综合考虑灾区发展态势，从区域整体效益最大化的角度实现重大基础设施的合理布局。

（3）综合评价灾区发展基础，发挥资源保护和利用的统筹功能。城乡布局根据资源环境承载力分析结果，结合相关上位规划，统筹灾区资源的保护和利用，实现灾区的可持续发展。

（4）协调灾区区域发展，促进灾区内部形成有序竞争与合作的关系。通过对灾区的空间结构、等级规模结构、职能组合结构及网络系统结构等进行协调安排，根据各部分的发展基础和发展条件，从区域整体优化发展的角度指导灾区各部分发展，避免各自为战，促进灾区整体协调发展。

5.5.2　城乡布局的原则

城乡布局是一个综合的多目标行为，涉及社会经济的各个部门、不同空间层次乃至不同专业领域，因此应贯彻以空间整体协调发展为重点，促进社会、经济、环境的持续协调发展的原则：

（1）因地制宜的原则。一方面，城乡布局应该与国家社会经济发展目标和方针政策相符，符合国家有关发展政策，与国土规划、土地利用总体规划等其他相关法定规划相协调；另一方面，又要符合地方实际、符合城市发展特点，具有可行性。

（2）经济社会发展与城镇化战略互相促进的原则。经济社会发展是城镇化的基础，城镇化又对经济社会发展具有极大的促进作用，城乡布局一方面把产业布局、资源开发、人口转移等与城镇化紧密结合起来，把经济社会发展战略与城镇体系规划紧密结合起来；另一方面，城镇化战略要以提高经济效益为中心，充分发挥中心城市、重点镇的作用，带动周围地区的经济发展。

（3）区域空间整体协调发展的原则。以区域整体的观念协调不同类型空间开发中的问题和矛盾，通过时空布局强化分工与协作，以期取得整体大于局部的优势。有效协调各城市在城市规模、发展方向以及基础设施布局等方面的矛盾，有利于城乡之间、产业之间的协调发展，避免重复建设。中心城区是区域发展的增长极，城镇体系规划应发挥特大城市的辐射作用，带动周边地区发展，实现区域整体的优化发展。

（4）可持续发展的原则。区域可持续发展的实质是在经济发展过程中，要兼顾局部利益和全局利益、眼前利益和长远利益，要充分考虑到自然资源的长期供给能力和生态环境的长期承受能力，在确保区域社会经济获得稳定增长的同时，自然资源得到合理开发

利用，生态环境保持良性循环。在城镇体系规划中，要把人口、资源、环境与发展作为一个整体来加以综合考虑，加强自然与人文景观的合理开发和保护，建立可持续发展的经济结构，构建可持续发展的空间布局框架。

5.5.3 城乡布局的内容

城乡规划布局一般包括以下内容：

（1）提出灾区的发展战略。其中，位于人口、经济、建设高度聚集的城镇密集地区的中心城市，应当根据需要，提出与相邻行政区域在空间发展布局、重大基础设施和公共服务设施建设、生态环境保护、城乡统筹发展等方面进行协调的建议。

（2）确定生态环境、土地和水资源、能源、自然和历史文化遗产等方面的保护与利用的综合目标和要求，提出空间管制原则和措施。

（3）预测灾区总人口及城镇化水平，确定各城镇人口规模、职能分工、空间布局和建设标准。

（4）提出灾区重点城镇的发展定位、用地规模和建设用地控制范围。

（5）确定灾区交通发展策略；原则确定市域交通、通信、能源、供水、排水、防洪、垃圾处理等重大基础设施，重要社会服务设施，危险品生产储存设施的布局。

（6）根据灾区建设、发展和资源管理的需要划定城市规划区。城市规划区的范围应当位于城市的行政管辖范围内。

（7）提出实施规划的措施和有关建议。

案例1 《汶川地震灾后恢复重建总体规划》城乡布局[38]

——位于适宜重建区的城镇应原地恢复重建，其中条件较好的，与经济发展和吸纳人口规模相适应，

可适当扩大用地规模。村庄应就地恢复重建，并相对集中布局。

——位于适度重建区的城镇应以原地重建为主，其中不宜发展工业的，应调整功能；发展空间有限的，应缩减规模。村庄应以就地重建为主，有条件的

可适度相对集中。

——位于生态重建区且受到极重破坏、通过工程措施无法原地恢复重建的城镇，应异地新建。通过工程措施可以避让灾害风险的村庄，可在控制规模的前提下就地重建；灾害风险大或耕地灭失而且无法恢复的村庄，应异地新建。

——规划区的县城（城区）可以分为重点扩大规模重建、适度扩大规模重建、原地调整功能重建、原

地缩减规模重建和异地新建等类型。

——就地重建县城（城区）的重建类型，由灾区省级人民政府决定。需要异地新建县城和市级行政中心异地迁建的选址，应从灾区实际出发，综合考虑地质地理条件、经济社会发展和干部群众意愿等各方面因素，由灾区省级人民政府提出建议报国务院审定。

——乡镇的重建类型，由灾区省级人民政府决定。村庄的重建类型，由灾区市级或县级人民政府决定。

案例2 《玉树地震灾后恢复重建总体规划》城乡布局[37]

按照全区总体保护、建设重点乡镇、两线适度发展、多点特色分工、大均衡小集中的布局原则，实行就地重建，提升城镇功能，适度集聚人口，实现人口、生态、经济、社会协调发展。

突出一镇："一镇"指以极重灾区结古镇为恢复重建重点，按照区域性中心城镇进行规划建设，统筹城乡发展，改善基础设施条件，增强支撑能力，发挥

辐射和带动作用，实现跨越式发展。

带动两线："两线"指沿国道214线和省道308线分布的重灾区乡镇、一般灾区的重点镇及县城所在地，主要包括沿国道214线的珍秦、歇武、巴塘、下拉秀、称文等乡镇，以及临近省道308线的隆宝、加吉博洛、萨呼腾等镇，可适当扩大用地规模，集聚周边人口。

兼顾多点：其他乡镇和农牧区居民点适宜就地重建，在尊重当地群众意愿的基础上，有条件的可适度集中。在重建过程中，要加强对自然植被的保护和恢复，禁止借机占用草地、开垦草原等行为。

案例3 《芦山地震灾后恢复重建总体规划》城乡布局[53]

坚持城乡统筹、协调发展的原则，切实保护生态空间，集约整合生活空间，优化拓展生产空间，形成"中心带动、轴线集聚、县城提升、整体推进"的城乡发展格局（图5-3）。

中心带动：发挥雅安市城区（雨城区、名山区）作为川西区域性中心城市服务功能完善、辐射带动力强的优势，承接人口转移和产业发展，成为灾区经济社会发展的核心区域。

轴线集聚：依托成雅高速公路—国道318线、国

道108线—省道210线两条联通灾区内外的主通道，沿轴线优化布局，以城区及县城与成都市的经济联系为重点，成为人口和优势产业集聚的经济走廊。

县城提升：推进芦山、天全、荥经、宝兴（包括穆坪镇、灵关镇）县城等重点城镇恢复和发展，强化集聚人口和产业的功能，成为县域经济发展的重点地区。

整体推进：提高灵关、始阳、龙门、飞仙关、上里、中里、红星、百丈、大川、紫石、龙苍沟等乡镇综合承载能力，吸引人口适度集聚；优化村庄布局，城镇周边和丘陵平坝地区的村庄适度集中，山区村庄宜散则散、宜聚则聚，形成具有川西地方民俗风情的人居环境。

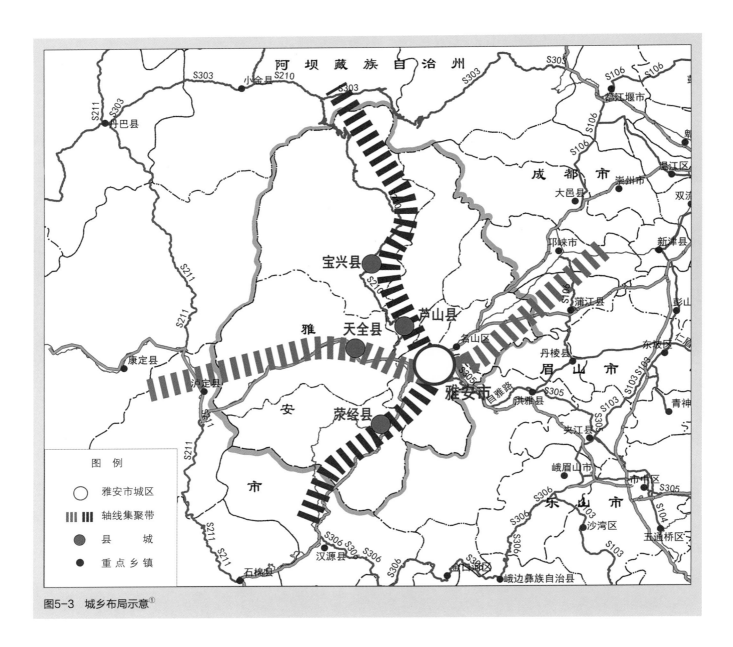

图5-3 城乡布局示意①

5.6 土地利用

5.6.1 基本概念

土地是地表某一地段包括地质、地貌、气候、水文、土壤、植被等多种自然要素在内的自然综合体。作为自然物的土地是逐渐由人类生存和发展的最基本生态环境要素转化为人的劳动对象和劳动资料，日益作为人类生活和生产活动的自然资源宝库，而成为一切生产资源和生产资料的源泉和依托；并使自然资源和生态环境要素的土地转化为人工自然资源和人工生态环境要素而成为自然资源综合体，使土地不仅具有使用价值，而且有了价值（劳动价值）。

土地具有自然特性和经济特性。土地的自然

① 据《芦山地震灾后恢复重建总体规划》中相关图纸重绘。

特性是指不以人的意志为转移的自然属性，包括：①土地的不可替代性；②土地面积的有限性；③土地位置的固定性；④土地质量的差异性；⑤土地永续利用的相对性。土地的经济特性指人们在利用土地的过程中，在生产力和生产关系方面表现出来的特性，包括：①土地经济供给的稀缺性；②土地用途的多样性；③土地用途变更的困难性；④土地增值性；⑤土地报酬递减的可能性；⑥土地的产权特性；⑦土地的不动产特性。

灾后恢复重建土地利用规划是其他各项规划的重要基础和空间"落脚点"及各项建设用地的依据，其主要任务是：在资源环境承载力评估基础上，科学评价土地利用安全性和适宜性，优先安排关系灾区民生的基本生活和公共服务设施用地，提出灾后恢复重建各类建设用地需求与布局方案和土地整理复垦方案，推进土地节约集约利用。

5.6.2　主要特点

根据土地利用规划的地位和作用，土地利用一般具有以下五个主要特点。

1. 以人为本

在土地利用规划编制中，把恢复重建受灾群众基本生活和公共服务设施用地的安排放在优先位置，在布局上把安全放在第一位。并广泛开展民意调查，加强公众参与，发挥灾区人民的主体意识，在确保安全的前提下，充分尊重当地群众的意愿和民族习惯，注重文化传承。同时，把土地整理复垦安排作为一个重点内容，优先安排农民口粮田的整理复垦，为尽快恢复生产创造条件，确保农民生计。

2. 时效性

为指导灾后的恢复重建工作，特别是应急安置工作，首先要尽快解决灾区人民的吃住行问题和正常的生活秩序。同时，注重做好与常规规划的衔接，为下一步发展提高奠定良好基础。

3. 尊重科学

在土地利用规划中，特别是各项建设用地布局原则意见的提出，要在开展土地利用安全性评价基础上进行，在布局上要尽量避开危险区域，以免造成二次伤害。

4. 适度超前

灾后重建土地利用规划应适度超前，起点高，不是简单地恢复。在用地安排上，在突出防灾减灾能力提高的同时，与工业化、城镇化、新农村建设相结合，与统筹城乡相结合，与产业结构优化升级相结合，促进土地的节约集约利用。

5. 注重衔接

做好与其他各项规划的协调衔接，避免规划间出现不协调情形。

5.6.3　基本做法

为更好地开展土地利用工作，支持灾后恢复重建工作，灾区土地利用一般有以下七个基本步骤。

1. 开展土地利用变化调查分析

掌握地震灾害前后土地利用变化情况是编制好规划的基础。通过土地灾毁情况调查，重点摸清耕地灾毁情况；摸清城镇、村庄、工矿、基础设施用地功能受损情况；摸清林地和其他农用地损毁等情况，并与灾前情况进行分析比较。

2. 进行建设用地安全性评价

在灾害调查和评估基础上，在土地利用规划编制前期工作中，重点开展建设用地安全性评价，划分危险区与安全区，提出适宜重建区、适度重建区和生态重建区布局原则，为各项建设用地布局提供科学依据，并明确提出了次生灾害防治和工程建设要求。

3. 提出重建用地规模安排方案

首先研究区分恢复重建与正常发展、过渡性安置与永久性安置、就地重建与异地新建的关系。灾害应急期内是根据需要安置受灾人口，安排过渡性安置用地和配套基础设施、公共服务设施用地，确保受灾群众的基本生活需要。永久性用地中的城镇村用地主要按照以人定地的原则，并充分考虑防灾避灾需要，进行初步测算，与相关规划充分衔接后，最后确定就地重建与异地新建用地规模。工矿和交通、水利等基础设施主要按照部门需求进行安排，一是要考虑尽可能恢复重建原有的各项基础设施，保障正常的生产和生活；二是要考虑适当提高防灾减灾能力。

4. 提出重建用地布局指导原则

按照尊重自然、尊重科学、尊重群众意愿、传承文化、保护生态环境等原则，在科学评估基础上，提出建设用地布局指导原则。过渡性安置用地和永久性安置用地要选在交通条件便利、方便受灾群众恢复生产和生活，避开危险区，尽量占用废弃地、空旷地，不占或少占农田，并避免对自然保护区、水源保护区及生态脆弱区的破坏。通过与各项相关规划的协调衔接，最后确定各项用地的具体布局。

5. 安排土地整理复垦

灾害应急期内是安排能够整理复垦的农民口粮田，恢复农业生产条件。待永久性安置逐步完成后，

根据需要和条件，逐步对因灾毁损的耕地和农村道路、抢险救灾应急用地、过渡性安置用地、废弃的城镇村工矿用地进行整理和复垦。

6. 落实有关用地政策

对国家有关用地政策，包括灾害应急期内国家制定的临时政策，在土地利用规划编制中，要进一步落实和细化。

7. 开展环境影响评价

在深入分析灾区资源环境制约因素的基础上，对规划方案的环境协调性进行分析，分别对规划目标、用地规模与结构调整方案、布局方案、土地整理复垦工程安排可能造成的环境影响进行评估，提出了减缓环境负面影响的建议措施，如提出过渡性安置占用耕地，要剥离表层沃土，复垦后再回填；再如要对受损土地进行分类处理等。

当前，我国土地资源正面临着如何协调好耕地保护、发展保障、生态建设三方面的压力问题，加之灾害对有限土地资源的破坏，在恢复重建期内，更应该探索如何对有限的土地资源进行优化配置，科学合理、高效集约地进行利用，最终实现土地资源的可持续性利用。

案例1　《汶川地震灾后恢复重建总体规划》用地安排[38]

——坚持节约集约用地，保护耕地特别是基本农田，各类重建项目都要尽量不占用或少占用农用地，充分利用原有建设用地和废弃地、空旷地。

——统筹安排原地重建与异地新建用地，合理安排各重建任务建设用地的规模、结构、布局和时序。

——适度扩大位于适宜重建区的城镇特别是接纳人口较多城镇的建设用地规模。控制适度重建区和生态重建区的城镇建设用地，结合工业园区撤并和企业外迁，适度压缩工矿用地和农村居民点用地，恢复并逐步扩大生态用地。

——优先保证异地新建城镇、村庄的建设用地，以及重点重建任务、项目的新增用地。

——增加循环经济产业集聚区的用地，适度扩大少数国家级和省级开发区的用地（表5-3）。

恢复重建新增用地（km²）　　表5-3

类别	合计	四川	甘肃	陕西
城镇建设用地	23190	19200	1910	2080
农村居民点用地	11000	9500	726	774
独立工矿用地	6246	4000	762	1484
基础设施用地	16367	14600	1212	555
其他建设用地	590	500	—	90
合计	57393	47800	4610	4983

案例2　《舟曲灾后恢复重建总体规划》土地利用[36]

用地规模：规划期内，安排新增城镇和农村居民点用地300hm²（包括兰州市秦王川转移安置区建设用地100hm²），同时保障交通、水利等基础设施恢复重建用地，安排临时用地36.5hm²。

节约用地：坚持最严格的节约用地制度，充分利

用原有建设用地安排恢复重建项目，尽量不占用耕地和林地、草地等具有生态功能的土地，优化城乡土地利用结构与布局，促进土地资源的可持续利用。

土地整治：做好灾毁耕地、林地、城乡建设用地、河道堤防用地的整理。对抢险救灾和恢复重建过程中的过渡性安置用地、施工临时用地尽可能整理复垦。与河道疏浚清障相结合，做好峰迭新区建设用地平整处理。

5.7　公共服务设施

公共服务设施是保障生产、生活的各类公共服务的物质载体[54]，是为市民提供公共服务产品的各种公共性、服务性设施，具体包括教育、医疗卫生、文化、体育、交通、社会福利与保障、行政管理与社区服务、邮政电信和商业金融服务等设施。公共服务设施为公众提供了生存和发展必不可少的资源和服务，其布局合理与否直接关系到政府公共服务资源是否公平、高效地配置，关系到公众享有公共服务的数量和质量，关系到"基本公共服务均等化"目标能否实现[55]。

公共服务体系的恢复重建，应根据城乡布局和人口规模，整合相关资源，合理布局，推进标准化建设，促进基本公共服务均等化。优先进行学校、医院等公共服务设施的恢复重建，严格执行与防灾相关的强制性建设标准规范，将其建成最坚固、最安全的建筑。

5.7.1　教育和科研

统筹城乡灾后教育重建，优化城乡教育布局结构，创新农村学前教育发展机制，推进义务教育均衡发展，完善职业教育城乡联动机制，形成全面推进素质教育的有效机制，探索城乡统筹的教师管理体制，构建现代化的终身教育体系，健全教育优先发展的体制机制。以义务教育为重点，恢复重建各级各类教育基础设施。统筹企业办教育机构和民办教育机构的恢复重建。实施义务教育振兴工程，高质量地恢复重建中小学校，提高重建区小学现代远程教育能力。扩大寄宿制学校规模和寄宿生比重，办好特殊教育和职业教育。实施中小学骨干教师支教计划，根据国家教师编制规定，配置合格教师和职工，建设教师周转住房。恢复重建受损的高等院校和科研机构。

案例1　四川什邡市灾后教育重建规划[56]

1）重建工作进程

进一步完善学校重建规划。学校灾后重建是教育局震灾发生以来的一项中心工作，重建办是什邡市教育局这项工作的实际执行机构。2009年3月，为配合制定全省的灾后重建实施规划，什邡市重建办对去年国家批复的公共服务设施重建专项规划中什邡市学校重建的77个项目（投资概算19.18亿元，重建校舍面积65.62万m²）进一步论证，将学校重建实施项目调整到69个，投资概算18.15亿元，重建校舍面积61.12万m²。2009年8月，根据国务院要求，对灾后重建规划进行中期调整。全市学校重建项目总数由69个调整到最终确定实施的67个，对建设规模和投资计划也作了尽可能合理的调整。调整后总投资概算为16.02亿元，重建校舍面积59.42万m²。调整后的规划已由省发改委于2009年10月批复，并作为学校重建项目实施的根本依据。

加强项目方案审定，确保重建项目建设达标。为保证建成学校的标准和质量，重建办严把设计关，安排建筑工程设计专业人士，对北京援建的22个项目、教育局实施的11个项目和城投公司实施的32个项目中的17个学校重建的初设方案进行逐一审定。严格按照《农村普通中小学校校舍建设标准》及《城市普通中小学校校舍建设标准》的要求，逐项审查并形成审查意见。

2）什邡灾后教育重建特色工程

2009年3月25日下午，北京市教委主任刘利民与什邡市人民政府市长李卓郑重签订了《京什教育灾后恢复重建智力援助实施方案》，此举标志着北京对什邡教育智力援助的正式启动。根据此方案，在两年中，北京市教委从"专家教师支教"、"教育管理人员、骨干教师培训"、"学校手拉手结对共建"和"建立京什远程教育培训平台"四个方面，对什邡教育进行智力援建。

（1）专家教师支教

北京派出三批教育专家，分别于2009年3月23日、2009年11月和2010年5月4日赴什，以听评什邡教师汇报课、专家上示范课、专家专题讲座、专家教师交流互动等形式开展支教活动。根据《北京对什邡教育智力援助框架方案》，北京在2009年和2010年两年中，分批派出教育专家和优秀教师临什，采取巡回报告、听课视导、座谈交流、办学指导等多种形式，就地开展教育教学管理人员和中小学教师培训，提升什邡教师队伍的整体素质。

（2）教育管理人员、骨干教师培训

为了提高什邡教育的管理水平，教师的教学能力，北京市教委将利用2年时间，为什邡教育培训200名学校管理干部、300名学科骨干教师。

（3）学校手拉手结对共建

在京什学校"手拉手"结对共建的框架下，什邡35所中小学校深入到北京对口支援学校，积极在教育教学科研、学校管理和师资队伍建设方面展开合作、交流项目，为建立对口支援长效机制奠定了坚实基础。

（4）建立京什远程教育培训

2009年11月27日，在京什两地党委、政府的关心帮助下，通过两地教育部门的沟通协调，"什邡远程教育培训资源网"正式开通。京什远程教育资源网跨越了京什两地的时空界线，使什邡教师在家中就能方便、快捷地免费享受到北京优质的教育资源，这对提高什邡教师队伍素质有着巨大的推动作用。

（5）特色学校、特色教育的建立

主要有以下四种方式：①推进校园文化建设，提升学校品位；②深度挖掘办学内涵，打造特色学校；③积极开展感恩教育，强化学校管理；④加强防灾教育，普及安全逃生意识。

案例2：玉树灾后教育重建规划[37]

学前教育和义务教育：以义务教育为重点，高质量地恢复重建中小学校，促进义务教育均衡发展。合理调整学校布局，原则上初中建在县城，完全小学建在乡镇。加强中小学寄宿制学校和幼儿园建设。提高农牧区中小学现代远程教育能力。加快发展农牧区学前双语教育。办好特殊教育。

高中阶段教育：恢复重建普通高中学校和中等职业学校。按照基本普及高中阶段教育的需要，大力发展中等职业教育，加强职业教育基础能力建设。调整学校布局结构，州举办高中阶段教育。统筹民办教育机构恢复重建。

双语教育：加强双语教学，建立健全适合藏区的教材、师资和教学模式相结合的双语教学体系，依托省内高校实施双语教师培训。

师资队伍建设：根据国家教师编制规定，配置合格教师和职工，采取多种举措补充合格的双语教师。按照教师编制的合理比例，建设教师周转住房（表5-4）。

教育设施规划统计		表5-4
义务教育	小学41所,初中8所。其中,石渠县小学8所,初中1所	
高中阶段教育	高中3所,中等职业学校2所,教师培训中心1个	
特殊教育	特殊教育学校1所	
学前教育	幼儿园27所。其中,石渠县幼儿园1所	

5.7.2 医疗卫生

在编制医疗卫生设施恢复重建的规划中,要注意与当地经济社会发展水平相适应,以灾区人民群众人人享有公共卫生和基本医疗为目标,以县、乡、村医疗卫生机构恢复重建为主要内容,以县、乡两级医疗卫生机构房屋设施建设、设备装备和卫生队伍建设为重点,采取积极有力措施补充医疗卫生技术人员,强化技术培训,优先安排县级医院和疾病预防控制、妇幼保健、计划生育服务机构,以及乡镇卫生院、中心乡镇计划生育服务站的恢复重建,恢复市(县)、乡(镇)、村基本医疗和公共卫生服务体系,提高医疗卫生应急处置能力。统筹企业办医疗机构和非公立医疗机构的恢复重建。恢复市级药品监督检验所。

把基层医疗卫生服务资源、计划生育与妇幼保健进行有效整合,三类机构设施设备符合共建共享的原则。人口较少的乡镇卫生院和乡镇计划生育服务用房统一建设,从而节省资源。适当配置计划生育流动服务车,增强重建期临时医疗卫生服务能力。

案例 玉树灾后医疗卫生重建规划[37]

公共医疗卫生:全面恢复州、县、乡、村四级基本医疗、公共卫生服务体系,恢复重建州县两级医疗和疾病预防控制、妇幼保健、卫生监督、食品药品检验机构,以及乡镇卫生院、村卫生室。加强鼠疫、碘缺乏病、包虫病、大骨节病、高原心肺病等传染病和地方病防治能力建设,提高医疗卫生应急处置能力。统筹民营医疗机构恢复重建。加强中医和藏医医疗服务体系建设,积极扶持藏医药发展。

计划生育:恢复重建计划生育服务机构。加强基层计划生育、妇幼保健与其他医疗卫生服务资源的有效整合。乡镇计划生育服务用房与乡镇卫生院统一建设,健全功能、优化管理。村计生室和卫生室在村级公共服务设施中统筹考虑建设。适当配置计划生育流动服务车,增强服务能力。

重建期医疗卫生服务:建设临时医疗卫生服务设施,配置高压氧舱、制氧站、急救设备和移动实验室等必要设备。合理安排医疗救治、卫生防疫和卫生监督人员。做好鼠疫、高原病的防治,抓好重点地区、重要环节的防疫工作,保障恢复重建阶段医疗卫生服务需求。

医疗卫生队伍建设:与相关政策相衔接,加强专业技术人员、藏医药人才和乡村医生培养培训。合理补充卫生专业技术人员,充实医疗卫生机构专业人才队伍。按照医护人员编制的合理比例,建设周转住房(表5-5)。

医疗卫生和计划生育设施规划统计	表5-5
医疗卫生	恢复重建综合医院6个,民族医院5个,乡镇卫生院26个(含乡镇计生站),妇幼保健机构6个,疾病预防控制机构6个,卫生监督机构6个,药品检验机构5个,其他医疗卫生机构10个,社区医疗卫生服务机构11个。其中,维修加固和重建石渠县县级医疗机构5个,乡镇卫生院7个

续表

重建期医疗卫生	保障配备高压氧舱、急救车等设备
计划生育	州级计划生育服务机构1个，县级计划生育服务机构4个。维修加固石渠县计划生育服务机构1个

5.7.3 文化体育

恢复重建公共文化和体育设施，重点恢复重建文化馆、图书馆、影剧院及乡镇综合文化站、村文化室、社区文化中心。恢复重建文化信息资源共享工程。统筹建设州县同城文化设施。公共文化设施要统筹规划建设，乡镇综合文化站充分发挥文化宣传、提供信息、科普及技术培训等服务功能。恢复重建文化信息资源共享工程服务网络。恢复广播电视网络功能，恢复重建广播影视的重点是恢复重建广播电台、电视台和无线广播电视发射台站、有线电视网络、监测台站，修复广播电视村村通设施。乡镇广播影视用房与乡镇综合文化站统筹建设。重建公益性出版机构、新华书店等的设施，农家书屋、公共阅报栏等设施。修复受损体育场（馆）等设施，乡镇体育场与学校或文化设施要统筹规划，遵循共建共享的原则。

案例　玉树灾后文化体育重建规划[37]

文化场馆：恢复重建州、县、乡、村四级公共文化服务设施，重点恢复重建文化馆、图书馆、影剧院及乡镇综合文化站、村文化室、社区文化中心。恢复重建文化信息资源共享工程。统筹建设州县同城文化设施。

广播影视：恢复重建广播电视功能，重点恢复重建广播电台、电视台和无线广播电视发射台站、有线电视网络、监测台站，以及广播电视村村通和农村电影放映设施。提高藏语广播影视节目译制制作能力。

新闻出版：恢复重建新华书店、公共阅报栏、农家书屋，支持藏文图书出版印刷等文字工程建设。

体育设施：恢复重建民族传统体育场、高原训练和群众健身设施等（表5-6）。

文化体育设施规划统计　　　　　　　　　　　　表5-6

文化场馆	州级文化馆、图书馆各1个，县文化图书馆3个，恢复重建乡镇综合文化站27个，社区文化活动室5个，影剧场（团）和文化信息资源共享工程服务点。其中，石渠县乡镇综合文化站8个
广播影视	州县广播电视台站，中短波发射台1座，无线广播电视发射台1座，监测系统1个，应急广播系统1个，有线电视前端1个，流动电影放映车4辆，以及广播电视村村通设施
新闻出版	州县新华书店5处
体育设施	体育场1个，赛马场1处，以及社区群众健身设施

5.7.4 就业和社会保障

大力拓宽灾民就业渠道，为有就业要求的受灾失业人员提供就业岗位，实施就业援助工程，通过定向招工、定向培训、技能培养等，解决规划区劳动人口的待就业问题。恢复重建就业和社会保障服务设施，原则上一个县城建设一个就业和社会保障综合服务设施，街道（乡镇）、社区建设劳动保障工作平台。建立就业和社会保障服务信息系统。增强各级各类社会福利、社会救助和优抚安置服务设施能力，适当在县城新建福利院、敬老院和残疾人综合服务中心等设施，建立残疾人康复中心，恢复重建殡仪馆和救助管理站。

案例　玉树灾后恢复重建就业和社会保障规划[37]

服务平台：恢复重建州、县、乡镇、社区（行政村）劳动就业和社会保障服务设施，包括州、县级劳动就业和社会保障综合服务中心及乡镇、社区（行政村）劳动就业和社会保障工作平台，提供涵盖就业、技能培训、人才、社会保障、争议调解仲裁服务等功能的"一站式"服务。

信息系统：恢复重建人力资源和社会保障管理信息系统，建设州、县、乡镇、社区（行政村）广覆盖、全畅通、高效率的城乡一体的信息服务网络。

就业援助：实施就业援助工程，加强对灾区青壮年的职业技能培训，通过对口支援、定向招生、定向培养、劳务输出等方式，解决灾区劳动人口的就业问题（表5-7）。

就业和社会保障设施规划统计　表5-7

服务机构	州级劳动就业和社会保障综合服务中心1个，县级劳动就业和社会保障综合服务中心4个
基层工作平台	乡镇、社区（行政村）劳动就业和社会保障工作平台30个
信息系统	人力资源和社会保障管理信息系统1个

5.7.5　社会管理

在做好民生工程恢复重建的前提下，严格按照国家相关建设标准和人员编制实施，整合资源，集中建设，共建共享，厉行节约，恢复重建各级党政机关、政法机构、各类监督监管机构的办公业务用房，以及党校教学、干部周转用房。恢复重建公检法司、消防、人防设施。同时，统筹农村、社区公共服务，为村级组织办公、党员教育、社会事业、警务等提供统一共用场所。恢复重建公安消防设施。建设乡镇公职人员周转住房，为乡镇挂职干部、支教、支医等人员提供住宿。

案例　玉树灾后恢复重建社会管理规划[37]

党政机关用房：在做好民生工程恢复重建的前提下，恢复重建各级党政机关、政法机构、监督监管机构的办公业务用房，以及党校教学、干部周转用房。恢复重建公检法司、消防、人防设施。党政机关用房的恢复重建，要严格按照国家相关建设标准和人员编制实施，整合资源，集中建设，共建共享，厉行节约。

基层组织用房：统筹村级公共服务，建设综合办公服务设施，为村级组织办公、党员教育、社会事业、警务等提供统一共用场所。恢复重建城镇社区办公场所及综合服务业务用房。

5.8　基础设施

基础设施的恢复重建，以恢复功能作为先导，根据地理地质条件和城乡分布合理调整布局，与当地经济社会发展规划、城乡规划、土地利用规划相衔接，远近结合，优化结构，合理确定建设标准，增强安全保障能力。

5.8.1　道路交通重建

遵循以下原则：①统筹兼顾，突出重点，以国省干线公路为重点，兼顾高速公路的修复，打通必要的县际、乡际断头路，适当增加必要的迂回路线，逐步完善灾区公路网布局。②恢复为主，新建为辅，充分利用原有的公路和设施，清理坍方、落石，修复局部路段，补强路基，加固受损桥涵，修补和重铺路面，修复排水防护和交通安全设施等。局部大型崩塌、滑坡、泥石流、堰塞湖等严重地质病害的路段，采用局部改线或另辟新线的新建方案。新建方案需结合重要城镇、工矿企业的规划布局等，充分考虑地形地质等建设条件，避免诱发新的地质病害。修复受损民航设施设备，全面恢复并提高民航运输能力。建立健全交通应急体系，建设应急交通指挥、抢险救助保障系统。③尊重自然，因地制宜，充分考虑灾区资源环境承载能力，合理选用技术指标，减轻对自然环境的破坏，注重与环境的协调，最大限度地提高公路建设和后期运营的可靠性和安全性。

案例1　唐山灾后道路重建规划[52]

市区原有道路系统很不完整，不仅道路密度小，交通集中，而且多数道路狭窄弯曲，丁字路口多，并受铁路分割，因而交通阻塞情况严重。

为改善城市交通，拟规划采取增辟干道，打通丁字路，截弯取直，加宽红线等多项措施，建成四通八达的棋盘式的道路网。规划重点是大城山以南、建设路以东地区和缸窑路地区。

在大城山以南地区，主要是增辟从钢厂桥穿越大城山南麓，凤凰山公园北侧，到西部居住区的干道；辟通凤凰路，向东接小窑马路；改建新华路，向东直达钢厂南部。这样，可有三条东西畅通的干道，改善工业区与市中心、居住区的交通联系。打通增盛路、文化路、建设路等丁字路，改善地区交通条件。延长建设路，南接津唐公路，北通唐丰公路；唐乐公路直接滨河路；修建吉祥路、滨河路与京山线立交；改建复兴路地道桥引道，以加强城市对外公路的联结。

在缸窑路地区，主要是增辟同缸窑路、建华路的平行道路和地区内东西向道路，分散交通流量，保证生产运输，方便与雷庄桥、钓鱼台附近居住区的联系。

规划道路红线宽度：主要干道40～45m，车行道21m；次要干道30～35m，车行道15～18m；支路20～25m，车行道10～12m。

此外，在城市入口沿主要公路布置停车场。

案例2　玉树灾后交通恢复重建规划[37]

加快干线公路恢复重建，提高国省干线公路技术等级和抗灾能力，构建"一纵一横两联"生命线公路通道，建设通县二级公路，提高西宁至玉树公路建设等级和保通能力。全面修复农村公路灾损路段，恢复建设便民桥梁，努力提高通达、通畅水平。修复重建客货运站场等设施。

尽快修复玉树巴塘机场受损设施设备，建设目视助航灯光系统及市内保障基地等工程，建设航线通信工程等，提高机场吞吐能力和航空应急救援保障能力。

为加强恢复重建物资运输保障，实施青藏铁路相关站场货运设施配套完善工程。

恢复重建邮政业务用房及相关设施，完善邮政网点，配置相关设备，保障和提高邮政服务能力（表5-8、图5-4）。

交通设施规划统计　　　　　表5-8

干线公路	构建"一纵一横两联"生命线公路通道："一纵"为国道214线共和至多普玛（青藏界）段、"一横"为省道308线玉树至不冻泉段、"联一"为省道312线珍秦至称多段、"联二"为省道309线多拉麻科至杂多段。整治改造1717km，其中一级公路10km，二级公路1277km，三级公路430km
农村公路	建设农村公路343km；修复便民桥梁65座，总长1822m

续表

客运站场等设施	建设玉树州客运站及9个县乡客运站；恢复重建公路道段设施
铁路	建设西宁北站铁路货运中心应急工程，配套完善平安驿、湟源、海晏、格尔木等站货运设施
民航	修复玉树巴塘机场建筑、道路、供电、供油、通信、导航等设施，新建目视助航灯光系统、站坪、联络道、通信导航、应急救援等工程。建设玉树至西宁航线通信工程、西宁二次雷达工程
邮政	重建及改造邮政业务用房10处，配置网络交换机等设施设备。新建邮政网点30处

图5-4　交通通道示意图①（彩图见正文242页附图）

案例3　天全县城灾后重建交通规划[46]

1）灾损情况

县城不同片区道路均有损坏，受损道路约22km，包括：

老城片区：解放街、新民街、黄铜街等。

旧城片区：中大街、北城街、大南街、正西街、小北街、文化巷等。

干田子片区：武安街、建设路及其南侧支路等。

向阳片区：向阳大道、红军大道、沿江路、建材南路、广建南路、安居南路、灯盏路等。

2）灾后重建目标和原则

到2015年，中心城区基本建成功能齐备的综合交通网络，构建片区多通道交通轴，形成城市骨干路网结构，局部瓶颈断面和关键节点得到改善和提升。

优先建设支撑城市结构的骨干交通设施，例如片区间通道、县城分流环路以及沙坝火车客运站等交通设施。

提高关键节点建设标准，重视高速出入口和重要桥梁等关键节点建设。

与区域交通设施充分对接，提高对接枢纽节点集散能力。

交通设施建设要与用地发展协调，做到服务近期用地开发。

3）道路交通规划（图5-5）

对外交通：以雅康高速、318国道为主要对外交通通道，建设雅康高速入城道路；改造提升县城至始阳、芦山道路交通，向南改造县城与思经乡的道路交通。

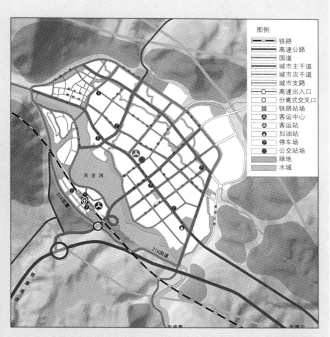

图5-5　县城灾后重建道路交通规划图（彩图见正文242页附图）

---

① 据《玉树地震灾后恢复重建总体规划》中相关图纸重绘。

城市交通：规划近期形成"九横十纵"的城市道路网格局。结合沙坝新区发展新建跨天全河桥梁，形成城市夹河发展。

规划道路交通用地84.3hm²。

4）灾后重建重点

（1）道路建设项目（图5-6）

①向阳大道

向阳大道为天全县城厢镇的发展主轴，现状串联碉门老镇和县城。受此次地震灾害影响，现状天全县城厢镇内318国道受损，向阳大道临时承担了318国道的部分职能，路面有损毁现象。随着天全县的发展，向阳大道将作为城厢镇的主要形象展示大道，道路两侧城市风貌需要整治，近期建设至碉门老镇，红线宽度为40m。

②中大街

现状为城厢镇南北向的主要交通干道，近期重点建设其南北两个方向的延长线。一方面，将作为芦山进入城厢镇的必经之路，加强芦山与天全县城的联系，另一方面，也是未来县城与沙坝新区主要的交通联系，支撑沙坝新区的未来建设，完善城市拓展的结构型骨干道路网络。红线宽度为30m。

③其他

除向阳大道和中大街作为近期重点建设项目外，还有以下道路近期建设项目，包括黄铜街、新民街、北城街、解放街、大南街、正西街、小北街、文化街、武安街及南侧支路、建设路及其南侧支路、红军大道、沿江路、建材南路、广建南路、安居南路、灯盏路、绕城快速通道及其南侧支路、清江路、建材北路、广建北路、安居北路、移民大道、洪城北路、徙

图5-6 县城恢复重建道路分布图（彩图见正文242页附图）

榆路。

（2）桥梁建设项目

根据城市近期建设计划的总体部署和安排，确定如下桥梁设施为近期优先重点建设的项目。

①沙坝大桥

为县城连接沙坝新区的重要通道，应考虑与县城中大街的衔接。宽度为24m，长度约400m。

②凉水井大桥

为县城连接北部拓展组团的重要通道，宽度为24m，长度600m。

5.8.2 通信设施重建

按照资源共享、先进实用、安全可靠的要求，加快公众通信网的恢复重建，加强应急通信能力建设，推进网络化综合信息服务平台建设，提升通信服务水平和灾备应急能力。恢复重建邮政设施，按照城乡分布完善邮政局（所）布局。

案例1　唐山灾后通信重建设施规划[52]

唐山地区在通信上的战略地位十分重要。长途通信网络建设，除增强原有的辐射制架空明线外，还要加强迂回通信线路建设，使辐射线路与迂回线路相结合，架空明线与地下电缆相结合；也要充分发挥短波无线电台的作用，使有线通信与无线通信相结合，地下建设与地上建设相结合。

市内电话网络组织采用多局制，统一采用纵横制自动交换机。

邮政通信按行政区划、党政机关和工矿企业的分布，统一规划邮运和投递网络，合理设置邮电服务机构。

为了保证通话质量，节约投资，机关、工矿企业用户的小交换机，除生产调度外，均纳入邮电部门统一建设和管理。

市区邮电设施布置如下：

（1）在市中心新华路、文化路处设立长途报话枢纽局，初期容量200条，终期800条，电报终期90条，并与前泥河长途电缆郊外站连接，从而与京、津、冀、沈干线衔接。

（2）同卡话局一起，沿新华路设市内电话局，容量3000门。在缸窑路设市话支局，容量1000门。

（3）在新火车站设邮件转运站。在新华路同市话局一起建立邮政分局。各街道、小区分设邮电营业点。住宅底层设置邮件信箱，以方便投递。

案例2　玉树灾后通信设施重建规划[37]

公众通信网：加快公众通信网的恢复重建，修复受损的传输网、移动通信网、固定电话网和宽带互联网，提高城乡通信覆盖率、服务水平和安全可靠性，推进通信基础设施的共建共享和三网融合。

应急通信：加强应急通信建设，建立健全应急通信保障体系，提高应急通信、运输通信保障能力（表5-9）。

通信设施规划统计　　　　　　　　　　　　　　　　　表5-9

公众通信网	恢复重建固定电话网3.34万线，宽带网4.23万线，移动通信核心网设备7套、基站587个，通信光缆1.57万皮长公里、传输设备418套，通信局房、通信管道、杆路、铁塔、电源等配套基础设施
应急通信	建设卫星应急通信设备72套、短波电台10套和其他配套设施

5.8.3　能源设施重建

重点恢复重建输电设施、骨干电源与外送通道，以及城乡中低压配电网络和进户设施，规划建设电力结构与布局调整项目。检测、加固停运水电站设施，消除隐患，安全防洪。

根据交通和送出工程等外部条件恢复情况，积极稳妥推进受损水电站的恢复重建。支持受损矿山恢复重建，尽快发挥正常生产能力。对损毁严重、剩余储量小、开采难度大、安全隐患大的矿山，停止重建。修复能源厂及其保护设施，尽快恢复生产。

5.8.4　水利工程重建

建立水安全监测预警与应急指挥系统是重建工作的重中之重，恢复重建水文及预警预报等设施。恢复重建农村水利基础设施和水土保持与水资源监测设施。精心规划，注重节约，把钱用在刀刃上，对可能导致防洪安全的受损堤防、水库进行全面检测加固，疏浚被堵的河道，增强防洪能力。结合因灾受损水库除险加固和受损灌区重建，对受损供水设施进行全面修复，尽快恢复供水能力。

案例 玉树灾后水利工程重建规划[37]

农田水利：恢复重建玉树、称多、囊谦三县农牧区水利灌溉设施，改造灌区配套设施，提高农牧业综合生产能力。

防洪设施：建设结古镇防洪工程，加强河道综合治理，建设巴塘河和扎西科河堤防、北山排洪渠及沟道防洪工程。加强其他县镇防洪工程建设和重点河流河道整治。

水土保持：加强三江源自然保护区水土保持综合治理，以沟道拦蓄、沟岸防护、林草恢复为重点，加大水源地保护力度，提高水源涵养能力。

水文及水资源监测：恢复重建水文、水保设施，提高水文、水保监测能力（表5-10）。

水利设施规划统计   表5-10

农田水利	恢复重建5项农田灌溉工程，新建33km输水渠道；改造9项农田灌溉工程，衬砌输水渠道28km；恢复重建7项草场灌溉工程，新建引水口13座、输水管道53km、阀门井30座、分水闸20座；恢复重建设施农业水利配套工程5项，引水堰（闸、坝）20座、温棚97座、输水管道20km、输水渠道0.2km、水源13处、各类渠系建筑物343座、蓄水池29座
防洪设施	除险加固水库1个；恢复重建堤防7.6km、排洪渠15.8km；新建堤防48.7km、排洪渠30.5km
水土保持	重建谷坊40座、拦沙坝33座、沟岸防护21km；新建谷坊64座、拦沙坝8座、沟岸防护28km
水文及水资源监测	恢复重建新寨水文站、直门达水文站、下拉秀水文巡测站、隆宝滩水文巡测站，配置相应的监测设备

第6章 生产与生活恢复重建

尽早恢复生产，重建家园，是让灾区和灾民尽早走出灾害影响的必然要求；尽早恢复重建灾民的日常生活，是整个恢复重建工作的中心。因此，灾区的生产与生活恢复重建有非常重要的意义。

6.1 产业恢复重建

产业恢复重建关系重大，是维护灾区社会稳定的重要保障。就业是民生之本，产业恢复重建是解决灾区就业的根本途径，直接关系灾后恢复重建的成败。灾后恢复重建应坚持"安居为先、乐业为本"，在做好居民住房、基础设施建设等工作的同时，必须把产业恢复重建放在重要位置，切实解决好灾区群众的就业和收入问题。

产业恢复重建是促进灾区长远发展的重要基础。灾区虽然受灾，但产业的基础、优势依然存在。加快产业恢复重建有利于继续发挥灾区产业优势，恢复和增强灾区的自我发展能力。

6.1.1 基本思路

产业恢复重建要以科学发展观为指导，坚持以人为本、市场导向、科学重建。做到与促进就业再就业、提高群众收入相结合，与主体功能区划分、保护生态环境相结合，与城乡恢复重建、优化生产力布局相结合，与转变经济发展方式、调整产业结构相结合。要抓住产业恢复重建的机遇，重塑产业结构，促进产业升级。

1. 淘汰落后产能，实现产业升级

对不符合国家产业政策导向的高污染企业、位于生态脆弱区的矿山等，采取关闭措施，不再恢复重建。可根据当地实际，选择发展旅游、特色农牧业等优势产业，开辟新的经济增长点。对生态区位重要且受灾严重的地区，在进行异地迁建或异地安置时，对留下来的部分人员可就地转为从事自然生态保护的职工。

2. 调整产业结构，实现产业升级

产业恢复重建不是简单的原样恢复，而是要按照转变经济发展方式的要求，高起点、高标准、高水平地恢复重建，依靠技术进步，发展循环经济，加强节能减排，促进结构优化升级，淘汰高耗能、高污染企业和落后生产能力，形成结构优化、技术先进、规模合理、竞争力强的产业体系。

3. 规避危险区域，实现产业安全发展

产业恢复重建要区别情况，分类指导。按照划分适宜重建、适度重建、禁止重建区域的思路，对于位于地震断裂带、重大地质灾害点、重要生态保护区的企业进行异地迁建，实行产业转移。恢复重建产业要向工业园区集中，促进资源集约利用、土地节约使用、环境综合治理，形成有特色的产业集中区。

6.1.2 恢复重建的重点

1. 优先恢复重建特色产业和优势产业

根据灾区的产业特点，重点做好特色产业和优势产业的恢复重建。优势产业是指具有较强的比较优势和竞争优势的产业，是比较优势和竞争优势的综合体现。优先恢复优势产业是加快灾区恢复重建速度的必然选择。特色产业是指一个国家或地区在长期的发展过程中所积淀、成形的一种或几种特有的资源、文化、技术、管理、环境、人才等方面的优势，从而形成的具有国际、本国或本地区特色的具有核心市场竞争力的产业或产业集群。特色产业的本质是"我"最擅长的经济，是具有比较优势的产业，因此是有市场竞争力的产业。因此，发展特色产业可进行差异化竞争，较易形成优势产业。

2. 适度建设产业集中区

根据灾区的地理条件、环境容量和资源条件，调整和优化生产力空间布局，建设工业园区，促进产业集聚，形成有特色的产业集中区。对于在原地恢复重建的产业和企业，充分利用现有的工业园区条件，向工业园区适度集中。对于异地迁建的区域，要配套建设工业集中发展区，所迁建的企业必须在工业集中发展区布局。对于位于危险区域，如地震断裂带、重大地质灾害点、重要生态区的各类企业，不应在原地恢复重建，应异地迁建。发挥大中城市基础条件好的优势，通过新建工业园区或利用现有的工业园区，建立灾区产业"飞地"，吸纳灾区转移的产业和企业。

3. 积极扶持重点企业恢复重建

恢复重建重点支持基建物资、支农物资生产企业；支持技术先进、市场竞争力强的大中型骨干企业；支持劳动密集度高、带动性强的农业和旅游业龙头企业；支持货源组织能力强、网点分布广的大型商业企业。

4. 加快调整产业结构

结合恢复重建，更新设备和工艺，淘汰落后生产能力，促进技术和产品升级。促进生产要素合理流动，特别是促进资源密集型产业的生产要素向技术先进、具有规模效应的大企业集中，将有限的资源集中配置到企业的强势领域。加快优化产业结构和产品结构，延长产业链，增加附加值，提升产业发展效益。推进生产社会化和专业化，形成大中小企业合理分工的产业组织结构。加强金融、商贸、物流等服务业的恢复重建。淘汰消耗高、污染重、规模不经济的企业，关闭重要水源保护区污染严重的企业。

6.2 居民住房

住房不仅是社会中个体遮风挡雨的有效载体，而且作为现代生活中的私密空间有着无可替代的作用。"居有定所"是生存需求论低层次的需求形式，而灾害将灾民房屋破坏后，导致部分民众生存需求出现了断裂的局面，灾民对住房重建的需求非常强烈，因此，居民住房恢复重建是灾后恢复重建的重要工作之一。

6.2.1 恢复重建原则

（1）安置为先，统筹规划。在灾后第一时间妥善安置受灾群众是最重要的工作议程。灾后重建工作应在全面掌握核实灾害损失情况的基础上，科学制订灾后重建规划方案。明确重建目标，落实分解责任，提出工作措施，加强协调配合，确保重建任务按期完成。

（2）分清缓急，突出重点。以保障群众基本生产生活条件为重点，根据房屋的损毁程度和受灾群众的自救能力，有目的、分步骤地抓紧开展灾后重建。同时，应处理好灾后恢复重建与正常建设的关系。

（3）自救为主，政府支持。在受灾群众自筹资金的基础上，政府给予适当补助，并组织动员群众邻里互相帮助，投工投劳。

（4）公开、公正、公平。严格按照灾后恢复重建的工作程序和要求，合理操作，准确确定救助对象，坚决杜绝以权谋私、优亲厚友的现象发生。

6.2.2　农村居民住房

农村住房产权单一，宅基地使用权也非常清晰，重建的矛盾相对较小。但农村的受灾群众大部分生活条件较差，重建成本高，重建难度大。农村居民住房恢复重建工作涉及范围广、人员众多，要从规划阶段就从灾区实际出发，创新工作思路，采取多种措施，确保农村居民住房重建维修工作顺利进行。

1. 因地制宜，科学规划

农村住房重建要贯彻"因地制宜、科学论证，保护生态、节约耕地，经济实用、保证质量，明确目标、落实责任，统筹安排、分步实施"的总体要求。同时，鉴于我国农村住房建设管理现状，要制定相应的管理办法和技术标准，并尽可能将有关要求和规定制作成具体实施手册，指导灾区做好农村居民倒损房屋评估及重建维修管理工作。要结合当地文化传统和风俗习惯，一村一策，充分尊重群众意愿，发挥他们的积极性和主动性，解决好发展和防灾减灾难题。

2. 严格程序，分类救助

严格执行信息公开制度和申请审批程序，确保恢复重建工作的民主化和公开化。在确定补助资金中实行分类救助，既考虑农户住房受损程度和家庭经济情况，还兼顾家庭结构和各类优抚对象、残疾智障家庭实际，不搞平均分配。对统一补助后仍有困难的受灾户，可采取再给予适当补助等其他方式予以支持。对确实无力重建的困难户，要实行政府兜底，解决特困群众的建房困难。

3. 整合资金，破解难题

多渠道筹集资金，同时，整合相关资源，提高资金使用效益。对可能因开工相对集中造成的建材供应紧张、价格上涨等情况，可采取以下方式缓解：①指定企业直供灾区的主要建材，实行最高限价；②组织相关企业扩大产能，满足市场需求；③从灾区周边地区采购建材，优先保证重建重点村。

4. 深入基层，加强指导

派驻项目技术指导组，帮助指导各灾区办理灾后重建项目相关手续，协调解决工程技术问题，确保重建工作的扎实展开。

5. 严格监管，确保安全

成立监管领导小组，制定救灾款物管理使用和群众投诉处理等制度，坚持把监督贯穿于重建资金的募集、分配、拨付、管理、使用等每个环节，做到公开、公平、公正。主动接受新闻媒体以及社会各界的监督，适时向社会公布，有效杜绝了重建资金截留挪用、滞留和浪费等问题的发生。

案例　玉树灾后恢复重建农牧区居民住房的恢复重建[37]

农牧区居民住房的恢复重建，要与新农村新牧区建设、生态移民、农村危房改造、游牧民定居等工作相结合，统筹使用资金，突出重点，分步实施。

按照保基本住房需求的原则，先满足农牧民基本生活需要的住房面积，并为今后农牧民自我改善住房条件留有余地。按照当地的抗震设防要求，科学确定建筑结构形式，推广使用节能环保材料，加强施工技术指导，确保建设质量，满足安全适用的要求。

建设部门要根据不同的经济条件和生活习俗，为农牧民提供多样化、有特色、不同规格的住房设计式 样，供农牧民选择（表6-1）。

农牧民住房 表6-1

省	县	新建		加固	
		户数	面积（m²）	户数	间数
青海	玉树县	16138	1291040	125	625
	称多县	7796	623680	240	1200
	治多县	1237	98960	360	1800
	杂多县	1646	131680	80	400
	囊谦县	2074	165920	120	600
	曲麻莱县	524	41920	64	320
	合计	29415	2353200	989	4945
四川	石渠县	1593	127440	2681	9785
总计		31008	2480640	3670	14730

6.2.3 城镇居民住房

城镇住房的产权比较复杂，土地使用权绝大多数存在分割问题，且地价因所处地段差异比较大。另外，城镇住房的重建需要以城镇重建规划为前提，启动滞后。因此，城镇住房恢复重建周期相对较长。

6.2.3.1 前期工作

为保障城镇居民住房恢复重建工作的顺利进行，以下六个方面工作需尽早进行：

第一，对灾区原来的城镇住房毁损情况应该进行技术层面的科学评估，从建筑物选址、设计、施工、使用和维护管理等角度，分析建筑物损伤与各因素的关系。同时，科学考察建筑的受损程度，决定后续是维修加固后继续使用还是完全推倒重建。不应不加甄别地大面积推倒重建，增加恢复重建成本。

第二，依法处置房屋责权利关系。把政府救助、社会帮扶与市场经济关系、产权关系、法律责权利关系分开。对毁损房屋的恢复重建应充分听取原来房屋产权人和住户的意见，依法进行。同时，在灾区城镇住房的重建与新建中，要明确房屋建设单位、设计单位、施工单位与工程监理单位各自的法律责任。

第三，明确政府经济补贴和补偿的范围。经济补贴属于单方给予的救助行为，灾后城镇房屋重建中政府对房屋毁损的家庭的经济补贴应该把握以下几点：①只对城镇常住人口且有产权房（含"房改房"、"经济适用房"、"商品房"）的住房毁坏家庭进行经济补贴；②城镇房屋重建的政府经济补贴以户为单位进行；③城镇房屋重建的政府经济补贴可以分为"加固大修"与"毁损重建"两类；④适当控制经济补贴的额度。

第四，合理处置原有房屋使用土地。对住房毁损、但土地还存在的情况，可采取以下四种方式处理：①对符合城镇住宅就地重建规划的，其业主继续拥有相应土地的使用权，允许业主通过集体委托的方式，按照城镇新规划就地重建，政府可在城市建设配套费和其他有关税费上给予优惠。②对不符合住宅就地重建要求的，政府按其土地使用权的单位评估地价和面积给予经济补偿。③规划为其他用途的，可在国土管理部门的指导下，面向社会出售其土地使用权，收益归原业主所有。④对不符合住宅就地重建要求的，政府可以按其房屋业主区分土地使用权的单位评估地价和面积，提供异地土地使用权供其置换。

第五，坚持城镇住房制度改革方向不变。重建后的城镇住房应按照"政府资助、社会扶助、灾民自助"的机制，坚定不移地按照城镇住房制度货币化改革的路径，购买住房消费与租赁住房消费。

第六，构建灾后城镇住房资金筹措与建设新机制。灾后城镇住房的资金筹措与建设，要构建"政府主导、社会帮扶、灾民自救"的合力支持体系，形成"三助（政府救助、社会扶助、灾民自助）合一"的长效重建机制。在灾区城镇住房重建中，要把握好财政投入的定位与边界。财政资金主要应该投在公共基础设施、保障住房建设等公共产品与服务上。社会资金可以在灾区商品房重建上发挥主体作用，在城镇居民住房购买与租赁上，要尽可能地减少政府的暗补。

6.2.3.2　住房供应体系

在灾区城镇住房重建过程中，重建与灾区城镇居民收入结构匹配衔接的住房供应体系是十分重要的。为保证住房市场稳定，建议灾区建立住房供应体系的基本构架应是："两大体系，四种形式"。所谓"两大体系"，即"保障住房体系"与"商品住房体系"；所谓"四种形式"，即保障住房体系中的"经济适用房"、"廉租房"和商品住房体系中的"限价房"、"高端房"。

保障住房的供应对象为老人、病人、残疾人、劳动能力低下者等构成的最低收入家庭以及中低收入家庭，同时逐渐分批次考虑进城务工的农民工。灾区房屋重建后的商品房供应体系，可由限价房与高端房两大板块构成。构建重建后的商品房供应体系的长效稳健运行机制不仅能够防止商品房市场的大起大落，而且与保障住房体系形成合理的互补与互动效应。

6.2.3.3　应注意的问题

（1）防止灾后城镇房屋重建过程中乱占地，特别是乱占耕地。城镇房屋重建中的建房用地，要根据需要与可能，统筹兼顾，既要保障灾后城镇房屋重建的用地需要，也要减少耕地的损失与占用，促进集约用地。

（2）防止灾后重建房屋呈现同构性。为了建设更加美好、坚固的永久性家园，宁可牺牲一下进度，也不要草率地出台让未来留有更多遗憾的规划和设计，使重建房屋呈现千篇一律的同构性。我们不仅要为受灾群众提供漂亮、坚固的家，公用设施配套等也要跟上，而且要使城镇住房重建与城市个性重建相得益彰。

（3）防止盲目提高房屋设防标准。由有关部门通过灾害调查、计算分析、模型试验等工作，对相关标准提出权威性修订标准。

（4）在灾区住房重建过程中，对城镇群众自发组织住宅合作社重建住房要持谨慎态度。

（5）城镇住房重建后，要及时动员与鼓励居住在临时安置房中的城镇居民搬迁到永久性住房。城镇住房重建投入使用的批次，要与临时安置房的转换与拆迁有机衔接，建设好一批城镇住房相应地腾退或拆迁一批临时安置房，以防止个别临时安置房成为永久居住房，甚至演变为今后城镇拆迁的"钉子户"。

（6）防止以灾后解决城镇居民住房为由，开发小产权房。

案例1 玉树灾后恢复重建城镇居民住房的恢复重建[37]

城镇居民住房的恢复重建，要按照城镇总体规划的要求，优化空间布局，完善配套设施，推动适用新型建筑材料和建造技术的应用。

按照房屋受损程度鉴定结果，凡是能够维修加固、符合安全条件的住房，不推倒重建，要抓紧开展维修加固工作。对倒塌和严重损坏的住房进行重建。采取自建方式重建的，按统一标准给予补助。地方政府要建设经济适用房，以适当价格出售给符合条件的家庭，同时要加大廉租住房的保障力度。居民小区和居住组团要相应配套建设服务设施（表6-2）。

城镇居民住房				表6-2
省	县	新建		加固面积（m²）
		套数	面积（m²）	
青海	玉树县	26199	2095920	8000
	称多县	1698	135840	54000
	治多县	476	38080	2000
	杂多县	845	67600	2000
	囊谦县	0	0	0
	曲麻莱县	0	0	0
	合计	29218	2337440	66000
四川	石渠县	0	0	52000
总计		29218	2337440	118000

案例2 台湾"9·21"地震灾后恢复重建[28]

1）规划要领

（1）鼓励居民积极参与，透过沟通、考察，以新观念、新作为，确保重建工作顺利进行。

（2）重视原住民文化，保存地区人文特色，规划利用灾变形成之特殊地形、地物。

（3）鼓励节约用水、用电，利用太阳能及风能；发展绿色建筑，提倡资源再生，强化维生系统。

（4）建造机能完善之优质生活环境，提供必要公共设施与服务，规划防灾避难安全地带。

2）小区重建类型、方式与奖励措施

针对各小区地理位置、地形地貌、地方文化特色、产业发展形态、建筑物毁损状况及小区居民意愿，因地制宜，从点、线、面着手办理小区重建工作。

（1）个别建筑物重建

①独栋、产权清楚，不涉及都市计划变更，也非位于整体重建计划地区之个别建筑物，依都市计划法及非都市土地使用管制规则办理重建或整建。乡村区中属于农村聚落，或不涉及整体重建之个别建筑物，依照农委会《农村聚落重建计划作业规范》办理重建。

②为增加公共空间及提升整体美观度，由台湾地区相关部门订定相关规范，鼓励个别基地合并规划设计、共同兴建，并依建筑法退缩指定建筑线。（1999年12月15日前）

③为求个别建筑物之安全与美观，由主管机关台湾营建署会同农委会、原民会，尽速研订相关规范或奖励措施，包括提供标准图说、补助规划设计费或建造费，简化建照申请手续，以改善都市与乡村风貌。（1999年11月30日前）

④为使居民准确地整修房屋，由台湾营建署引介建筑师提供房屋义诊及建筑物补强对策服务。（1999年11月30日前）

⑤由农委会会同原民会鼓励民间兴建示范住宅及农宅。

（2）整体重建方式与奖励措施

①都市更新地区：都市计划内灾区，适合采都市更新方式办理重建者，依《都市更新条例》划设都市更新地区及更新单元，进行重建、整建与维护，其实施方式得采区段征收、市地重划或权利变换等方式办理，并得依《都市更新条例》规定，给予容积奖励与

税捐减免。

②乡村区更新地区：非都市土地之灾区，适合采乡村区更新方式办理重建者，依都市计划法拟定乡街计划，或扩大都市计划范围，依都市更新条例办理重建、整建与维护，并给予容积奖励与税捐减免；或依《台湾省农村小区更新土地重划实施办法》办理重建。

③农村聚落重建地区：农村聚落（含乡村区内不适合采更新方式办理重建者）之重建，由农委会研拟《农村聚落重建计划作业规范》划设农村聚落重建地区，办理重建，并依相关规范给予奖励。（1999年11月30日前）

④原住民聚落重建地区：由原住民委员会参照农委会《农村聚落重建计划作业规范》划设原住民聚落重建地区，办理重建，并依相关规范给予奖励。（1999年11月15日前）

⑤新小区：针对土石流、断层地区居民迁村安置，或配合地方政府安置灾民需要，办理小区开发。

⑥都市计划范围外或都市计划范围内利用周边之农业区、公有或公营事业土地、其他适当土地，依都市计划变更、新订或扩大及非都市土地使用变更编定等方式规划开发为新小区。

（3）由政府统筹规划建设日月潭国家风景区、中兴新村特定区

3）组织

（1）县政府：成立县重建推动委员会，由县长担任主任委员，派聘台湾都市计划主管机关代表、县政府相关部门主管、具有专门学术经验之专家、热心公益人士组成（其中，专门学术经验之专家及热心公益人士不得低于委员总人数二分之一），负责核定乡（镇、市）重建纲要计划及都市更新区、乡村区、新小区之小区重建计划。台中市政府比照县政府成立市重建推动委员会，负责核定该市部分地区重建纲要计划及小区重建计划。

（2）乡（镇、市）公所成立乡（镇、市）重建推动委员会，由乡（镇、市）长担任主任委员，派聘上

级都市计划主管机关代表、乡（镇、市）公所相关部门主管、具有专门学术经验之专家、热心公益人士16人组成（其中，专门学术经验之专家及热心公益人士不得低于委员总人数二分之一），负责核转乡（镇、市）重建纲要计划及都市更新区、乡村区、新小区之小区重建计划。

（3）小区：视需要成立小区重建推动委员会，以小区为单位，属居民自治组织，由小区领袖或村里长担任召集人，邀请小区居民、学者专家、企业代表、政府机关代表组成，负责协调整合居民及各机关意见，并参与小区重建计划之规划。

（4）民间咨询机构：各级政府得视需要，邀请民间团体代表、专家学者成立民间咨询团，提供小区重建咨询。

（5）有关县（市）、乡（镇、市）及小区重建推动委员会之组织、功能及作业要点，由台湾地区相关部门定之。（1999年11月15日前）

4）审议流程之简化

（1）依台湾中部区域计划办理之新订或扩大都市计划，其申请书免经台湾区域计划委员会审议。

（2）小区重建计划涉及都市计划变更者，依都市计划法定程序办理。

（3）为简化审议流程，得由各级都市计划委员会联席审议，其流程简化作业规定，由台湾地区相关部门定之。（1999年11月30日前）

5）都市地区（都市更新地区、乡村区更新地区、新小区）作业流程及时程

（1）甄选规划团队

①由县政府会同乡（镇、市）公所参考经建会提供之人才数据库，依据地方特性及需要甄选，一个乡（镇、市）以一个团队规划为原则，并由规划团队于乡（镇、市）所在地设置乡（镇、市）级工作站，并依据事实需要，于每一小区设置小区工作站。台中市根据事实需要比照办理。如目前已有规划团队进行规划工作，则可继续进行规划事宜。（1999年11月15

日前）

②规划团队资格：由具专业技术顾问、学术团体、法人机构或其他政府机关领衔，成员应包括都市计划（或农、山村规划）、都市设计、建筑、地政及权利变换、土木或大地工程、防灾及环境规划、景观工程等专业人员。

③工作内容：包括研拟乡（镇、市）重建纲要计划、小区重建计划（都市更新计划、乡村区更新计划、新小区开发计划）、都市计划拟订或变更书图、都市更新计划书图等。其作业内容及作业规范由台湾地区相关部门订定。（1999年11月30日前）

（2）详细调查

包括资料搜集、现地勘察与初步地表地质调查、地质条件可适性初步评估、土地利用潜能评估、都市或非都市土地使用现况调查、建筑物受损情况及居民意见调查等。

（3）研拟重建纲要计划

①台中市视需要办理部分地区重建纲要计划或小区重建计划；其他灾区面积较小之乡镇，可直接办理小区重建计划。（1999年12月31日前）

②乡（镇、市）规划团队应就其负责规划之乡（镇、市），研拟乡（镇、市）重建纲要计划，送乡（镇、市）重建推动委员会核转县重建推动委员会核定，据以拟定小区更新计划、都市计划变更等。（1999年12月31日前）

③纲要计划内容包括：发展愿景与定位、社经与环境现况及发展分析、重建策略与方针、各重建类型地区之划设、都市更新单元或实施单元之划设。

④县市政府依据乡（镇、市）重建纲要计划检讨修正县市综合发展计划。

（4）更新地区及新小区禁限建：

依乡（镇、市）重建纲要计划需办理都市更新、乡村区更新或新小区计划之地区，得依相关法令办理禁限建，期限最长不得超过二年。

（5）研拟小区重建计划

①规划团队根据县（市）重建推动委员会核定之乡（镇、市）重建纲要计划，就各小区特性分别拟定小区重建计划，小区重建计划之内容：

a. 都市更新及乡村区更新计划应包括：更新地区范围、基本目标与策略、实质再发展、划定之更新单元或其划定基准等。实施者再据以拟定都市更新事业计划。

b. 新小区计划应包括：新小区范围、发展构想与策略、土地使用计划、公共设施计划等。开发者据以拟定新小区事业计划。

②小区重建计划征求各小区重建推动委员会意见后，送请乡（镇、市）重建推动委员会核转县（市）重建推动委员会会核定。（2000年3月10日前）

（6）选定实施者或开发主体（2000年5月31日前）

①都市更新地区

a. 县（市）政府根据小区重建计划，得自行实施，或同意乡（镇、市）公所实施，或经公开评选程序委由都市更新事业机构办理。

b. 都市更新事业计划范围内重建区段之土地，以权利变换方式实施之。但由县（市）政府或其他机关办理者，得以征收、区段征收或市地重划方式实施之。

c. 征收或区段征收以县（市）政府为开发主体；市地重划由县（市）政府办理，但重划区内土地所有人过半数以上且面积亦达一半以上者之同意，得由民间自行办理。

②乡村区更新地区：

参照《都市更新条例》的有关规定办理开发。

③新小区

a. 依都市计划法定程序划设者，以县（市）政府为开发主体。必要时得委由乡（镇、市）公所办理。得采市地重划、区段征收或跨区市地重划、跨区区段征收等方式办理开发。

b. 依区域计划法定程序划设者，由民间业者或地主，依非都市土地变更审议规范的有关规定办理开发。

（7）研拟更新事业计划

更新事业计划征求小区重建推动委员会意见后，依据《都市更新条例》报请乡（镇、市）重建委员会核转县（市）重建推动委员会核定。

（8）乡（镇、市）重建纲要计划未奉核定前，如已研拟完成具体可行之小区重建计划，则可提前核定实施

6）农村及原住民聚落之作业流程时程

（1）甄选规划团队：（1999年11月15日前）

①农村聚落重建地区：由农委会水土保持局，依据地方特性及需要甄选，以一个村里一个团队规划为原则。

②原住民聚落重建地区：由原住民委员会考虑原住民聚落特殊需求甄选，以一个村里一个团队规划为原则。

③规划团队工作内容：农村聚落重建地区及原住民聚落重建地区之规划团队，应依照农委会《农村聚落重建计划作业规范》办理。农委会应订定"农村及建筑重建作业手册"，以规范农村聚落之建筑物形态、景观、环境及配置。（1999年12月31日前）

（2）研拟农村聚落重建地区及原住民聚落重建地区之重建计划（2000年2月10日前）并报请农委会或原民会核定。

（3）研拟农村聚落重建地区及原住民聚落重建地区之重建计划细部计划（2000年3月10日前）并报请农委会或原民会核定后实施。

7）经费来源与民间参与

（1）规划费：

县市综合发展计划、乡（镇、市）重建纲要计划与小区重建计划等规划团队之经费与规划费由民间捐款统筹支应。

（2）建设经费

①地方政府办理都市更新，得设都市更新基金。

②具有自偿性公共设施（如市场、停车场等）奖励民间参与方式办理。

③都市更新区之重建、整建与维护，辅导民间成立更新团体或以土地信托方式，或发行投资信托（共同）基金筹措资金办理。

④小区重建或更新有关住宅兴建所需资金，可申请台湾地区"中央银行"提拨之邮政储金一千亿元之灾民家园重建项目融资，或中美基金"协助震灾灾民住宅购建与修缮优惠贷款"。

6.3　人文关怀

所谓人文关怀，就是人对自身的生存与发展状态的关怀，是充分地尊重人、理解人、肯定人、丰富人、发展人、完善人，促进人的全面发展，是人对自身生活得更幸福、美好、自由的文化关切。[57]对灾区来说，由于灾害的影响，灾区民众的正常生产生活遭受严重破坏，甚至出现人员伤亡。这些影响可能会给灾区民众的身心健康造成很大影响。因此，灾区恢复重建中的人文关怀应该在两个层面得到体现。

（1）如何使得灾民有尊严地生存。灾后恢复重建的人文关怀不是一种强者对弱者的关怀，更不是对灾民的施舍，而是通过外界的帮助，使灾区民众能够通过自己的努力重建家园。在这个过程中，有几件工作是具有一定普遍性的。一是恰当的精神抚慰，尽早抚平灾区民众的心理创伤。二是对因灾导致的残障人士，帮助建立相应的设施，方便他们日后康复和生活。三是让因灾导致的孤寡人员没有后顾之忧。

（2）如何使灾区得到更好的发展。结合灾区的特点，协助灾区找到持续的发展动力，尽早实现自主发展。

6.4　文化遗产保护

文化遗产，概念上分为有形文化遗产和无形文化

遗产。包括物质文化遗产和非物质文化遗产。物质文化遗产是具有历史、艺术和科学价值的文物；非物质文化遗产是指各种以非物质形态存在的与群众生活密切相关、世代相承的传统文化表现形式。文化遗产积淀和凝聚着深厚、丰富的文化内涵，是反映人类过去生存状态、创造力以及人与环境关系的有力物证，是文明的纪念碑。无法复制的特征又使它们具有不可再生的唯一性特征，同时也赋予它们一种难得的文化价值，这种文化价值可以转化为宝贵的文化资源，对现代社会精神生活产生积极影响。

6.4.1 灾害影响

灾害往往对文化遗产安全构成较大威胁，其不利影响主要表现在以下三个方面：

（1）对文化遗产本身造成直接破坏。由于灾害的强大破坏力，文化遗产本身往往很难幸免于难。据统计，2010年4月14日，青海省玉树藏族自治州发生的里氏7.1级地震，给当地文化遗产造成空前严重的破坏。距结古镇约20km的禅古寺，是玉树地震中损毁最严重的寺院。该寺的三个主殿堂损毁两座，经堂基本倒塌，260间僧房与两个闭关禅房也被全部毁坏，还有大量文物和珍贵文献埋在废墟下。玉树县的当卡寺、藏娘佛塔、桑周寺、嘎然寺和称多县的赛巴寺与拉布寺的墙体都有不同程度的开裂，壁画、彩绘剥落，部分塑像、唐卡、文献埋在废墟下。据统计，2008年"5·12"特大地震中，四川1100余名国家、省市县级非物质文化遗产代表性传承人中，共有117位非物质文化遗产项目传承人伤亡，其中遇难12人、受伤105人。

（2）对文化遗产整体性环境造成破坏。文化遗产的整体性环境是指其赖以生存的自然环境和社会人文环境。文化遗产的形成都离不开其所处的自然环境，都与自然环境有着密切的联系。灾害导致其所依存的自然环境发生了改变甚至消失。文化遗产的存在也依赖一定的文化土壤，一旦失去这个土壤，将会失去其生命的源泉。

（3）对文化遗产"静态保护"场所造成破坏。如"5·12"特大地震造成四川省4个专题博物馆、11个民俗博物馆受损严重，绵竹年画传习所也全部消失，此外还有66个专题博物馆、21个民俗博物馆、325个传习所受到不同程度损毁。还有一些文化馆、图书馆的倒塌。

6.4.2 保护内容

历史文化遗产保护的内容主要包括四个方面：文物古迹的保护、历史地段的保护、古城风貌特色的保护与延续、历史传统文化的继承和发扬。

首先，是对文物古迹的保护。文物古迹包括类别众多、零星分布的古建筑、古园林、历史遗迹、遗址、杰出人物的纪念地，还包括古木、古桥等历史构筑物。

其次，是对历史地段的保护。历史地段包括文物古迹地段、历史街区。文物古迹地段指由文物古迹（包括遗迹）集中的地区及其周围的环境组成的地段。历史街区指保存有一定数量，一定规模的历史建（构）筑物且风貌相对完整的生活地区，该地区的整体反映某一历史时代的风貌特色，具有较高的价值。

再次，是古城风貌特色的保护与延续。古城风貌特色的保护与延续包括古城空间格局、古城自然环境、城市建筑风格三部分。

古城空间格局包括古城的平面布局、方位轴线、道路骨架、河网水系等。它们能反映城市的文化景观、规划布局思想、历史发展、社会文化模式。古城自然环境包括城市及其郊区的重要地形、地貌、原野、与重要历史有关的山、水、花、木、原野特征。城市的自然环境与城市的景观、文化、生态紧密相连。古城建筑风格包括建筑的式样、高度、体量、材料、平面布局、与周围建筑的关系等。建筑风格影响城市风貌特色。

最后是历史传统文化的继承和发扬。继承和发扬历史传统文化必须保护"文化生态"，进行良性竞争。历史传统文化的文化生态包括纵向的历史传统文化层面、横向的兄弟历史传统文化层面和外来历史传统文化层面。各种历史传统文化竞争环境越好，越充分，历史传统文化的进步越快。良性的竞争，是历史传统文化进步和创新的催化剂，只有百家争鸣，才有百花齐放。

6.4.3　保护的基本原则

（1）原真性。文化遗产首先要保证是真实的历史原物，要保留它所遗存的全部历史信息和面貌。在后期的整治中尽力做到梁思成先生提出的"修旧如旧"原则，修补要用原材料、原工艺、原样式，以求达到还原其本来的历史面目，使遗产能够"延年益寿"。

（2）整体性。一个历史文化遗存是连同环境一同存在的。保护不仅仅是保护其本身，还要保护其周围的环境，特别是对于城市、街区、地段、景区、景点，要保护其整体性的环境，这样才能体现出历史的环境。对于历史的街区和古城，要保留其整体的格局特征，还应包含其文化内涵和形成的要素。

（3）可持续性。文化遗产保护是一个长期的事业，保护古城不仅是为了保存珍贵的历史遗存，重要的是留下城市的历史传统、建筑精华，保护这些历史文化的载体，从中可以滋养出新的有中国特色的建筑和城市。可持续性还表现在协调好保护与利用的关系。首先，对历史文化遗产的利用以不损坏遗产为前提，以继续原有使用方式为最佳，也可为博物馆等，作为景点要慎重，防止破坏。

6.4.4　主要方法和措施

文化遗产保护的方法主要有9个：

（1）原封不动地保存。原封不动地保存，保持历史文化的原真性。这是联合国提倡的标准。一般对文物古迹应原封不动地保存。

（2）谨慎修复。对于残缺的建筑（古遗迹）修复应"整旧如故，以存其真"。《威尼斯宪章》提出了世界各国公认的两个修复原则：修复和补缺的部分必须跟原有部分形成整体，保持景观上的和谐一致，有助于恢复而不能降低它的艺术价值、历史价值、科学价值、信息价值。

（3）增添部分必须与已有部分有所区别，使人能辨别历史和当代增添物，以保持文物建筑的历史性。此外，加固、维护应尽可能地少。

（4）慎重重建。对一些十分重要的历史建筑物因故被毁，由于它们是地方重要的特征、象征，因此，在条件允许的情况下，有必要重建。重建有纪念意义。但是，重建必须慎重，必须经专家论证，因为重建必然失去了历史的真实性，又耗资巨大，还破坏了遗迹。在更多情况下保存残迹更有价值。

（5）利用以不损坏遗产为前提。对历史文化遗产的利用以不损坏遗产为前提，以继续原有使用方式为最佳，也可以为博物馆，作为参观旅游景点要慎重，防止被破坏。

（6）保持历史街区和古城的格局特征。重点保护好历史街区和古城的平面布局、方位轴线、道路骨架、河网水系等。

（7）保护特色建筑风格。保护特色建筑风格，包括建筑的式样、高度、体量、材料、颜色、平面布局、与周围建筑的关系等。控制适当的建筑尺度——高度、体量非常重要，切记今古不同，不要求高、求大。

（8）保护历史环境。事物与其存在环境是密不可分的，不可以脱离环境而存在。历史文化遗产环境的意义更重要，重要的、特色的、与重要历史有关的地形、地貌、原野、水体、花木及其特征都要保护。

（9）拿不准的古镇、古村、古街、古建筑应暂不拆除。许多偏远的地方，尤其是山区农村，古镇、古村、古街、古建筑，虽然不是重点文物保护单位，但是却也是历史文化遗产，有相当高的价值。当地人不知道，又没有财力和机会请专家鉴定。在这种情况下，最好暂不拆除，以免造成遗憾，待专家论证后再根据情况处理。

做好历史文化古城和历史文化地段保护规划。规划是龙头，保护必须以规划为前提，规划必须先行。有了规划，再按规划进行保护。

案例1 羌族文化的立体重建规划[58]

突出重建的主要方面，国家非常重视地震灾区文化遗产的抢救和保护工作，一方面专门设立了羌族文化生态保护实验区，另一方面把灾后羌族文化的立体重建纳入总体规划之中，把保护和抢救羌族文化放在重要位置，主要包括保护藏族、羌族的碉楼和村寨、羌族特色设施，保护和重建羌族博物馆、民俗馆等，明确指出对反映释比文化的经书典籍、民间舞蹈、民间乐器与民间音乐、传统手工艺技能等面临濒危、失传的文化，应及时加以抢救和保护，在灾后重建过程中，不仅要帮助羌族人民改善物质生活条件和恢复原有的精神生活和环境氛围，还应当及时有效地抢救在危险之中的羌族文化遗产。

1）建立文化空间

"灾后羌族文化空间是建立旅游者与羌族文化进行互动体验的文化空间，把旅游地打造成完整的羌族文化感知氛围，重建本土文化与历史。"羌族文化空间必须建立在羌族文化遗产的基础上，必须尊重本土文化与依附历史底蕴，不可以随意改造、盲目夸大、曲解和商业化，只有充分尊重本土文化和历史事实，才可以称作真正意义上的重建，比如旧原态呈现与物质文化重建同步。灾后羌族文化空间在地域上已呈断裂或不完整状态，灾后恢复重建不仅要参照震前羌族文化固化实体的分布特点，找出恢复与重建有形载体的重建节点，羌族文化遗产应当灾后恢复与重建也同步进行，否则就会使珍贵的羌文化资源被人为地扭曲、失传。"重建羌族文化高地"文化空间扩散理论表明，人文现象的传播可以通过人与人之间的接触，人口迁移等途径实现。"羌

族文化空间重建虽然可以通过人文社会的互动逐渐恢复，但这一进程过于缓慢，但是对于因地震灾害严重破坏的羌族文化而言，恢复重任是不能够耽误的，因此必须在全面恢复重建灾区生产生活环境的基础上，突出恢复与重建羌族文化遗产，尽快建立羌族文化高地，以此来带动整个地区文化产业链的快速恢复与向前发展。"羌族文化空间的恢复重建应该是多重力量共同起作用，离不开政府、专家学者、援建与志愿队伍的援助，但从羌族文化的真正恢复重建的视角来看，恢复重建的主人应该是原住居民，因此对羌民族文化的恢复重建进行规划，要充分尊重羌民族文化的生存空间，理解他们对自身文化的判断和对文化自由选择的权利，重视他们在本民族文化恢复重建过程中不可替代的作用。"原住居民积极参与的灾后文化空间重塑才是可持续性的民族文化恢复发展的能动因素。

2）集群性重建

重点扶持大型旅游企业集团，并以此作为契机，改变灾区内中小旅游企业的无序竞争状况，逐渐恢复旅游客流量，争取景区灾后恢复项目扩张，创建新的景区服务体系，降低旅游企业经营成本，形成产业配套，设施集中。把资金重点投入龙头企业，引导小企业跟进的旅游产业集群，在政府领导下对灾后旅游产业进行准确定位，制定优惠产业政策，重建旅游基础设施，扶持集群性旅游企业，为旅游产业集群的恢复与发展创造良好的氛围，完善旅游产业链。在灾后恢复重建背景下，羌族文化旅游区抓住了这一历史机遇，积极整合羌族文化旅游资源，在继续保持自然原始旅游品牌的同时，提升羌族文化旅游品牌形象，拓展与增加旅游产业链。灾后羌

族文化景区的旅游产业集群由供货商、销售商、游客、管理机构、中介服务机构等组成，是一条完整的旅游产业链，这是对灾后羌族文化地区旅游产业的优化重组。

3）生态性重建

国家公布设立的羌族文化生态保护实验区是为了保护民族文化的生态性而设立的，立足于保护羌族文化的原生态，合理利用原生态羌民族文化资源，开展原真性文化演艺民间工艺，村寨观光与民俗旅游等的示范区，以促进羌族非物质文化遗产的原真性传承与生产性保护。其在地域上包括黑水县、汶川县、理县东部、茂县、松潘县南部、北川县等地区，这些地方的自然生态保存较好。保护实验区主要包括了中华民族精神标志城汶川羌城、新城、茂县、北川、色尔古寨、黑虎寨、萝卜寨、布瓦寨、桃坪寨、绵虒大禹故里景区、叠溪、松坪沟景区、九顶山景区、达古冰川景区、卧龙景区、水磨三江景区、小寨子沟景区、龙溪沟景区等代表性文化生态景区景点建设项目。通过保护实验区的建设与示范，可促使羌族地区厚重的历史底蕴和丰富的民族文化、原始的自然生态与山地生态农业、种养殖业

有机结合起来，推进羌族地区旅游产业由传统的观光型向休闲度假与观光并重转变，增强羌族旅游在国内外的生态文化影响力，提升羌族地区生态文化产业和旅游产业的发展水平，形成灾后重建中发展民族文化产业和旅游产业的典范。四川的灾后重建始终贯彻了可持续发展的理念，使灾后重建成果满足当代人的社会经济需要的同时，也为子孙后代生存和发展留下了足够的空间。

2009年国务院发布的《发展少数民族文化事业的若干意见》中指出，要积极鼓励和促进少数民族文化产业的多样化发展，充分发挥少数民族文化资源优势，促进文化产业与教育、科技、信息、体育、旅游、休闲等领域的联动发展。文化部2006年发布的《国家级非物质文化遗产保护与管理暂行办法》中说明，我国的非物质文化遗产保护工作是以保护为主、抢救第一、合理利用、传承发展作为指导方针的。面对已遭严重破坏的羌族文化，根据实际情况，按照分类保护、重点保护、特色保护的工作思路，除了把文化遗产作为开放的旅游项目，还应当保证居民的安全。

案例2 玉树灾后恢复重建文化遗产保护规划[37]

文物保护：对国家级、省级、县级文物保护单位和重要文物点实施保护性清理、维修加固和修复重建。对馆藏文物、寺内文物进行认定和修复。维修加固和重建受损的博物馆、文物库房、文管所。注重文物保护与当地居民生活特别是宗教生活的和谐共存，做好文物保护修复与开展传统宗教文化活动的协调工作。

非物质文化遗产保护：重点恢复重建受损国家级、省级非物质文化遗产和博物馆。培养民族民间文化传人，加强卓舞、依舞、民歌、安冲藏刀锻制技艺

等的传承。

地震纪念设施：保留必要的玉树地震遗址，建设纪念设施。

文化遗产规划　　　　表6-3

文物保护	国家级文物保护单位3处，省级文物保护单位17处，县级文物保护单位3处，一般文物保护点21个，文物中心库房1个
文化遗产	少数民族物质文化遗产保护2项，重建东仓大藏经珍藏馆
非物质文化遗产	恢复重建非物质文化遗产博物馆（传习所）6个
遗址纪念设施	建设地震遗址纪念设施1处

第7章 生态环境恢复与防灾减灾

保障人居环境安全是灾后恢复重建规划的重要内容。本章主要从生态环境恢复和防灾减灾两个方面来介绍如何保障灾后人居环境安全。

7.1 生态修复

灾害，特别是重大灾害，不仅会影响和破坏人类生存的环境，还会破坏生态系统的多样性，打乱生态系统循环，对人类生存的生态环境造成破坏。因此，灾后对生态环境进行修复是必要的。

7.1.1 生态修复的原则

生态修复是以生态学原理为理论基础，修复受破坏的生态系统，从而加强生态系统的稳定性，恢复生态平衡状态。生态修复工作要遵循以下基本原则：

（1）因地制宜原则。不同区域具有不同的自然环境，如气候、水文、地貌、土壤条件等，这种差异性要求在生态修复时要因地制宜，具体问题具体分析。依据灾区的具体情况，结合相关经验，找到合适的生态修复技术。

（2）生态学与系统学原则。生态学原则要求生态修复应按生态系统自身的演替规律，分步骤、分阶段进行，做到循序渐进。系统学原则是指生态修复应在生态系统层次上展开，要有系统思想。

（3）可行性原则。生态修复要经济可行、技术措施可行，并且社会可接受。经济可行是指应有一定的人力、物力和财力保证生态修复的实施；技术措施可行是指所使用的技术措施在实践操作中具有可行性；社会可接受是指生态修复应符合修复区民众的愿望。

（4）风险最小、效益最大原则。由于生态系统的复杂性，生态修复的后果往往很难完全把控，而生态修复往往又需要投入大量的人力、物力和财力。因此，生态修复必须注意风险防控，争取将风险降到最低，而让效益最大化。

（5）自然修复和人为措施相结合原则。生态修复应遵循人与自然和谐相处的原则，控制人类活动对自然的过度索取，停止对大自然的肆意侵害，依靠大自然的力量实现自我修复。

此外，还要考虑生态修复的自然原则、美学原则等。但是，任何原则都是建立在以人为本、人与自然和谐相处这一最基本原则之上的。生态修复的基础是遭到灾害破坏后的生态系统的现有状态，因此应因地制宜地实施灾区的生态修复。

7.1.2　生态修复的主要措施

生态修复的具体技术有很多，但归纳起来，主要为以下三大类修复技术：

（1）生物修复技术。生物修复是生态修复的基础。生物修复主要指的是选用那些无毒害的微生物，通过微生物的分解、代谢和降毒作用来对生态系统进行修复。微生物在生态系统中担任的是分解者的角色，对环境污染具有重要的作用。它的影响因素有三个方面：①微生物来源不同；②污染物物理、化学性质不同；③场地环境条件的特殊性。

（2）物理与化学修复技术。物理修复，是根据物理学的原理，使用一定的工程技术来进行生态修复，净化污染。例如，大气污染治理的除尘（重力除尘法）、污水处理的沉淀等。化学修复，则是让污染物与加到环境当中的化学物质发生化学反应，将有毒的物质通过化学反应转化成无毒物质，将污染降低到最小，从而起到生态修复的作用。

（3）植物修复技术。植物修复技术是生态修复的基本形式。植物修复是指利用植物本身的特性和植物根系的作用机制来进行生态修复。植物可以通过自身特性来进行生态修复，如植物可以进行光合作用，吸收二氧化碳，产生氧气，从而起到净化空气的作用。

案例　玉树灾后重建生态修复[37]

自然保护区：加强三江源、隆宝自然保护区建设，坚持自然恢复与人工治理相结合，加大天然林保护、封山育林和小流域综合治理等工程建设投入力度，加快开展水源涵养区、自然保护区管护设施恢复重建，逐步修复生态系统功能。

草原恢复：继续推进退牧还草工程，加大以草定畜、畜草平衡实施力度，加强草原封育，实行划区轮牧、休牧和禁牧，有条件的地方建设人工草场。积极开展鼠害防治和黑土滩治理，逐步恢复林草植被（表7-1、图7-1）。

生态修复工程规划统计	表7-1
自然保护区：修复三江源和隆宝2个国家级自然保护区管护设施等	
森林和草原防火：修复防火设施，维修防火道路等	
森林保护和城镇绿化：修复森林病虫害防治和森林保护设施，城镇及周边绿化造林、苗圃建设	
草地恢复：修复人工草地0.4万hm^{2}和受损草地围栏	

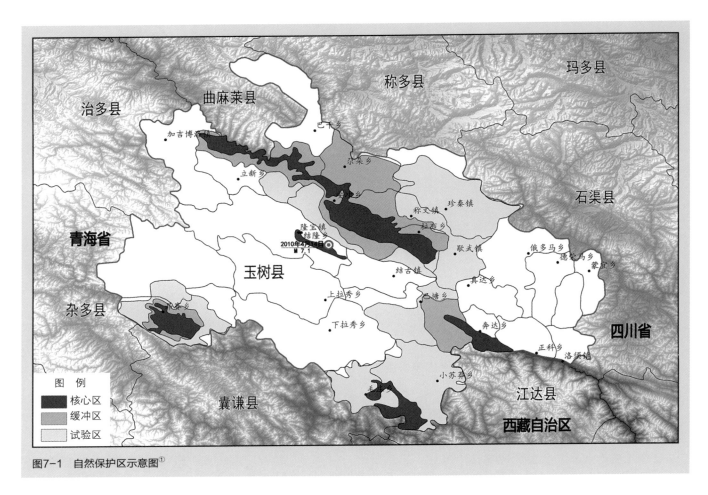

图7-1　自然保护区示意图①

7.2　环境整治

生活环境的破坏是灾区的又一特征，而灾区生活环境更是对灾民直接产生影响，其恢复重建意义非常重大。

灾害会对灾区各个方面产生很大的冲击，包括环境。如，灾害导致危险品泄漏引起的环境污染、灾害所产生的废物垃圾、灾后不能及时处理的生活垃圾等。2011年3月11日，日本东北部海域发生里氏9.1级地震并引发海啸，结果导致日本第一福岛核电站1～4号机组发生核泄漏事故。事故发生当天，日本官方要求核电厂周围3km范围内居民进行撤离，2011年3月20日，撤离距离进一步扩大到周围20km范围内居民。5年过去了，核电站周边20km依然是禁区，曾经生机勃勃的村镇变成了一座座"鬼城"。而据估算，汶川地震产生的建筑垃圾可达6亿t[59]！这些环境问题，让灾区的人居环境急剧恶化，如果不能及时、有效地应对，甚至会产生更多、更严重的次生灾害和衍生灾害。

为防止灾后出现重大环境问题，灾后恢复重建阶段应特别注意灾区环境问题。第一，应对灾区已经受影响的环境作出评价，测出污染源的种类和分布范围，并尽快采取措施进行紧急治理。第二，对灾区污染源进行有效监督管理，防止出现新的环境污染事件。第三，对灾区环境敏感区域，如水源保护区，加强保护。第四，清理废弃物，对垃圾作专项处理，对有用部分合理利用。第五，加强危险废弃物和医疗废弃物处理，避免产生危害。第六，在灾区应建立环境监测监管设

---

① 据《玉树地震灾后恢复重建规划》中相关图纸重绘。

施，增强环境监管能力。第七，加强生态环境状况及

时跟踪监测，在灾区建立有效预警系统，防患于未然。

案例1　唐山灾后重建环境整治规划[52]

认真贯彻执行"全面规划，合理布局，综合利用，化害为利，依靠群众，大家动手，保护环境，造福人民"的方针，努力保护和改善城市环境。针对唐山严重污染的情况，今后凡有"三废"危害的工厂，不准在居住区内恢复，迁离市区进行建设。钢厂、电厂等原地恢复重建的工厂要坚决执行"三同时"的规定，把"三废"治理工程建设起来。积极开展综合利

用，大力开展消烟除尘运动，净化城市空气。积极利用废渣、矸石、粉煤灰等生产建筑材料，化害为利，节约农田。

工业区与住宅区之间，设置必要的防护地带。充分利用大城山进行绿化，减少烟尘对城市的污染。

尽量利用工业余热，供生活取暖，有计划地建设地区性集中锅炉房。发展城市煤气。

对无法处理的废渣，应利用山沟荒地、废地或塌陷坑洼地进行堆置。

案例2　玉树灾后重建环境整治[37]

水源地保护：加强水源地保护，防止有害物质排入水源保护区，消除地震产生的病原微生物、消毒剂等多种次生灾害对集中式饮用水水源地的环境影响。开展城乡饮用水水源地保护区环境整治和生态恢复，保障饮用水安全。

废弃物处置：加大固体废弃物安全处置力度，加强资源回收利用，完善再生资源分类、回收、加工、利用。鼓励对建筑废墟中的有用物质进行回收利用。加快玉树医疗废弃物处置中心建设，加强医疗废物产

生、收集、运输、处置全过程监管，消除环境安全隐患。

环境监测：加强环境监测监管，恢复重建环境监测设施，建立完善的环境监管体系，增强生态环境与生态破坏的环境监察执法和突发事件应急能力（表7-2）。

环境整治规划	表7-2
环境监测	修复环境保护机构的监测、监察、信息及实验室等业务用房
应急监测	配备环境监测与环境监察的必要设备，实现环境监测、监察标准化建设
专项监测	建设结古镇环境自动监测站、长江直门达和巴塘河兴寨断面水质自动监测站，修复珍秦、隆宝生态定位站

7.3　土地整理

土地整理是指采用工程、生物等措施，对田、水、路、林、村进行综合整治，增加有效耕地面积，提高土地质量和利用效率，改善生产、生活条件和生态环境的活动。

7.3.1　整理原则

土地是极为重要的自然资源，是国民经济发展的

基础。灾区土地整理是提高灾区土地利用质量和效率的重要举措，应遵循以下基本原则：

（1）从长计议原则。土地整理是涉及灾区发展全局和长远生计的基础性工程，是面工程，不是点、线工程，不能用抢险、应急的原则指导建设。在基本完成重灾区应急恢复工程建设后，要抓好深入、细致的灾情调查评价和重建规划设计，从支持和保障受灾群众长远生计的原则出发，搞好各项土地整理工程建设。

（2）因地制宜原则。从川甘陕地震所造成损毁的

基本情况看，地震灾区土地整理具有不同的特点。四川严重受灾区土地整理的任务十分繁重，需要作出全面恢复重建的计划安排；重灾区土地整理的重点是村镇居民点整理。农村社区重建、农业基础设施重建和基本农田整理，要从新农村建设的整体要求出发，不能简单地搞低标准功能恢复。

（3）节约用地原则。节约集约和合理利用土地资源是地震灾区的城乡建设的基本目标。土地整理工作要服务于这个目标，实行城乡统筹、集约利用、适当集中、规模发展、功能混合的重建土地利用战略，采取新建、恢复、保护、整理的综合重建思路，采取土地混合用途、紧凑建筑设计、保护空间与环境，建设紧凑村镇的方针，做到用地高度集约、整体统一、功能复合、使用均衡、空间连续，解决好地震灾区城乡建设用地普遍存在的用地粗放、低效、布局混乱问题。

（4）防治并重的原则。灾后重建要切实贯彻防治并重的原则，把适应自然放在重要位置。抓住机遇，调整人口布局、经济社会发展布局，使之适应自然资源和环境分布规律；在自然环境极其严峻的条件下，要发挥土地整理的土地布局重塑功能，为人类社会的科学发展拓展生存空间。这应该成为中国土地整理事业的发展方向。

7.3.2　土地整理措施

根据灾害对土地破坏的特点，灾区土地整理可重点开展以下四项重点工程：

（1）与基础设施重建相配套的土地整理工程。基础设施重建将打破原有土地利用格局，骨干线性工程会重新切割土地利用网络，原来连接比较顺畅统一的村庄、水路、道路关系被打破。骨干线性工程建设是提升土地利用效率的主要方面，土地整理工程建设应该服从其建设需要。但是，骨干线性工程要与土地整理工程同步规划，骨干线性工程应尽可能地为土地整理工程顺利实施创造条件。

（2）农村社区重建工程。农村居民点重建工程应该优先设计、实施。应根据受灾程度，实施不同的重建计划，合理调整农村居民点布局，能够迁移的居民点应该下决心迁移，必须重建的居民点，要切实考察地质条件，做好避灾防灾基础工作。重建居民点，要按照新农村建设的要求，妥善安排居民点内部土地利用结构和布局，增加农村公益设施，切实做到便民、利民、惠民。

（3）基本农田整理工程。灾区基本农田重建，首先要避让地质灾害，确保基本农田安全和农业生产安全；其次要考虑生态环境建设，不能造成新的水土流失。此外，还要顾及现代农业生产条件的构建，发展效率农业。基本农田建设区选址要实事求是，争取集中连片，有一定规模，不能搞小片耕地开发。人口资源矛盾突出的地方要考虑移民。

（4）城镇土地整理工程。受灾严重的城镇可以考虑按照现代城市建设要求，重新安排土地利用，抓住机遇妥善解决城镇土地利用中的问题，实现节约集约用地的目标，把坏事变好事。根据国际经验，市地土地整理工程按照土地利用小区集中规划、统一实施，才能取得良好效果。

为了保证土地整理的质量和效果，土地整理工作应抓住以下四个关键环节：

（1）调查评价环节

灾区地籍资料可能毁损，即使有地籍资料的地方，也有可能由于土地变形而难以有效使用。土地整理工作要使用大比例尺地图，要明确土地权属关系，必须高度重视土地整理的调查评价工作。可以考虑，按土地整理规划、土地整理项目两个层次组织实施调查评价工作。

土地损毁评价主要包括三个方面：一是灾毁土地的现状评价，主要从灾区损毁土地的类型、数量、空间布局和损毁程度等方面对灾毁土地进行全面评估；二是土地发生地质灾害的潜在风险评价，即根据滑坡、崩塌、泥石流等地质灾害的特征、形成条件，结合灾区气候、地形、土壤、水文、植被等要素的基本情况，对灾区突然发生次生地质灾害的潜在风险进行评估；三是灾毁土地的适宜性评价，即在土地灾毁现状调查的基础上进行土地适宜性评价，为土地利用方式的确立与土地治理措施的选择提供依据。

（2）规划设计环节

农地治理与农业生产力重建是灾区重建的重要内容之一。灾后农用地整理，要从技术、政策、经济、法规及社会等方面进行综合研究，系统筹划。一要搞好灾后农用地整理分区，按先重点后一般的原则统一安排灾区农地治理的各项工作。二要合理确定农用地整理标准，根据灾毁程度的不同，可以将灾区农地治理标准设定为恢复或高于灾前水平、部分恢复到灾前水平以及建成新土地利用类型等。对于无法恢复到灾前水平的农用地转化为其他土地利用类型，应确定土地利用方向及利用强度。三要明确农用地整理任务，突出抓好整理工程、权属调整。四要落实农用地整理资金，对于整合多个资金渠道的项目，必须明晰

工程任务和资金的匹配，确保灾后重建资金发挥应有的效用。

（3）实施管理环节

土地整理工作是区域土地利用重新组织和安排，是面工程。在组织实施上涉及多层次、多部门、多工程门类、多资金来源，工作量庞大、具体、繁杂，必须精心设计实施方案。由于设计的不完备性，应该允许一线工作人员依据工程建设实际需要和群众意愿作出实事求是的调整。同时，要组织好土地整理专门机构和对口援助。区别重灾区、灾区和影响区的土地整理需求调查评价工作，选择典型地区，组织专业技术人员进行规划设计，迅速制定合理的工程设计方案和组织实施方案，避免出现大批重建资金到达后可能出现的混乱局面，确保灾民合理意愿的实现和资金安全、技术措施得到落实。

（4）受灾群众的参与环节

土地整理规划设计要征求群众意见，工程实施方案要落实公示制度，土地权属调整要以遵从群众意愿和符合法律规定为最高指针。

案例　玉树灾后重建土地整治[37]

灾毁土地整理：加强对因灾受损土地的整治，确保受损耕地、抢险救灾和过渡性安置等临时用地恢复畜牧业和种植业综合生产能力。重点做好对灾毁耕地、牧草地、村镇建设用地的整理复垦，土地整治总面积2139hm²，其中复垦耕地1160hm²。

临时用地整理：对抗震救灾和恢复重建过程中的救灾抢险用地、过渡性安置用地、施工临时用地等，能够恢复的尽可能整理复垦。

7.4　防灾减灾

防灾减灾是灾区一切恢复重建工作的基础和前提。只有认真汲取灾害教训，并在恢复重建工作中加以克服和避免，才能从根本上降低灾区的灾害风险。防灾减灾工作是一项系统工程，恢复重建工作可以从以下十个方面增强灾区防灾减灾能力。

1. 加强自然灾害监测预警能力建设

加快自然灾害监测预警体系建设，完善自然灾害监测网络，加强气象、水文、地震、地质、农业、林业、海洋、草原、野生动物疫病疫源等自然灾害监测站网建设，强化部门间信息共享，避免重复建设。完善自然灾害灾情上报与统计核查系统，尤其重视县级以下灾害监测基础设施建设，增加各类自然灾害监测站网密度，优化功能布局，提高监测水平。健全自然

灾害预报预警和信息发布机制，加强自然灾害早期预警能力建设。

2. 加强防灾减灾信息管理与服务能力建设

提高防灾减灾信息管理水平，科学规划并有效利用各级各类信息资源，拓展信息获取渠道和手段，提高信息处理与分析水平，完善灾情信息采集、传输、处理和存储等方面的标准和规范。

加强防灾减灾信息共享能力，建设国家综合减灾与风险管理信息平台，提高防灾减灾信息集成、智能处理和服务水平，加强各级相关部门防灾减灾信息互联互通、交换共享与协同服务。

3. 加强自然灾害风险管理能力建设

加强国家自然灾害综合风险管理，完善减轻灾害风险的措施，建立自然灾害风险转移分担机制，加快建立灾害调查评价体系。以县级为调查单位，开展全国自然灾害风险与减灾能力调查，摸清底数，建立完善数据库，提高现势更新能力。建立国家、区域综合灾害风险评价指标体系和评估制度，研究自然灾害综合风险评估方法和临界致灾条件，开展综合风险评估试点和示范工作。

建立健全国家自然灾害评估体系，不断提高风险评估、应急评估、损失评估、社会影响评估和绩效评估水平，完善重特大自然灾害综合评估机制，提高灾害评估的科学化、标准化和规范化水平。结合重大工程、生产建设和区域开发等项目的可行性研究，开展自然灾害风险评价试点工作，合理利用自然资源，注重生态保护。研究建立减少人为因素引发自然灾害的预防机制。

4. 加强自然灾害工程防御能力建设

加强防汛抗旱、防震抗震、防寒抗冻、防风抗潮、防沙治沙、森林草原防火、病虫害防治、野生动物疫病疫源防控等防灾减灾骨干工程建设，提高重特大自然灾害的工程防御能力。提高城乡建（构）筑物，特别是人员密集场所、重大建设工程和生命线工程的灾害防御性能，推广安全校舍和安全医院等工程

建设。

加强中小河流治理和病险水库除险加固、山洪地质灾害防治、易灾地区生态环境综合治理，加大危房改造、农田水利设施、抗旱应急水源、农村饮水安全等工程及农机防灾减灾作业的投入力度。加快实施自然灾害隐患点重点治理和居民搬迁避让。

5. 加强区域和城乡基层防灾减灾能力建设

统筹协调区域防灾减灾能力建设，将防灾减灾与区域发展规划、主体功能区建设、产业结构优化升级、生态环境改善紧密结合起来。提高城乡建筑和公共设施的设防标准，加强城乡交通、通信、广播电视、电力、供气、给水排水管网、学校、医院等基础设施的抗灾能力建设。大力推进大中城市、城市群、人口密集区、经济集中区和经济发展带防灾减灾能力建设，有效利用学校、公园、体育场等现有场所，建设或改造城乡应急避难场所，建立城市综合防灾减灾新模式。

加强城乡基层防灾减灾能力建设，健全城乡基层防灾减灾体制机制，完善乡镇、街道自然灾害应急预案并适时组织演练，加强预警信息发布能力建设。继续开展"全国综合减灾示范社区"创建活动，加强城乡基层社区居民家庭防灾减灾准备工作。结合社会主义新农村建设，着力提高农村防灾减灾能力。加大对自然灾害严重的革命老区、民族地区、边疆地区和贫困地区防灾减灾能力建设的支持力度。

6. 加强自然灾害应急处置与恢复重建能力建设

加强国家自然灾害抢险救援指挥体系建设，建立健全统一指挥、综合协调、分类管理、分级负责、属地管理为主的灾害应急管理体制和协调有序、运转高效的运行机制。坚持政府主导和社会参与相结合，建立健全抢险救灾协同联动机制。

加强救灾应急装备建设，研究制定各级救灾应急技术装备配备标准，全面加强生命探测、通信广播、救援搜救以及救灾专用车辆、直升机、船舶、机械设备等装备建设。优先加强西部欠发达、灾害易发地区

应急装备配备。

加强救灾物资应急保障能力建设，制定物资储备规划，扩大储备库覆盖范围，丰富物资储备种类，提高物资调配效率。充分发挥各类资源在应急救灾物资保障中的作用，提高重要救灾物资应急生产能力，利用国家战略物资储备、国防交通物资储备和企业储备等，建立健全政府储备为主、社会储备为补充、军民兼容、平战结合的救灾物资应急保障机制。

加强受灾群众生活保障能力建设，推进与国民经济、社会发展水平和受灾群众实际生活需求相适应的救助资金长效保障机制建设，完善自然灾害救助政策，充实自然灾害救助项目，适时提高自然灾害救助资金补助标准，提高受灾群众救助质量和生活保障水平。加强重特大自然灾害伤病人员集中收治能力建设。

加强灾后恢复重建能力建设，建立健全恢复重建评估制度和重大项目听证制度，做好恢复重建需求评估、规划选址、工程实施、技术保障等工作，加强受灾群众的心理援助，提高城乡住房、基础设施、公共服务设施、产业、生态环境、组织系统、社会关系等方面的恢复重建能力，提高恢复重建监管水平。

7. 加强防灾减灾科技支撑能力建设

加强防灾减灾科学研究，开展自然灾害形成机理和演化规律研究，重点加强自然灾害早期预警、重特大自然灾害链、自然灾害与社会经济环境相互作用、全球气候变化背景下自然灾害风险等科学研究。编制国家防灾减灾科技规划，注重防灾减灾跨领域、多专业的交叉科学研究。

加强遥感、地理信息系统、导航定位、三网融合、物联网和数字地球等关键技术在防灾减灾领域的应用研究，推进防灾减灾科技成果的集成转化与应用示范。开展防灾减灾新材料、新产品和新装备研发。建设防灾减灾技术标准体系，提高防灾减灾的标准化水平。

加强防灾减灾科学交流与技术合作，引进和吸收

国际先进的防灾减灾技术，推动防灾减灾领域国家重点实验室、工程技术研究中心以及亚洲区域巨灾研究中心等建设。推进防灾减灾产业发展，完善产业发展政策，加强国家战略性新兴产业在防灾减灾领域的支撑作用。

8. 加强防灾减灾社会动员能力建设

完善防灾减灾社会动员机制，建立畅通的防灾减灾社会参与渠道，完善鼓励企事业单位、社会组织、志愿者等参与防灾减灾的政策措施，建立自然灾害救援救助征用补偿机制，形成全社会积极参与的良好氛围。充分发挥公益慈善机构在防灾减灾中的作用，完善自然灾害社会捐赠管理机制，加强捐赠款物的管理、使用和监督。

充分发挥社会组织、基层自治组织和公众在灾害防御、紧急救援、救灾捐赠、医疗救助、卫生防疫、恢复重建、灾后心理干预等方面的作用。研究制定加强防灾减灾志愿服务的指导意见，扶持基层社区建立防灾减灾志愿者队伍。提高志愿者的防灾减灾知识和技能，促进防灾减灾志愿者队伍的发展壮大。

建立健全灾害保险制度，充分发挥保险在灾害风险转移中的作用，拓宽灾害风险转移渠道，推动建立规范、合理的灾害风险分担机制。

9. 加强防灾减灾人才和专业队伍建设

全面推进防灾减灾人才战略实施，整体性开发防灾减灾人才资源，扩充队伍总量，优化队伍结构，完善队伍管理，提高队伍素质，形成以防灾减灾管理和专业人才队伍为骨干力量，以各类灾害应急救援队伍为突击力量，以防灾减灾社会工作者和志愿者队伍为辅助力量的防灾减灾队伍。

加强防灾减灾科学研究、工程技术、救灾抢险和行政管理等方面的人才培养，结合救灾抢险工作特点，加强救灾抢险队伍建设，定期开展针对性训练和技能培训，培育和发展"一队多用、专兼结合、军民结合、平战结合"的救灾抢险专业队伍。充分发挥人民解放军、武警部队、公安民警、医疗卫生、矿山救

援、民兵预备役、国防动员等相关专业保障队伍、红十字会和社会志愿力量等在救灾工作中的作用。加强基层灾害信息员队伍建设，推进防灾减灾社会工作人才队伍建设。

加强高等教育自然灾害及风险管理相关学科建设，扩大相关专业研究生和本科生规模，注重专业技术人才和急需紧缺型人才培养。加强各级减灾委员会、专家委员会的建设，充分发挥专家在防灾减灾工作中的参谋咨询作用。

10. 加强防灾减灾文化建设

将防灾减灾文化建设作为加强社会主义文化建设的重要内容，将防灾减灾文化服务作为国家公共文化服务体系的重要组成部分，提高综合防灾减灾软实力。强化各级人民政府的防灾减灾责任意识，提高各级领导干部的灾害风险管理和应急管理水平，完善政府部门、社会组织和新闻媒体等合作开展防灾减灾宣传教育的工作机制。

提升社会各界的防灾减灾意识和文化素养。结合全国"防灾减灾日"和"国际减灾日"等，组织开展多种形式的防灾减灾宣传教育活动。把防灾减灾教育纳入国民教育体系，加强中小学校、幼儿园防灾减灾知识和技能教育，将防灾减灾知识和技术普及纳入文化、科技、卫生"三下乡"活动。经常性开展疏散逃生和自救互救演练，提高公众应对自然灾害的能力。

创新防灾减灾知识和技能的宣传教育形式，强化防灾减灾文化场所建设，充分发挥各级公共文化场所的重要作用，推进防灾减灾宣传教育基地和国家防灾减灾宣传教育网络平台建设，发挥重特大自然灾害遗址和有关纪念馆的宣传教育和警示作用。

案例1 玉树灾后恢复重建防灾规划[37]

次生灾害防治：加强地质灾害隐患排查及地质灾害调查，按照预防为主、治理与避让相结合的原则，采取切实可行的地质灾害防治措施。及时开展城镇及重要公路沿线泥石流、山体崩塌、滑坡治理。

防灾减灾能力建设：加强防灾减灾体系和综合减灾能力建设，提高灾害预防和紧急救援能力。加强地震、地质、气象、洪涝灾害等的专业监测系统建设，提高监测、预测、预警能力。加强雷电灾害防御工作，恢复雷电防御设施。加强基础测绘工作，恢复建设测绘基准基础设施，开展基础地理数据生产，建设地理信息公共服务平台（表7-3）。

防灾减灾规划   表7-3

监测预警	地质灾害隐患点监测302处，地震监测点48个，地震活动构造探察和地震小区划6处，气象综合观测系统、预报预测系统和公共服务系统及其配套设施14处，恢复州气象台雷电防御中心、人工影响天气作业基地
救援救助	州、县、乡三级救灾物资储备设施共9处，建设防汛仓库5处，防洪减灾信息化系统5处
地质灾害治理	崩塌应急治理138处，综合治理211处
测绘设施	连续运行参考站7个，遥感影像获取与地理信息数据生产；公共服务平台建设

案例2 阪神灾后重建防灾体系的重建[28]

1）基本思路

基本的视点：

（1）形成自立的生活圈。

（2）日常时期与灾害时期的协调。

（3）市民、事业者、市的役割分担。

2）建设防灾生活圈：确保安全的生活空间（表7-4）

防灾生活圈　　　　　　　　　　　　　　　　　　表7-4

	生活圈	生活文化圈	区生活圈
圈域的形象	自主防灾组织等的居民与企事业单位作为主体，在居住区域进行自主的生活圈域（大概是小学校区）	地区（社区）防灾据点：中小学校、近邻公园、地区福利中心等	市政府与相关机构携手，各区政府独自进行防灾措施的圈域（行政区）
圈域中的独立的防灾据点	地区（社区）防灾据点：中小学校、近邻公园、地区福利中心等	防灾支援据点：确保能够综合利用的、像公园、学校等公共设施那样的场所	防灾综合据点：区政府、消防署、福利事务所等

3）防灾城市基础设施建设：确保安全的城市基本骨架

（1）建设和整治防灾绿地轴。

（2）有效利用神户的地形，新城水和绿色的网络系统，以此促进街区的分区化。

（3）建设和整治防灾据点。

（4）系统地建设和整治防灾据点，以此加强城市的防灾抗御能力。

（5）形成能够应对大区域防灾能力的城市空间。

（6）通过海、空、陆的大区域防灾据点的协作，开展各种防灾活动。

（7）建设和整治抗御灾害能力强的生活线网络。

（8）建设共同沟等，构建具有高信赖度的生命线。

（9）确立减轻环境的负荷的循环型供应处理体系。

4）防灾管理（management）：提高防灾能力的体系建设

（1）加强和完善对灾害的储备能力。

（2）通过制定防灾规划、构建防灾体制，加强各种迅速并具弹性的应对灾害能力。

（3）加强灾后的紧急应对能力。

（4）建立迅速收集、判断和传递信息的机制，迅速调集人员进行防灾应急活动。

（5）完善和加强救援和重建活动。

（6）建立灾害管理体系、通过区域合作等顺利地开展救援和重建活动。

（7）继承灾害文化。

（8）建设各种设施和基地，举办各种活动等，使通过灾害得到知识和教训得以继承和发展。

第8章　政策措施与规划实施监督

灾后恢复重建规划是特殊时期制定的特殊公共政策，其有效落实必须辅以强大的政策措施保障。同时，在规划实施过程中，还需持续进行有效监督和反馈，以保证规划意图得到实现。本章将从灾后恢复重建规划的支持政策、保障措施、规划实施与监督管理三个方面进行介绍。

8.1　支持政策

政策是指政府以权威形式标准化地规定在一定的时期内，应该达到的奋斗目标、遵循的行动原则、完成的明确任务、实行的工作方式、采取的一般步骤和具体措施，具有很强的权威性。为支持灾区恢复重建工作，针对灾区特点，各级政府一般会提出一些具体的政策，以帮助灾区更好地进行恢复重建。

政府对灾区的支持政策一般包括：财政政策、税收政策、金融政策、土地政策、产业政策和就业援助政策。下面对这些支持政策逐一进行介绍。

8.1.1　财政政策

财政政策是指政府根据一定时期政治、经济、社会发展的任务而规定的财政工作的指导原则，通过财政支出与税收政策的变动来影响和调节总需求，进而影响就业和国民收入的政策。

为促进灾区恢复重建工作，政府财政方面的支持政策一般包括以下内容：

（1）筹措灾后恢复重建资金。各级政府整合一般预算、政府性基金、国有资本经营预算、彩票公益金、预算外资金、其他财政性资金（含捐赠资金），建立专门灾后恢复重建资金库，统筹安排，支持灾区恢复重建。

（2）给予灾区过渡期财力补助。在恢复重建期内，如果灾区受灾严重且财政减收较大，可给予过渡期财力补助，支持灾区保障政权机构正常运转和履行基本公共服务职能。

（3）统筹预算内投资安排。整合各部门基本建设投资，协调并调整各级政府基本建设投资和结构，按照灾后恢复重建规划支持重大项目建设，优先启动应急项目，先期安排与灾区群众生活、生产密切相关的公共服务设施和基础设施建设。

（4）安排贴息资金。利用贴息资金，对恢复重建的重点领域、重点行业的企业（公司）贷款、企业（公司）债券给予贴息或部分贴息。

（5）减免灾区部分行政事业性收费。

案例　台湾"9·21"地震灾后重建财政政策[28]

1）政府预算

（1）1999年下半年及2000年度约一两百亿元：

①发行公债或办理借款800亿元。

②调节收支移缓就急或移用以前年度岁计剩余等约400亿元。

（2）2001年以后所需经费，配合中长程公共建设四年计划分年编列预算筹应。

（3）台湾地区政府与其下级政府经费之负担，依据相关"补助与统筹分配税款处理原则"办理。

2）民间捐款

"财团法人九·二一震灾重建基金"运用范围包括：

（1）关于灾民安置、生活、医疗及教育之扶助事项。

（2）关于协助失依儿童及少年之抚育事项。

（3）关于协助身心障碍者及失依老人之安（养）护事项。

（4）关于协助小区重建之社会与心理建设事项。

（5）关于协助成立救难队及组训事项。

（6）关于协助重建计划之调查、研究及规划事项。

（7）其他与协助赈灾及重建有关事项。

3）其他

如鼓励民间参与，或优惠贷款。

8.1.2　税收政策

税收政策是指政府为了实现一定历史时期的任务，选择确立的税收分配活动的指导思想和原则，它是经济政策的重要组成部分。

支持灾区恢复重建的税收政策，主要有五个目的：①促进企业尽快恢复生产；②减轻个人负担；③支持灾区基础设施、房屋建筑物等恢复重建；④鼓励社会各界支持灾区恢复重建；⑤促进就业。

为达到以上目的，可以采取以下措施：

（1）对灾区损失严重的企业，在一定时期内免征企业所得税；对受灾地区企业取得的救灾款项以及与救灾有关的减免税收入，免征企业所得税。

（2）对受灾地区企业、单位或支援受灾地区重建的企业、单位进口国内不能满足供应并直接用于灾后重建的大宗物资、设备等，在一定时期内给予进口税收优惠。

（3）对受灾地区个人取得的政府救灾款项、接受捐赠的款项；对抗震救灾一线人员取得的与救灾有关的补贴收入，免征个人所得税。

（4）在一定时期内，免征与房屋建设、安装、销售、租赁和转让相关的税。

（5）对单位和个体经营者将自产、委托加工或购买的货物无偿捐赠给受灾地区的，免征增值税、城市维护建设税及教育费附加。

（6）对企业、个人向受灾地区的捐赠，允许在缴纳当年企业所得税前和当年个人所得税前全额扣除。

（7）财产所有人将财产（物品）捐赠给受灾地区所书立的产权转移书据免征应缴纳的印花税。

（8）灾区企业在新增就业岗位中录用灾区民众的，可按录用人数予以扣减营业税、城市维护建设税、教育费附加和企业所得税。

（9）灾区民众从事个体经营的，可在一定时期内予以免税。

8.1.3　金融政策

金融政策是指中央银行为实现宏观经济调控目标而采用各种方式调节货币、利率和汇率水平，进而影响宏观经济的各种方针和措施的总称。一般而言，宏观金融政策主要包括三大政策：货币政策、利率政策和汇率政策。

由于灾害的影响，灾区的金融环境遭到破坏，金融不能有效支撑灾区恢复重建工作。因此，为支持灾区恢复重建，灾区可以采取以下金融政策：

（1）支持金融机构尽快全面恢复金融服务功能。包括：①支持金融机构基层网点恢复重建；②保障支付清算、国库、现金发行、证券期货交易和邮政汇兑系统的安全运营，为受灾地区资金汇划提供便捷、高效的金融服务；③支持适当减免金融业收费。

（2）鼓励银行业金融机构加大对受灾地区信贷投放。包括：①对受灾地区实施倾斜和优惠的信贷政策；②加大对受灾地区重点基础设施、重点企业、支柱产业、中小企业和因灾失业人员的信贷支持力度；③加

大对受灾地区"三农"发展的信贷支持力度；④对受灾地区实行住房信贷优惠政策。

（3）支持受灾地区金融机构增强贷款能力。包括：①加大对受灾地区的再贷款（再贴现）支持力度；②对受灾地区地方法人金融机构执行倾斜的存款准备金政策；③允许受灾地区金融机构提前支取特种存款，增加信贷资金来源。

（4）发挥资本、保险市场功能支持灾后恢复重建。①支持受灾机构通过债券市场募集灾后重建资金；②支持受灾地区企业通过股票市场融资；③积极引导保险机构参与灾后恢复重建；④鼓励和引导各类基金支持灾后恢复重建。

（5）加强受灾地区信用环境建设。①保护受灾地区客户合法权益；②对于符合现行核销规定的贷款，按照相关政策和程序及时核销；③推进受灾地区信用体系建设。

8.1.4　土地政策[60]

土地政策是国家根据一定时期内的政治和经济任务，在土地资源开发、利用、治理、保护和管理方面规定的行动准则。它是处理土地关系中各种矛盾的重要调节手段，一般包括地权政策、土地金融政策和土地赋税政策等。

土地是灾后恢复重建的主要载体，制定科学、合理的土地政策，对保障灾区恢复重建工作具有重大意义。灾区土地政策应注意以下几个重点：

（1）确保恢复重建用地。对纳入灾后恢复重建土地利用规划的城镇、农村居民点用地，基础设施和公共服务设施用地，产业项目用地新增的建设用地，在土地利用年度计划指标中优先安排。

（2）提高用地审批效率。恢复重建项目建设用地审批一律纳入"绿色通道"快速审批。

（3）妥善解决农民住宅用地。灾区农村居民原宅基地已灭失或存在安全隐患确需另行选址建设的，应

在本集体经济组织内重新分配宅基地。确有必要在其他集体经济组织土地上重建的，可以采取调整、互换方式解决。也可相对集中宅基地建设农民新村予以安置。

（4）维护城镇居民土地权益。城镇居民原住房垮塌或严重受损，经法定机构认定不能继续使用应拆除的，在拆除和重建前，应当现场完成对原住民土地使用权属的调查和确认，并记录存档备查。在灾后恢复重建中，原地重建和涉及土地调整、置换或改变规划条件的，应当依法保护原土地使用权人的合法权益。

（5）加强地质灾害监测预防。开展地质灾害重灾区、易发区应急排查巡查工作；恢复、重建地质灾害群测群防体系，不断完善地质灾害气象预警预报机制；开展地质灾害重灾区、易发区各类安置点，以及重大建设项目地质灾害危险性评估工作，为恢复重建提供地质安全保障依据；开展重大地质灾害隐患点的监测、应急勘察、排危除险以及综合防治工作，涉及地质灾害避让搬迁和重大地质灾害治理项目的，根据国家安排的资金组织实施。

8.1.5　产业政策

产业政策（Industrial Policy）是政府为了实现一定的经济和社会目标而对产业的形成和发展进行干预的各种政策的总和。产业政策的功能主要是弥补市场缺陷，有效配置资源；保护幼小民族产业的成长；熨平经济震荡；发挥后发优势，增强适应能力。

产业的发展对灾区具有重要作用，它可以增强灾区的造血能力，早日实现自主发展。为此，产业政策应把握以下重点：

（1）恢复特色优势产业生产能力。大力支持符合国家产业政策、当地资源环境条件、灾后恢复重建规划的特色优势产业发展。重点恢复重建灾区具有比较优势产业。可把旅游业作为先导产业，加快重点旅游景区、景点的恢复重建。

（2）调整产业结构。产业恢复重建要高起点、高标准、高水平，发展循环经济，加强节能减排，提高技术水平。坚决淘汰高耗能、高污染企业以及不符合国家产业政策和不具备安全生产条件的落后产能，关闭重要水源保护区内的污染严重企业。可对淘汰"两高一资"落后产能给予适当奖励。

（3）优化产业布局。对不适宜原地重建的企业要异地迁建。在交通便利、有一定相关产业基础地区将企业相对集中，形成资源集约利用、土地节约使用、环境综合治理、功能有效发挥的产业集中区。

（4）改善产业发展环境。补齐产业发展环境所面临的短板，促进产业环境改善。

8.1.6　就业援助政策

"就业援助"是就业困难人员通过政府各项促进就业扶持政策的贯彻落实以及就业服务机构为主的有关部门的具体帮助，实现再就业，以此达到增加家庭劳动收入，摆脱贫困的目的。

由于灾害的影响，灾区就业环境发生重大变化，导致大量人员一时难以就业，生活陷入困境。为帮助相关人员早日实现就业，让灾区恢复重建工作进行得更好，政府可在灾区实施就业援助政策。从就业援助本身来看其具有短期和长期作用效应。短期人们能通过就业援助重新就业并获得一份收入，维持自己生存、缓解灾害给家庭造成的困难；长期来看，就业援助通过推动当地经济的迅速恢复和发展，促进被破坏的生活秩序逐渐恢复正常，从而能使社会机制得到有效运行，社会整合功能得到发挥，社会稳定性增强。具体就业援助政策可以有如下选择：

（1）将因灾出现的就业困难人员及时纳入就业援助的对象范围，优先保证受灾地区零就业家庭至少有一人就业。

（2）将本地就业困难人员正在参与的救灾工作，按规定纳入现有和新开发的公益性岗位认定范围。对从事公益性岗位工作的就业困难人员，按规定提供岗位补贴和社会保险补贴。

（3）对受灾地区企业在重建中吸收就业困难人员的，按规定给予相应的社会保险补贴。

（4）对从事灵活就业的就业困难人员，按规定享受社会保险补贴。

（5）对因灾中断营业后重新开业的个体工商户，按规定给予小额担保贷款扶持。

（6）在确保失业保险基金按时足额发放的前提下，对受灾地区企业采取适当降低失业保险费率等措施。

（7）按规定对受灾地区从事个体经营的有关人员实行三年内免收管理类、登记类和证照类等有关行政事业性收费。

（8）受灾地区企业恢复生产、公路、农田水利等基础设施以及对口支援项目建设，要优先吸纳当地受灾群众。组织引导好受灾群众参加以工代赈和生产自救活动。

（9）建立就业专项资金，支持灾区实行就业援助。

8.2　保障措施

为保障灾后恢复重建规划得到有效落实，政府还应采取有针对性的措施提供保障。根据灾区的一般特点，保障措施一般分为三类：物资保障、交通保障和援建保障。

（1）物资保障。积极组织好恢复重建物资的生产和调运，确保物资供应的高效、畅通、安全。四川省人民政府要做好灾后恢复重建主要建材需求量测算，统筹组织省内及周边地区建材生产供应，国务院有关部门给予必要的指导和支持。

（2）交通保障。四川省人民政府会同有关部门制定交通运输保障方案，采取有效措施，提高重要运输通道防灾减灾能力，确保畅通和安全。统筹调度和科学组织恢复重建物资运输，加强道路运输管理，维护交通秩序，提高运输效率。

（3）援建保障。结合灾区情况和重建需求，国家有关部委对灾区文化旅游、生态农业、交通设施、地质灾害防治等重点领域给予重点支持。四川省人民政府组织省内有关市（州）、部分省内企业进行对口援建。在尊重社会参与者意愿的基础上，鼓励和引导包括港澳台侨、民营企业在内的社会力量积极参与灾后恢复重建。

8.3　规划实施与监督管理

8.3.1　组织协调

地方各级人民政府和国务院有关部门要充分认识灾后恢复重建任务的艰巨性、复杂性和紧迫性，树立全局意识，切实加强组织领导，全面做好灾后恢复重建的各项工作。

灾区各级政府要建立健全灾后恢复重建工作领导机构。灾区省级人民政府对本地区的灾后恢复重建负总责，统一领导、组织协调、督促检查灾后恢复重建规划的实施，市、县人民政府具体承担和落实恢复重建的各项任务。国务院有关部门要按照职责分工，做好指导、协调和帮助恢复重建的各项工作。

案例1　汶川灾后重建的组织方式[38]

"5·12"汶川地震是以中央政府领导下的纵向管理机制应对危机，采取"一个省援建一个县、一个市援建一个镇乡"的对口援建模式，举全国之力调配相应资源实施救援和重建，在较短的重建周期内提供了强有力的人力、物力、财力的保障，成效显著。

"4·20"芦山地震灾后重建在总结了汶川灾后重建组织管理经验的基础上，实行"中央统筹指导、地方作为主体、灾区群众广泛参与"的应对机制，建立以"地方作为主体"的组织管理机制，尊重地方特点及其规律，因地制宜、科学重建，并在芦山灾后重建过程中展开了系统的探索。

8.3.2　规划管理

规划是制定恢复重建专项规划、政策措施和恢复重建实施规划的基本依据，是开展恢复重建工作的重要依据，任何单位和个人在恢复重建中都要遵守并执行本规划，服从规划管理。

灾区省级人民政府要根据本规划制订恢复重建年度计划，明确重建时序，落实责任主体。

灾区市、县级人民政府要在省级人民政府指导下，编制本行政区恢复重建实施规划，具体组织实施。根据需要编制或修改相应的城乡规划。

国务院发展改革部门牵头组织对本规划实施情况进行中期评估，评估报告报国务院。灾区省级人民政府也要对本省实施本规划的情况进行中期评估。在本规划实施结束后，由国务院发展改革部门牵头组织有关地区和部门对本规划实施情况进行全面总结。

规划范围以外其他灾区的恢复重建规划由灾区省级人民政府组织编制和实施，国家在恢复重建政策措施、重建资金安排与财政转移支付、扶贫开发等方面给予支持。

8.3.3　分类实施

可以分解落实到县级行政区的重建任务，由县级人民政府统筹组织实施。主要是农村住房、城镇住房、城镇建设、农业生产和农村基础设施、公共服务、社会管理、商贸以及其他可以分解落实到县的防灾减灾、生态修复、环境整治和土地整理复垦等。

交通、通信、能源、水利等基础设施以及其他跨行政区的重建任务，主要由省级人民政府或国务院有关部门组织实施。

对口支援和社会捐赠资金、捐建项目，要统一纳入恢复重建年度计划和实施规划。

1）县城灾后重建项目汇总

县城灾后重建项目共55项，分为居住改造与安置、公共管理与公共服务设施、商业服务业设施、市政公用设施等类，总计投资约16亿元（不含道路）。

2）规划实施建议

（1）调动各方力量，完善灾后重建实施机制。

灾后重建建设量大，涉及面广，需多方筹措资金，调动各方力量参与重建。

灾后重建立足当前恢复，也要着眼于长远完善，需在灾后应急措施基础上，完善重建实施系统机制，兼顾近期公共建设和长远的社会参与。

（2）加强投资引导的导向性，注重镇、乡、村的保障性投入。

县以上聚居点应以国家和省的引导性投资为主，改善社会投资环境，吸引多元化投资；镇、乡以及以下聚居点应以国家和省的较大规模补偿性投入为主，将救灾、扶贫及城市反哺乡镇的投入相结合。

（3）加强重建城乡体系规划的实施与农村建设、城乡住房、基础设施建设、公共服务设施建设、生态修复、产业发展、地质灾害防治等相关规划的衔接，确保在空间配置上相互协调，在时序上科学有序。

（4）推进完善规划编制和管理，指导城乡长远建设发展。

结合灾后重建规划，完善正在编制的县总规，推进近期建设规划、县城详细规划、各乡镇规划等规划的编制，优化调整镇村体系，优化城乡规划管理体制，形成指导城乡长远发展的规划体系。

（5）建立重建规划实施的监控机制。

加强对重点城镇、重点地区的重建规划实施监督。定期评估和分析城镇发展的经济、社会、环境、建设用地、基础设施、公共服务指标，作为重建规划效能监察的重要依据。

8.3.4 监督检查

加强重建工程项目的管理，不超标准，不盲目攀比，不铺张浪费。定期公布恢复重建资金和物资的来源、数量、发放和使用情况，主动接受社会监督。加强对恢复重建资金拨付和使用的管理，并进行全过程跟踪审计。加强对建设工程质量和安全以及产品质量的监督，组织开展对重大建设项目的稽查。加大对恢复重建所需重要物资的价格监管力度，严格控制主要建材价格，必要时可采取临时价格干预措施。

第 3 篇　规划实例

第9章　北川灾后恢复重建规划

北川羌族自治县位于四川盆地西北部，东接江油市，南邻安县，西靠茂县，北抵松潘、平武县，辖区面积3084km²。县境大地构造为扬子准地台与松潘—甘孜地槽褶皱结合部。以桂溪—曲山—苏保一线（即北川大断裂通过地段）为界；东南面属扬子准地台西北边缘龙门山—大巴山台缘凹陷西部的龙门山褶断带；西北面属松潘—甘孜地槽褶皱系巴颜喀喇冒地槽褶皱带东缘的茂汶—丹巴地北斜（即后龙门山褶皱带）。全境皆山，峰峦起伏，沟壑纵横，山脉大致以白什、外白为界，其西属岷山山脉，其东属龙门山脉，境内插旗山的最高峰海拔4769m，最低点香水渡海拔540m，相对高差4229m。地势西北高，东南低，由西北向东南平均每公里海拔递降46m。密布的溪流分别汇集于湔江、苏保河、平通河、安昌河，顺山势自西北向东南奔流出境。

北川县在汶川地震中遭受严重损失，其灾后恢复重建是汶川地震灾后恢复重建工作的重要内容之一。而县城整体的异地恢复重建也让北川在中国乃至世界的灾后恢复重建史中占有非常重要的位置。

汶川地震给灾区民众的生命财产造成了严重损失，造成这种局面的原因是多方面的，其中有的是不能克服的（如汶川地震的震级大），有的是能克服的（如建筑的抗震能力弱）。北川县城的异地重建给了今天的我们一个绝佳的"重新开始"的机会：让我们有了将以往所有缺憾进行弥补，去建设一座我们心中真正安全城市的机会。因此，在新北川的恢复重建过程中，如何将防灾减灾的经验教训充分汲取到整个建设过程当中，将"安全"刻进新北川的基因图谱，使新北川成为一座本质安全型城市，是今天的城市规划师的使命与必须完成的工作。北川的灾后恢复重建规划就是这整个工作的"路线图"，本书特将此规划的主要内容作为一个案例予以记录。

9.1　灾害概况

2008年5月12日14时28分04秒，四川省阿坝藏族羌族自治州汶川县映秀镇与漩口镇交界处发生地震。根据中国地震局的数据，此次地震的面波震级达$8.0M_s$、矩震级达$8.3M_w$（根据美国地质调查局的数据，矩震级为$7.9M_w$）。地震波及大半个中国及亚洲多个国家和地区，北至辽宁，东至上海，南至香港、澳门、泰国、越南，西至巴基斯坦均有震感。

5·12汶川地震严重破坏地区超过10万km²，其中，极重灾区共10个县（市），较重灾区共41个县（市），一般灾区共186个县（市）（图9-1）。截至2008年9月18日12时，5·12汶川地震共造成69227人死亡，374643人受伤，17923人失踪，是中华人民共和国成立以来破坏力最大的地震，也是唐山大地震后伤亡最严重的一次地震。经国务院批准，自2009年起，每年5月12日为全国"防灾减灾日"。

"5·12"汶川特大地震使四川省在人口、经济、社会以及产业等各个领域大面积受损。在国家"汶川地震灾害范围评估"多项统计中，按照灾害程度范围划分为极重灾区、重灾区、轻灾区和影响区四种类型，北川县被列为极重灾区之首（图9-2）。

（1）人员伤亡情况：全县受灾人口162047人，其中，死亡15645人，受伤26916人，失踪4402人，占全县总人口的28.98%。

（2）交通系统受损情况：全县损毁道路1056km，其中干线公路137km，农村公路919km；损毁桥梁353座，长度9475m，损毁隧道3座，长度192m，直接经济损失共计365922万元。

（3）水利系统受损情况：全县受损水库28座，堤防工程损毁长度达63km。供水工程受损管道3221km，影响人口16万人。受损渠系560km。农村水电站受损32座。水产受灾面积450亩。直接经济损失约148200万元。

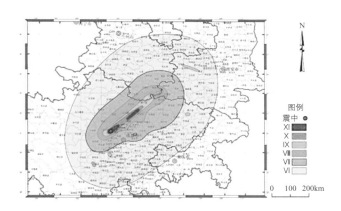

图9-1　汶川8.0级地震烈度分布图
资料来源：http://www.cea.gov.cn/manage/html/8a8587881632fa5c0116674a018300cf/_content/08_09/01/1220238314350.html

图9-2　老北川中学遗址

（4）农林业受损情况：全县粮食作物受灾面积达20.05万亩，损失产量4万t，经济作物受灾面积达

18.9万亩，大棚损毁面积7500m²。农业系统直接经济损失共计90011元。全县林木损毁面积达65.66万亩，林区道路损坏长度达280km，直接经济损失共202130万元。

（5）教育设施受损情况：全县原有学校共97所，校舍建筑面积15.93万m²，其中，倒塌校舍面积13.99万m²，经鉴定不能继续使用的校舍面积1.93万m²，直接经济损失达48521万元。

（6）城镇市政基础设施受损情况：城市给水排水管道损毁达130km，燃气管道损毁88km，垃圾收集处理设施损毁25座，直接经济损失达230540万元。

北川县灾损分布主要呈条带状，分为三大地区：成青公路沿线两侧地区、白草河沿线地区、青片河沿线地区；上述地区均处于地震活动断裂带和高易发地质灾害区，成青公路沿线地区灾情最严重。

灾损程度与地震断裂带分布直接相关。由龙门山断裂带，自东南向西北受灾程度逐渐递减。极重受损的乡镇主要分布在南部山区及浅山区，严重受损乡镇主要分布在西南部和中部山区，北部山区受损程度相对较轻。

震灾与县域人口密度、交通网络建设情况相关。县域东南区域经济产业发达，人口密度高，县域内受灾损失相对较大。西北部的受损程度虽因逐步远离地震断裂带而逐渐降低，但因对外交通长时间处于瘫痪状态，使救援效率极低，造成非地震本身造成的灾损十分严重。

9.2　恢复重建重点、难点

1. 重建选址的问题

汶川地震中，发震断裂带通过北川老县城，造成山体垮塌，建筑严重破坏，老县城遭到毁灭性的打击。鉴于此，重建工作面临的首要难题就是：北川是否能原址重建？如果不原址重建，可能的选址又有哪些？而能不能原址重建，首要就是安全问题。因此，如何科学评估老县城所在位置的地震危险性就成了恢复重建工作的最优先课题。同时，由于老县城原有工程破坏严重，绝大部分工程都要拆除，老县城场地狭小，场地周转困难。如果原址重建，是否能保证恢复重建工作能按期完成也是需要重点考虑到的问题。

2. 重建与发展的问题

《国务院关于印发汶川地震灾后恢复重建总体规划的通知》中要求：用三年左右时间完成恢复重建的主要任务，基本生活条件和经济社会发展水平达到或超过灾前水平，努力建设安居乐业、生态文明、安全和谐的新家园，为经济社会可持续发展奠定坚实基础。因此，根据中央的要求，灾后重建工作既要尽快解决受灾民众的基本生活问题，还要考虑灾区的长远发展问题，实现近期发展目标和长远发展目标相统一。那么，如何充分利用恢复重建的契机，突破北川县原有的发展制约因素，实现突破式发展，也是恢复重建规划的重要课题。

9.3　恢复重建规划

9.3.1　县域恢复重建规划

9.3.1.1　选址

由于受损比较严重，部分地区已经需要重新选址进行安置。安置的方式分以下三种：

（1）对受损一般的场镇及农村灾民，在保证安全的前提下，尽量就地安置；

（2）对受地质灾害威胁较大，必须搬迁且能在乡域范围内找到迁建用地的场镇及农村灾民，尽量在本乡域内解决；

（3）对受地质灾害威胁较大，必须搬迁且不能在乡域内找到迁建用地的场镇及农村灾民，由政府统一实施异地安置计划。

安置点的选址应遵循以下两条基本原则：①以就近安置为基本原则，优先在本乡镇范围内异地安置；②立足整体优化、合理发展，提出乡镇撤并、搬迁的方案，安置跨乡镇人口。这样，根据受损情况，乡镇恢复重建分为以下三种类型：①异地迁建乡镇：跨乡镇或县行政范围异地重建的场镇或城镇。应只在极重灾区范围内慎重选择，并符合以下标准：在地震中受到严重损毁，并位于地震与地质灾害的长期严重威胁地区，且现有工程技术措施无法保障其免受灾害破坏。②原地异址乡镇：本乡镇内选择新场镇重建的场镇或城镇。③原地原址乡镇：现址地质安全性较好，原地重建的场镇或城镇。

根据不同地域的承载能力不同，规划确定维持规模、缩小规模、优化提升等三种模式。各场镇规划以此为原则编制总体规划。为便于规划的落实，以规模控制和设施配套为划分标准，制定各乡镇分类建设指引。内容包括：建设用地规模、资源环境承载力、生态保护、道路交通、城镇体系调整优化等。各乡镇具体归属类型应在场镇规划中予以明确。

9.3.1.2 目标与战略

1. 战略目标

"再造一个新北川"。以加快新县城建设为中心，重新整合区域发展资源，把恢复重建与推进灾区的工业化、城镇化、新农村建设结合起来，与提高经济增长的质量和效益结合起来，推动结构调整和发展方式转变，努力提高北川自我发展能力。

2. 战略措施

1）优化城乡布局，统筹城乡发展

抓住灾后重建机遇，优化城乡人口布局，促进北川城镇化进程；尽快恢复全县社会公共服务体系，推进标准化建设，促进基本公共服务均等化；加快新县城的建设，突出新县城对山区乡镇的带动作用和服务功能。

2）调整分区发展政策，协调区域发展

因地制宜制定分区发展政策，落实适宜重建、适

度重建、生态重建的分区发展建设要求；促进高山深谷地区及龙门山地震断裂带核心区域的人口，逐步迁移至山前河谷浅丘地区和山中河谷地带等适宜发展的地区；推动新县城区域性旅游服务基地和山前特色产业基地的建设，融入大绵阳市的发展战略，充分发挥山前门户城市的作用。

3）加强生态环境保护，坚持可持续发展

加强对生态环境敏感区域以及污染源地区的监督管理，建立中长期生态环境影响监测评估预警系统；加快生态修复与恢复，以自然修复为主，人工治理措施相结合；加强工业企业的污染控制，限制高污染企业进入，引导发展节能环保型产业。实现资源高效合理利用，保护整体生态环境，走可持续发展道路。

3. 战略方针

（1）坚持就地就近分散安置为主，尊重本人意愿和生产生活习俗，尽快落实城乡受灾群众的安置工作。

（2）坚持以人为本，优先恢复人民群众的基本生产生活条件，积极扩大城镇就业，增加居民收入；落实灾民职业技能培训、福利性补贴发放等工作；努力实现家家有房住、户户有就业、人人有保障。

（3）充分依托山东省对口援建的重点项目，加快新县城的建设，主动承接产业转移，建设好北川山东产业园；加快县域道路交通体系建设，推动乡镇恢复重建。

4. 战略步骤

（1）近期：优先加快落实受灾群众安置工作，启动新县城和工业园区的建设，强化县域中心的功能重建和带动作用；加快公共服务设施和基础设施的恢复重建，推动全县乡镇和农村的恢复重建；落实相关实施政策，保障重建工作顺利开展。

（2）远期：继续加强县城的建设，进一步完善县城的功能；加快产业调整，进一步实施工业化和城镇化战略，推动全县发展方式的转变。

5. 总人口与城镇化水平

规划2010年县域总人口为25.6万人，城镇化率约22.6%。2015年总人口为26.4万人，城镇化率达

32.3%。2020年县域总人口为27.2万人，城镇化率达到42%。

9.3.1.3 城镇结构体系

将县域划分为四大经济分区：山前河谷浅丘经济区、东部低山经济区、中部中山经济区和西部高山经济区。不同分区制定不同发展指引。

规划构建"一心、多点、多廊道"的县域城镇空间结构。一心：指北川新县城，是全县域的人口产业集聚区；多点：指村镇体系调整后的山区乡镇；多廊道：指结合主要道路，沿道路两侧布局产业与居民点、旅游区和农业产业区。强调通过式道路交通的建设，为山区的生命线廊道提供高标准保障（图9-3）。

县域城镇等级结构划分为四级，分别为：①一级：北川新县城（含安昌镇）；②二级：永安、擂鼓、禹里；③三级：坝底、香泉、小坝、通口；④四级：桂溪、陈家坝、片口、青片、白坭、开坪、白什、桃龙、墩上、马槽、都坝、贯岭、漩坪、曲山（任家坪）（图9-4）。

县域城镇职能结构分为四种，分别为：①综合型：北川新县城（含安昌镇）；②工贸型：通口、擂鼓、永安、香泉；③农贸型：陈家坝、贯岭、白坭、开坪、小坝、片口、桃龙、坝底、白什、墩上、都坝、漩坪、马槽；④旅游型：桂溪、青片、禹里、曲山（图9-5）。

县域城镇规模结构划分为四档，分别为：①5万~10万人：北川新县城（含安昌镇）；②0.5万~2万人：永安、擂鼓、禹里；③0.2万~0.5万人：坝底、香泉、小坝、通口；④0.2万人以下：桂溪、陈家坝、片口、青片、白坭、开坪、白什、桃龙、墩上、马槽、都坝、贯岭、漩坪、曲山（任家坪）（图9-6）。

各地区城乡建设用地标准如下：①北川县城（新县城+安昌镇）人均建设用地94m²；②北川新县城人均建设用地102m²；③重点镇人均建设用地控制在60~100m²以内；④一般镇人均建设用地控制在100~120m²以内；⑤农村人均建设用地控制在200m²

以内。

9.3.1.4 重大社会服务设施

以完善结构、建构体系，缩小差距、城乡一体，整体推进、协调统一为原则，规划提出县域公共设施的配建标准。包括教育、卫生、文化、体育和社会保障五个方面（图9-7）。

9.3.1.5 产业空间布局

为抓住重建机遇，优化产业结构，完善产业体系，转变发展方式，构筑北川新的发展格局，北川未来的产业发展采取以下策略：①积极引导农业产业化进程；②优先发展劳动密集型产业；③重点发展以商贸、旅游为主的服务业。

发展过程中，要落实适宜重建、适度重建、生态重建的分区要求，因地制宜地制定适合北川的分区产业政策。①山前河谷和浅丘地区乡镇发展农副产品加工、新型建材并承接区域产业转移，融入绵阳产业体系，成为北川推进工业化，承载产业和创造就业的核心区域。②中部中山地区发展以旅游、生态农业为主的特色产业，建设精品旅游区，适度开发优势矿产资源，不再建设成规模的产业区。③西部高山、龙门山地震断裂带等生态重建地区应适度发展旅游业和农林业，严格限制其他产业发展，原则上不在原地恢复重建工业企业。

9.3.1.6 历史文化保护与旅游

1. 历史文化保护

对遭地震损毁的历史文化古迹进行调查和分析，根据其重要性和损毁程度，分期分批进行修复或重建。大禹故里文化风景区和明代古城堡遗址"永平堡"等遭受损坏的遗址，应进行原址原貌的修复和重建。

重塑民族特色文化。北川是藏、羌等少数民族的聚居区，震后受损急需抢救和保护。对于重要的民族建筑，如羌寨、碉楼等应进行修复或维修。大力弘扬地域民族文化，重视非物质文化遗产的保护与传承。加强对羌族文化传人的培训，传统民族节日的保留，民族工艺等非物质文化遗产的传承和扶持。

图9-3　县域发展分区调整规划图

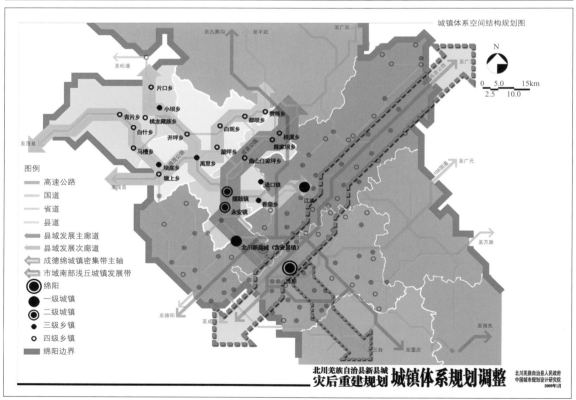

图9-4 城镇体系空间结构规划图

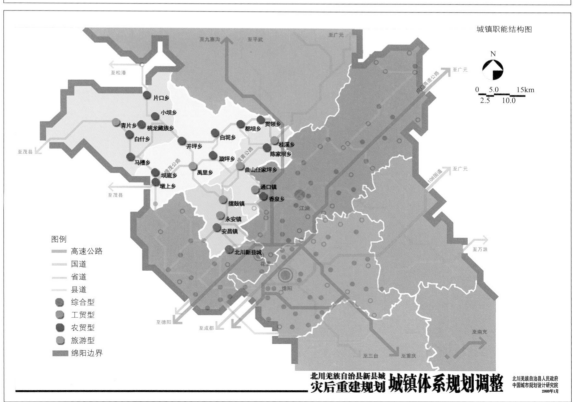

图9-5 城镇职能结构规划图

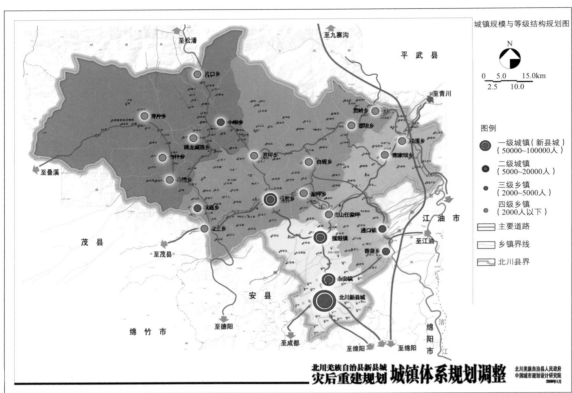

图9-6 城镇规模与等级结构规划图

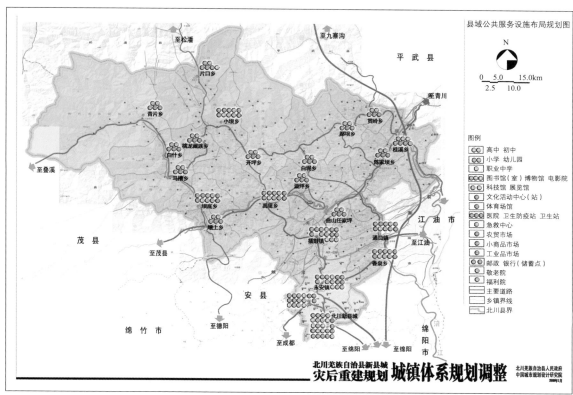

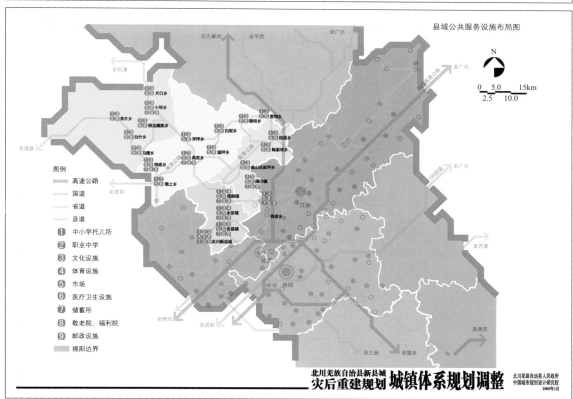

图9-7 县域公共服务设施规划

抗灾救灾精神是北川新时代的精神象征。为体现抗震救灾精神，重点规划建设新县城抗震救灾纪念园。

2. 旅游

整合县域内自然与文化资源，保护地震遗址、遗迹资源，弘扬抗震救灾、重建家园的伟大精神；建立国家级风景名胜区，建设生态环境优良、文化内涵丰富、游览系统高效快捷、配套设施完善、管理体制健全、服务热情周到的旅游胜地，推动北川旅游业全面发展。

按照旅游资源分布情况，将北川县划分为四大片区：青片小寨子风景旅游区、禹里生态文化旅游区、曲山—唐家山地震遗址综合旅游区和猿王洞风景旅游区（图9-8）。

9.3.1.7 交通与重大基础设施

1. 综合交通

要全面提升县域交通网络的综合抗灾能力，提高路网连通度和通行能力，提升道路等级，促进地区社会经济发展和对外交往；开通农村公交，服务县域百姓生产生活。每个乡镇区至少保证两个以上的县道以上等级的出入口；县道以上公路达到三级以上技术标准，采用高级路面；新县城通达县域所有乡镇区不超过2h。其中，形成"三横四纵三联"的县域公路网主骨架。新建公路客运站14个，新建农村客运招呼站160个。恢复湔江、青片河航道，利用唐家山堰塞湖形成的航道开通水运（图9-9）。

2. 供水系统

以建设安全、经济、高效的城镇供水设施系统为目标，充分考虑城乡、区域联合供水的可能性，全面提高供水安全保障能力。

规划近期新县城和各乡镇场镇自来水普及率达到100%，供水水质合格率达到100%。近期新县城和各乡镇场镇人均综合用水量指标分别取350L/日和200L/日；中期分别取400L/日和250L/日；远期控制在500L/日和300L/日以下。

城镇供水水源统筹考虑地表水源与地下水源，新县城优先考虑Ⅲ类以上水库水或河水，枯水期保证率不低于97%；乡镇就近选用符合饮用水源水质要求的地下水、山泉溪水、水库水和河水。新县城、重点镇考虑设置备用水源。新县城、重点镇供水厂采取常规净水处理工艺；一般乡镇供水厂（站）采取必要的净化、消毒措施，确保饮水安全。新县城供水管网以环状网为主，乡镇采用环状网与枝状网相结合。

3. 排水系统

新县城采用雨污分流制。其他乡镇采用雨污分流制与截流式合流制相结合的排水体制。县域各乡镇镇区均应对污水进行处理，污水处理率近期达到40%～80%，远期达到60%～90%，污水处理深度不低于二级。

新县城的污水处理厂与安县黄土镇合建，厂址位于黄土镇区西部，其他与镇污水处理厂在各自乡镇镇区内独立建设。

4. 供电系统

供电设施区域共享，统一规划、协调发展，优化电网结构，加强110kV主干电网建设，优化35kV配电网络，满足"N-1"原则，提高供电安全、可靠性。

以现有及新建110kV和35kV电网为主要电源点，以县内各小水电站为辅助电源点。规划在治城建设一座110kV禹里变电站，作为禹里乡及周边邻近乡镇电网的主要电源点。每个重点镇至少建设一座110kV变电站，一般乡镇根据需要，适时新建110kV变电站或升压改造原有35kV变电站。110kV变电站采用双回路进线，以提高供电可靠性。

5. 通信系统

按照"高起点、安全、高效，5年内形成精品网络"的总原则，根据城镇通信需求，确定新建电信局、模块局和通信线路的建设数量与规模。

在新县城规划电信中心局、邮政中心局和广电中心各1个，每个重点镇设置电信局1个，一般乡镇根据通信需求设置1～2个模块局。

6. 燃气系统

按照提高城镇环境质量，减轻大气污染，节约、

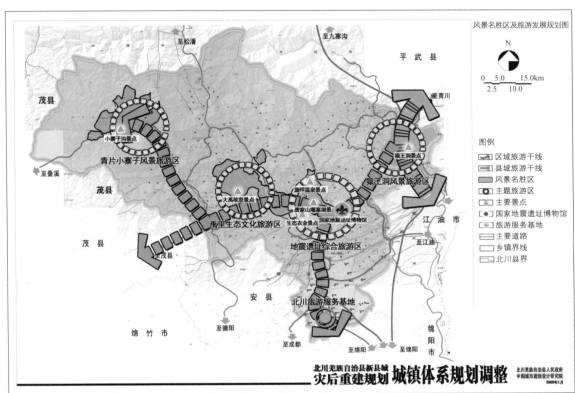

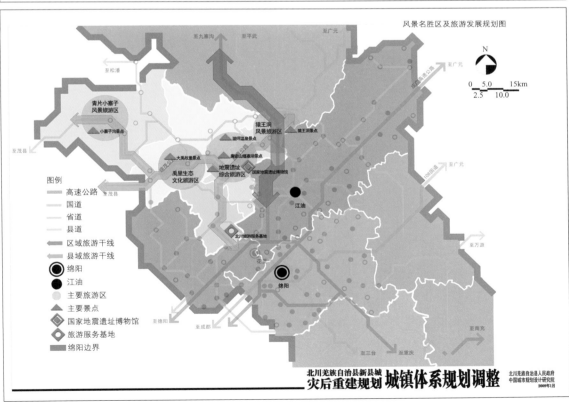

图9-8　县域风景名胜区及旅游发展规划图

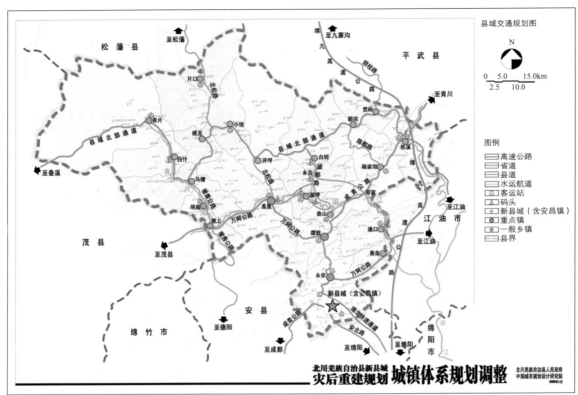

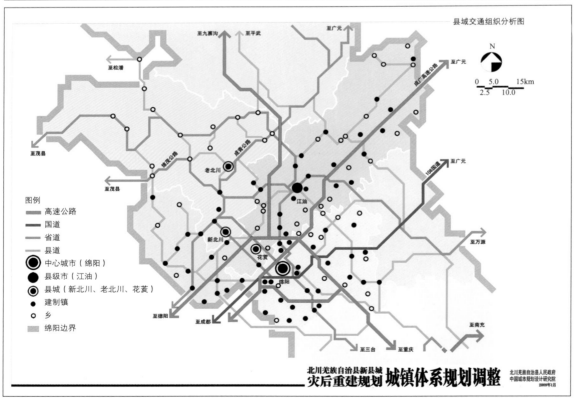

图9-9　县域交通规划图

高效利用能源原则，统筹考虑县域城乡燃料结构，全面使用清洁环保燃料，大力发展天然气、液化石油气和沼气等高效、清洁能源。新县城、重点镇以及燃气管网经过的乡镇积极推广使用天然气，在保证民用和第三产业用气的前提下，合理发展工业用气和CNG汽车用气；其他一般乡镇采用瓶装液化石油气、电能和煤炭等相结合的燃料供应方式。

7. 环卫系统

按照减量化、无害化、资源化原则，推行城镇生活垃圾的分类收运、分类处理模式，因地制宜地通过集中与分散处理相结合的方式，实现城乡生活垃圾无害化处理目标。加强建筑废墟的清理与处置，优先考虑建筑垃圾资源化利用。

城镇生活垃圾处理以卫生填埋为主，规划在安昌设置1座大型集中生活垃圾综合处理场，供新县城、安昌镇和周边乡镇联合使用。偏远乡镇单独设置垃圾卫生填埋场。

9.3.1.8 生态保护和空间管制

1. 生态环境建设目标

至2010年，采用自然生态恢复和人工干预修复等方法减少县域内青片河、白草河、湔江、都坝河滑坡群的生态风险，上述地区的水土流失基本得到有效控制。对县域内堰塞湖地区的生态环境进行改善，采取有效措施降低堰塞湖生态安全风险，逐步恢复震后次生灾害地区的生态功能。

至2020年，滑坡群、堰塞湖等地震次生危险源周边的生态环境得到全面改善，县域内重点地区的生态环境恢复自调蓄功能，基本恢复其自然生态功能，基本消除滑坡群、堰塞湖对下游地区的威胁，使区域生态系统恢复平衡，处于良性循环发展状态。自然保护区和风景区得到全面涵养，新建城镇生态环境良好，总体达到生态示范县标准。

2. 生态环境功能分区

根据震后生态条件，将县域内生态环境分为生态涵养区、生态护育区、生态恢复重建区和生态建

设区。

近期维系以小寨子沟自然保护区、片口自然保护区、千佛山自然保护区、香泉风景区和猿王洞风景区为主要生态源的格局，逐步恢复禹里自然风景区生态源的作用，在县域北部河谷生态环境较为完好的白草河、青片河上游地区构筑战略点，逐步恢复以河流为主体的白草河、青片河、湔江、都坝河流域生态廊道，建设苏宝河河谷空间发展廊。

远期构筑以小寨子沟自然保护区、片口自然保护区、千佛山自然保护区、香泉风景名胜区、猿王洞风景名胜区和禹里风景区为生态源，以永久性堰塞湖、地质遗迹园、地质公园为战略点，以白草河、青片河、湔江、都坝河和苏宝河河谷为重要生态廊道的生态安全格局。

3. 生态环境建设策略

为实现以上生态目标，建议采取以下建设策略：①重点保护生态涵养区和生态护育区的动植物生境，维系现状生态环境，禁止破坏性的开发活动。涵养山体植被，缓蓄大气降水，增强区内的生态调节功能，降低对下游地区的水土安全威胁风险。②尽快修复对下游堰塞湖地区影响较大的已破坏生态环境，护育区内植被和水土条件，增强区内的生态调节功能，最大限度地减少对下游地区的水土安全威胁。③应尽快在生态恢复重建区开展水土流失综合整治和河道维护，适度开展植被恢复工作，减少对下游地区的影响，降低其生态风险。④安昌镇和新县城地区处在苏宝河和茶坪河的下游汇水河段，苏宝河流域存在一定范围的滑坡群，是潜在的生态风险源。茶坪河流域存在较大面积和数量的滑坡群，其对下游地区的生态风险必须重视。建议北川与安县进行合作，共同治理茶坪河的滑坡问题。

9.3.1.9 山前河谷地区建设指引

山前河谷地区包括从曲山镇的任家坪—擂鼓镇—永安镇—安昌镇—新县城，由北向南的、沿苏宝河及105成青公路的山前谷地，面积约80km²。是县域发展

的核心地区，灾后重建的重点地区，转变发展模式的先导地区。

该区开发建设应重视地质灾害，强调安全第一；统筹城乡发展，推动区域协调发展；保护生态环境，坚持可持续发展；突出地方特色，塑造宜居环境空间；有序安排项目，合理布局城镇功能。

根据区位等条件，将山前河谷地区分以下三部分：组合型县域中心、特色型乡镇中心、门户型乡镇中心。

根据生态本底条件，将山前河谷地区分为以下四个区域：北部生态涵养区、中部生态恢复区、南部生态建设区、河谷生态协调区。

为保证生态环境安全，山前河谷地区采取以下生态建设策略：①重视多山地区流域生态安全；②重视上下游城镇的环境安全与共生关系；③优先对受损的直接影响区和间接影响区进行生态修复；④护育流域内生态脆弱地区，保持良好的植被覆盖度；⑤维护河流廊道的生态功能，避免或减轻自然灾害。

9.3.2 县城恢复重建规划

9.3.2.1 选址

县城重建的选址是北川重建最重大的问题。当时，有5个点作为备选：老县城、擂鼓镇、邻县安县安昌镇东南部（安昌曾是安县老县城所在地）、安县桑枣镇、安县永安镇。相关研究对这5个选址方案进行论证和比对：

（1）老县城。老县城位于曲山镇，坐落在地势比较险峻、很狭长的山谷里面。有汶川地震的发震断裂龙门山断裂带通过，在地震中受灾的情况是相当严重的，有近一半城镇居民遇难，所有的房屋毁于一旦。同时，县城周围次生地质灾害比较严重，"9·24"泥石流也再次证实了这一点。另外，从区位上讲，北川县属于绵阳市的范围，它是绵阳市下面比较贫穷的县。老县城的区位条件对带动北川的发展不利。

（2）擂鼓镇。擂鼓镇虽是县域内唯一一个具有较充裕用地条件的地方，但它和北川县城一样都处于龙门山断裂带，同时位于地质灾害中度易发区。擂鼓镇的房屋建筑和基础设施也遭到严重破坏，人员伤亡严重。安全风险比较高。

（3）永安镇。永安镇位于安县北部。如果北川新县城选址于此，则可依托永安镇镇区及其周边农村居民点用地进行发展，且这里有7.5km²较开阔的用地范围，但这里也被认为是地质灾害易发区，研究认为"在此用地需慎重考虑"。

（4）桑枣镇。桑枣镇方案在安县中部，川西北地区浅丘平坝区，紧邻西北侧的中山深谷区。东距安昌镇18km。这里"8.94km²的用地范围，地势开阔，条件稍好，但交通通达性与安昌东南选址相比之下，稍显不足"，且桑枣镇有断裂带穿过。

（5）安昌镇东南。安昌镇东南选址在"地质条件与安全性"、"区位条件"和"用地条件"三项指标上达到"优等"，是最佳选择点。这里距北川老县城约24km，可利用面积约8km²。地势平坦，安昌河自西北向东南穿城而过，场地内除丘陵山地和河流水系等自然生态区外，其他平坝区域主要是农业生态用地、农村居民点和少量小规模的工业。尤为重要的是，这里离最近的活动断层带，也就是最容易受地震伤害的地区足有4km，这个距离将新县址的安全性凸显出来，成为其他4个备选地不具备的优势。

经多方论证，最终选择了安昌东南作为北川新县城的选址方案。

有关部门对新县城选址方案进行民意调查，调查结果显示：95.29%的民众同意异地重建，只有1.35%的人不同意。在选址意向方面，88.55%的人趋向于平原，4.38%的人仍愿留在山区，而对选址原则关注程度这一项上，60.19%的人首选安全性，其次是关注水源问题。将这些数据和专家组列出的5个备选地点对照起来，民众意愿和专家们的勘察结果不谋而合——安昌东南选址无疑是最佳选址。

9.3.2.2　城市性质、职能与规模

新县城是北川县域政治、经济、文化中心；川西旅游服务基地和绵阳西部产业基地；现代化的羌族文化城。

安昌镇和新县城共同组成北川县城，在城市职能定位上，两者应有所侧重。安昌镇重点发展居住和商业，成为地区性的商贸服务中心。新县城突出社会公共服务功能，成为区域性的旅游接待中心和绵阳市的休闲度假基地；形成具有北川特色的产业基地。

县城人口规模为：2010年人口为5.8万人，其中，新县城3万人，安昌镇2.8万人。2015年人口为8.2万人，其中，新县城5万人，安昌镇3.2万人。2020年人口为11.1万人，其中，新县城7万人，安昌镇4.1万人。

县城城市建设用地规模为：2010年4.8km²，其中，新县城2.8km²，安昌镇2km²。2015年8.44km²，其中，新县城6.02km²，安昌镇2.42km²。2020年10.32km²，其中，新县城7km²，安昌镇3.32km²。

9.3.2.3　发展目标

新县城的重建要体现"城建工程标志、抗震精神标志和文化遗产标志"的意义。新县城城市建设要达到"安全、宜居、繁荣、特色、文明、和谐"的发展目标。

（1）安全：科学选址，新县城选址要确保地质安全，远离活动断裂带；科学选地，新县城建设用地要实现地质勘探详查全覆盖，确保场地安全；提高基础设施的建设标准，保障重要生命线工程、学校、医院等重要公共设施的安全；增强城市综合防灾的能力，建立突发事件预警和应急响应机制，维护城市公共安全。

（2）宜居：优先进行保障性住房建设，确保受灾群众安置；同步进行配套生活服务设施的建设，方便居民的日常生活；做好新县城的环境美化，构建和谐的社区氛围。

（3）繁荣：千方百计地促进就业，稳步提高居民生活收入；提升产业发展水平，逐步改变发展方式；繁荣商贸服务，注重游客接待服务设施的建设。紧密与周边地区的联系，通过新县城的发展，带动整个地区，特别是在灾后重建中给予北川极大支持的安县的发展。

（4）特色：城市建设要延续传统文化，体现羌风羌貌；因地制宜地利用当地自然条件，塑造优美的山、水、城一体的城市环境。城市建设要切合实际，创建宜人的城市尺度。

（5）文明：开拓创新，构建现代文明，实现社会全面进步；传承历史，弘扬羌族民族文化，促进文化繁荣；促进资源的有效综合利用，大力提倡节能减排，提倡绿色生态文明。新县城作为抗震救灾的精神象征，要体现国家形象，彰显中华民族的伟大精神。

（6）和谐：维护社会安定团结，建设和谐社会；民生优先，新县城建设要充分惠及北川人民；通过扩大对劳动力的职业技能培训，提高就业技能，实现充足就业；要重点关注弱势群体的需求，实现社会保障的全覆盖，确保低收入人群的生活保障。

1. 2008～2010年建设目标

（1）安置人口：优先安置原曲山镇的受灾居民，部分安置北川县境内失地农民，安置新县城建设用地范围内的征迁农民，保障北川县行政事业单位人员的安居，吸纳小部分外来人口。住房建设以廉租房、安居房等保障性住房为主，同步建设生活配套服务设施，制定合理的安置政策，切实安置好受灾群众。

（2）恢复功能：重点恢复县城的居住、医疗、教育、商业、文化、行政等功能，初步具备为北川县域提供社会公共服务的能力。

（3）启动园区：完成1.4km²山东援建工业园区的七通一平，引进符合北川劳动力技能条件的农副产品加工、纺织服装、新型建材等劳动密集型产业，关注机械、高新技术等与绵阳工业体系发展相关的产业。同时，尽快开展对北川受灾群众的大规模技能培训，鼓励入驻园区的企业优先录用北川县劳动力。

2. 2011～2015年建设目标

（1）集聚人口：通过职业培训，教育移民，促进北川山区人口进一步向新县城流动，外来人口逐渐增加。

（2）完善功能：工业园区稳步运转，并适时调整产业发展思路。旅游服务功能得到加强，旅游接待设施进一步提升，特色商业街区形成人气。

（3）彰显特色：主要的风貌街区形成规模，滨河城市功能进一步开发，城市特色风貌初步形成。

3．2016～2020年建设目标

（1）提升地位：作为中国唯一一个实现特大地震灾后整体异地重建的城市，新县城在实现其标志性的历史意义的同时，进一步开拓进取，总结经验，努力成为中国小城市发展的典范。

（2）扩展功能：通过旅游接待设施的进一步开发建设，增强新县城对区域旅游资源的综合管理能力，扩大游客接待和综合服务的覆盖范围，做实区域旅游接待中心的城市职能。完善工业园区的开发建设，为

实现城市的整体发展目标，进行必要的工业用地重新组织和产业升级。进一步开发旅游和民族文化产业。

（3）服务周边：新县城将在具备比较完整的社会公共服务体系，形成初具规模的产业体系的基础上，除了继续带动北川县社会经济全面发展，同时还应立足区域整体发展的要求，采取有效政策和措施，加大对周边安县地区发展的带动。

9.3.2.4 城市空间功能结构与用地布局

1．用地建设适宜性分区

根据土地生态适宜性评价、建设用地条件评价、资源环境保护、现状建设用地范围等条件，在城市规划区范围内划定禁建区、限建区、适建区和已建区。在禁建区范围内，进一步划定城市生态保护区（图9-10）。

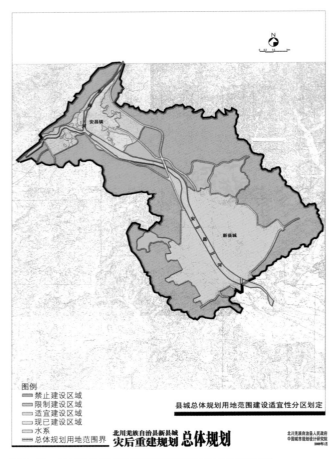

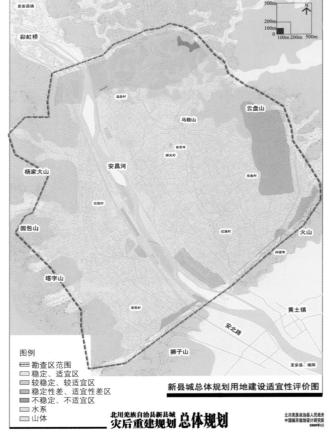

图9-10 县城总体规划用地范围建设适宜性分区划定图

2. 城市空间功能结构与用地布局

坚持集约、节约地使用土地，在满足城市功能、保证城市安全的前提下紧凑发展。加强对浅丘、山地区域的适当使用。城市内部各种功能用地布局合理、使用便利。沿城市中心地区、主要干道布置城市重要公共服务设施用地，滨水地区及通风与景观良好的区域布置居住用地，城市下风及侧风区域布置工业用地（图9-11）。

北川新县城的用地结构为：一廊、一环、一带、一轴。一廊为安昌河河谷生态廊道；一环为沿山东大道和新川大道形成的城市公共服务设施环；一带为结合原有水系设置的带形城市公园；一轴为贯穿东西两岸、包含羌族风貌商业街、抗震纪念园和文化中心等重要设施的城市空间轴线（图9-12）。

新县城人口规模为7万人，新县城城市建设用地规模为7.14km²，人均建设用地102m²。新县城开发建设以多层与低层为主，工业厂区鼓励使用多层厂房；容积率与建筑密度控制在保证相应开发量的基础上，注重考虑对城市风貌的影响。

9.3.2.5 居住用地与住房建设

居住用地规划形成6个居住单元，安昌河东有开茂、温泉、顺义、红旗、白杨坪5个居住单元，安昌河西为红岩居住单元。2020年新县城居住用地共201.79hm²，人均居住用地28.83m²（图9-13）。

按照城市居住区规划设计规范，配建中小学、托幼、文体、商业服务、金融邮电、市政公用等公共服务设施，充分考虑老年人、儿童和残障人士等弱势群体的特殊需要，特别加强老年公寓、老年活动中心、青少年活动中心和残疾人专用设施建设。

新县城除开茂组团由于处在浅丘地带，容积率按1控制外，居住用地以容积率1.4～1.6进行控制，建设4～6层的住宅为主。新县城住房建设总量在194万m²左右，人均住宅建筑面积27.7m²，住房总建设套数按2.6万套控制。住宅应严格按照建设标准和抗震设防标准进行建设，在住房建设中落实节能减排、绿色建

筑等国家发展政策。

优先保证保障性住房建设的用地需求，分期落实保障性住房建设要求，近期启动廉租房和安居房的建设，落实受灾群众安置。其中，安昌河东安排85.3hm²，安昌河西安排14.7hm²的用地，用于以保障性住房为主的开发建设。总共安排4万～4.3万人左右。对于2015年后保障性居住用地供给、保障性住房建设量和建设标准允许根据当时住房供需实际情况进行调整，以适应城市发展需求。

安昌河东安排72.9hm²，安昌河西安排28.9hm²的以商品房为主的建设用地。共安排2.7万～3万人。商品房主要规划在中远期进行建设。保障性住房总建筑面积占住房开发总面积的48%，安居房每套建筑面积控制在40～80m²，以60m²左右户型为主，廉租房每套建筑面积控制在40m²左右。商品房以90m²左右的中小户型为主，严格控制户型面积超过120m²的商品房建设（图9-14）。

9.3.2.6 公共管理与公共服务设施用地

用地分布图如图9-15所示。

1. 行政及事业单位

行政及事业单位用地指党政行政机关、党派和团体等县属机构以及其他行政管理机构和事业单位的办公用地。满足灾后各行政及事业单位发展需求，建立完整的行政管理体系。根据国家政策要求控制其用地规模。

行政服务中心规划布置在齐鲁大道公建带，紧邻云盘河带状公共绿地。规划行政及事业单位用地8.39hm²，占城市建设用地的1.18%，人均1.20m²。

2. 公益性服务设施用地

公益性服务设施指城市必须设置的公共服务设施，包括文化娱乐设施用地、体育设施用地、医疗卫生设施用地、教育科研设施用地、社会福利设施用地以及文物古迹用地等。形成功能齐全、配套合理的现代化公益性服务设施网络，满足灾后北川新县城对各项服务设施的需求。公益性服务设施布置与城市绿地

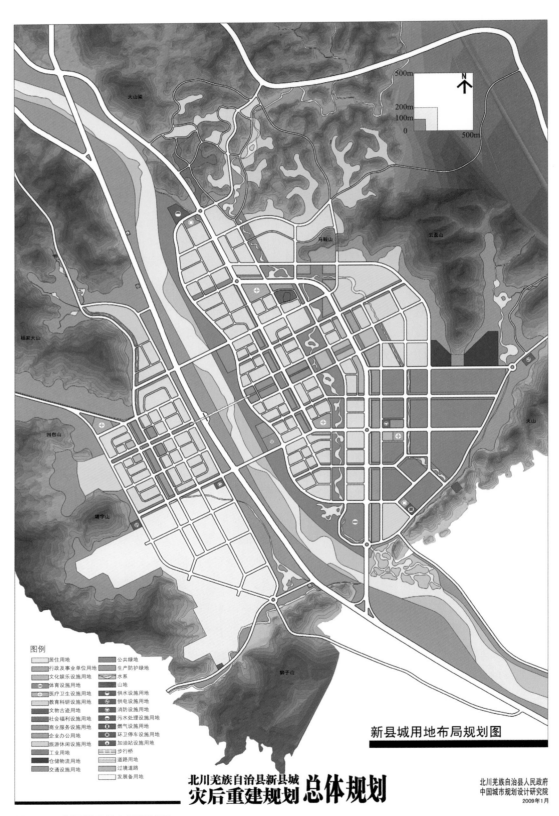

图9-11　新县城用地布局规划图

安昌何生态廊道▶

▲城市公共空间主轴

▲公共服务设施环

▲城市休闲绿带

图例

安昌河滨河休闲绿带
观音河城市带状公园
旅游休闲及文化产业功能区
文化教育功能区
行政办公功能区
商业服务功能区
企业办公与生产服务功能区
体育功能区
居住功能区
产业园区
发展备用片区

新县城用地布局结构分析图

北川羌族自治县新县城
灾后重建规划 总体规划

北川羌族自治县人民政府
中国城市规划设计研究院
2009年1月

图9-12　新县城用地结构分析图

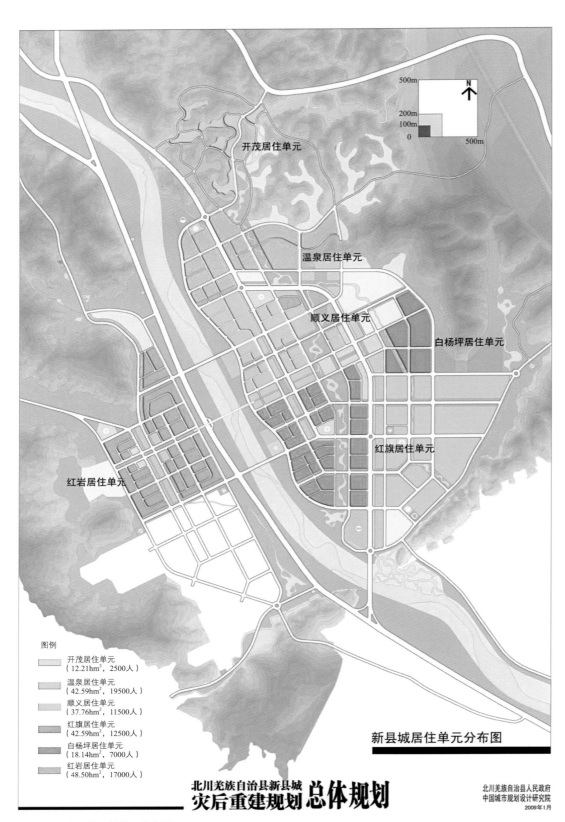

图9-13 新县城居住单元分布图

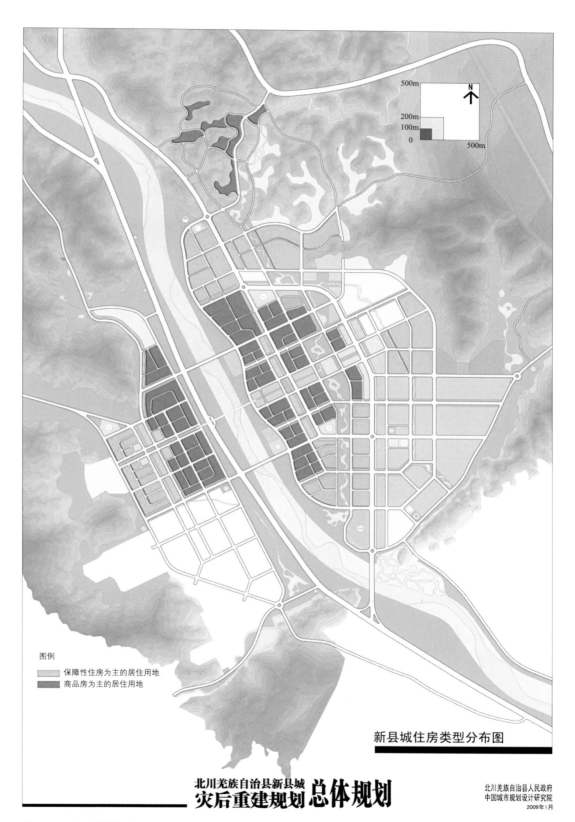

图9-14　新县城住房类型分布图

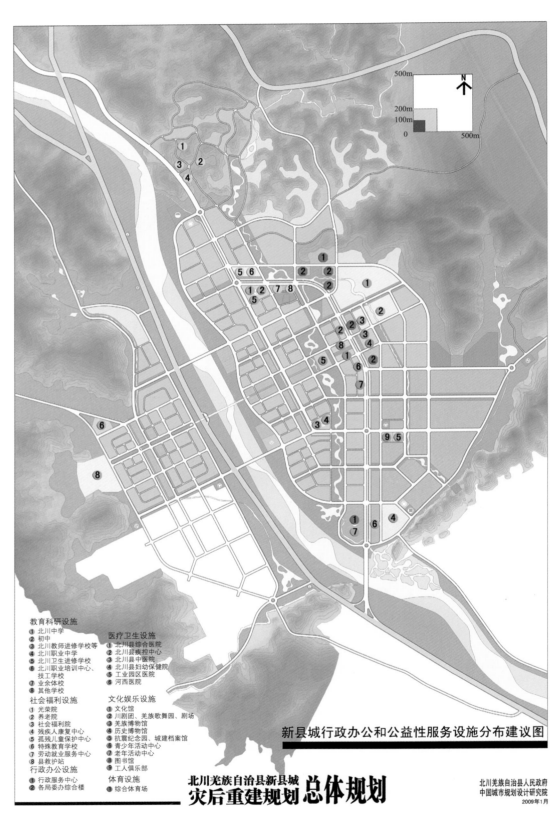

教育科研设施
① 北川中学
② 初中
③ 北川教师进修学校等
④ 北川职业中学
⑤ 北川卫生进修学校
⑥ 北川职业培训中心、
　技工学校
⑦ 业余体校
⑧ 其他学校

社会福利设施
① 光荣院
② 养老院
③ 社会福利院
④ 残疾人康复中心
⑤ 孤残儿童保护中心
⑥ 特殊教育学校
⑦ 劳动就业服务中心
⑧ 县教护站

行政办公设施
① 行政服务中心
② 各局委办综合楼

医疗卫生设施
① 北川县综合医院
② 北川县疾控中心
③ 北川县中医院
④ 北川县妇幼保健院
⑤ 工业园区医院
⑥ 河西医院

文化娱乐设施
① 文化馆
② 川剧团、羌族歌舞园、剧场
③ 羌族博物馆
④ 历史博物馆
⑤ 抗震纪念园、城建档案馆
⑥ 青少年活动中心
⑦ 老年活动中心
⑧ 图书馆
⑨ 工人俱乐部

体育设施
① 综合体育场

新县城行政办公和公益性服务设施分布建议图

北川羌族自治县新县城
灾后重建规划 **总体规划**

北川羌族自治县人民政府
中国城市规划设计研究院
2009年1月

图9-15　新县城行政办公和公益性服务设施分布建议图

系统、水系和广场等城市开敞空间相协调，创造出良好的城市景观。规划公益性服务设施用地64.76hm²，占城市建设用地的9.07%，人均9.25m²。

9.3.2.7　工业用地与产业发展

新县城工业用地主要为山东工业园区，布局于安昌河东侧的71、72、74、80、81、82、87、88、89、93、94和99号街坊。工业用地规模为67.22hm²，工业用地占城市建设用地的9.42%，人均工业用地9.6m²（图9-16）。

工业用地中小规模标准厂房区适宜布置没有特殊厂房需求的中小企业，要求建设多层标准厂房，容积率控制在1.6～2.5之间。专业厂房区适宜布置对厂房尺寸有特殊工艺需求的特定企业，专业厂房的容积率应不小于1。

产业布局应在县域内特别是山前河谷地区统筹规划，不适合在新县城发展的项目可考虑在永安、香泉和原安昌镇布局（图9-17）。

9.3.2.8　生活环境规划

1.　道路交通设施

构建安全、绿色、便捷、集约的新县城综合交通体系。贯彻"以人为本，安全主导"，创建以绿色交通系统为主导的交通发展模式，提升公共交通和慢行交通的出行比例，减少对小汽车的依赖，实现低能耗、低污染、低土地占用、高效率、高服务品质、有利于社会公平，成为绿色交通发展典范。

新县城交通发展策略为：①可达主导。以活动的可达性的提高作为交通规划的核心，全面落实新县城交通安全、便捷的总体目标。②慢行优先。以步行和自行车交通方式作为出行活动的优先方式，保障行人安全性，提高慢行环境质量。③分区限速。将县城核心区范围设置为低速交通区，以行人安全为主导，适当限制机动车交通速度。将新县城出入口区设置为过渡区，以空间分离和机非隔离为手段，实现机动车车速由快到慢的过渡。④空间协调。优化协调道路空间资源，统筹道路与周围建筑之间的关系，营造多样性

的、开放的道路活动空间，体现集约、绿色交通的总体目标。

新县城对外出入口共有13处，其中6处衔接干线公路，包括：成青公路南口、成青公路北口、绵阳方向出入口（山东大道）、绵阳方向出入口（绵北快速通道）、江油方向出入口、乐兴方向出入口；7处衔接周围乡镇，包括安昌镇出入口、安乐公路出入口（3处）、江安公路出入口（3处）。

新县城道路按照功能分为公路、综合干路、交通干路、居住区干路、工业区干路、滨河路、支路、步行专用路八种类型。新县城道路网络布局采取以景观控制宽度、以可达性控制密度的原则，形成分区特色、干支协调的高密度道路网络（图9-18）。

2.　市政工程设施

各项市政设施均应按规定进行抗震设防。西羌北桥和西羌南桥均有供水、燃气、电力、通信管线通过，在桥梁设计时应统筹安排。合理进行施工组织，各种地下管线尽量与道路工程同步建成，避免"拉链式"的地下施工。应特别重视地下管线工程的施工质量，进行严格的施工管理，确保工程质量。

1）供水工程

新县城公共供水能力按3.8万m³/日配置，人均综合用水量控制在450L/日以下（最高日，下同），其中居民生活用水量150L/日。除用水量大的工业企业和县城周边零星用户外，原则上不允许建设自备水源。

供水水源为规划中的开茂水库，在开茂水库建成前，从安昌河岸边抽取地下水。规划水厂1座，供水能力3.8万m³/日，布置在新县城北部安昌河东岸。水厂以地下水为水源时，应配置过滤、消毒等工艺；以开茂水库为水源时，采用常规地面水净水工艺，用地1.6hm²。水厂分两期建设，近期供水能力为1.6万m³/日，远期扩建到3.8万m³/日。原水输水管结合开茂水库建设一次性建成。

沿新川路建设开茂水库至水厂的原水输水管道两条，管径600mm。配水管网采用环、枝结合的形式布

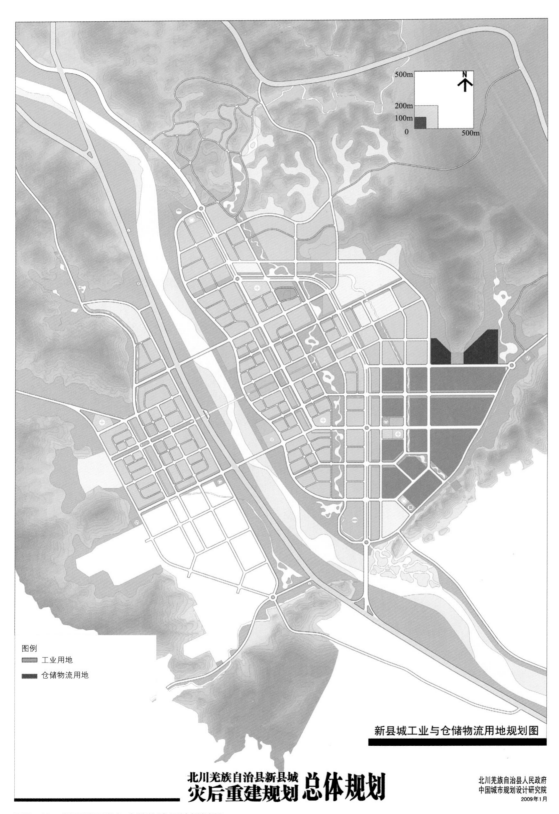

图9-16 新县城工业与仓储物流用地规划图

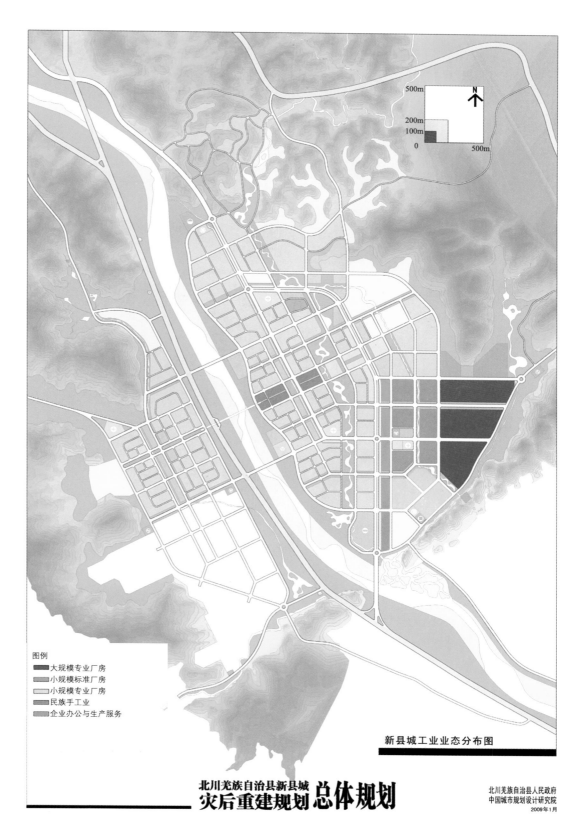

图例
■ 大规模专业厂房
■ 小规模标准厂房
□ 小规模专业厂房
■ 民族手工业
■ 企业办公与生产服务

新县城工业业态分布图

北川羌族自治县新县城
灾后重建规划 总体规划

北川羌族自治县人民政府
中国城市规划设计研究院
2009年1月

图9-17　新县城工业业态分布图

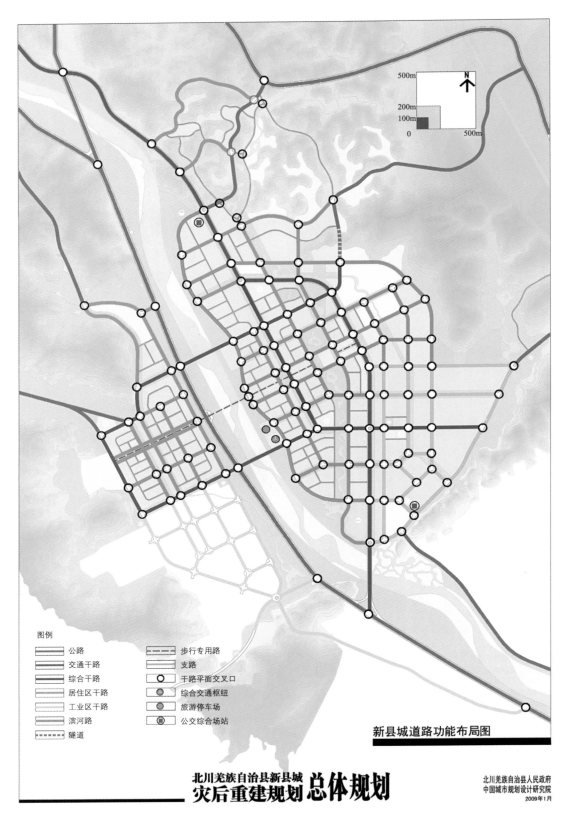

图例

	公路		步行专用路
	交通干路		支路
	综合干路	⊙	干路平面交叉口
	居住区干路	◉	综合交通枢纽
	工业区干路	●	旅游停车场
	滨河路	▣	公交综合场站
	隧道		

新县城道路功能布局图

北川羌族自治县新县城
灾后重建规划 总体规划

北川羌族自治县人民政府
中国城市规划设计研究院
2009年1月

图9-18 新县城道路功能布局图

置，以环状管网为主。城区内不设高位水池，依靠变频水泵满足供水压力。配水管管径小于500mm时采用PE管，大于或等于500mm时采用球墨铸铁管。配水管网根据用地开发分期与道路同步建设（图9-19）。

2）雨水工程

新县城雨水系统按2年一遇标准设计。暴雨强度采用绵阳市暴雨强度公式计算。

城区以新川河、观音河、永昌河、云盘河、蒋家河、桂花河、钻岩子河等天然或人工水系为受纳水体组织雨水排放系统。

按照顺坡、就近的原则，沿道路布置雨水管渠。雨水管渠出口管底标高应高于河底标高0.2m以上。雨水管渠根据用地开发分期与道路同步建设。

管径小于500mm的雨水管采用HDPE双壁波纹管；管径在500～1500mm的雨水管采用钢筋混凝土管；雨水流量超过1500mm管道排水能力的路段采用矩形暗渠（图9-20）。

3）污水工程

新县城污水全部输送到安昌河右岸的黄土镇污水处理厂集中处理。污水处理率达到95%，处理深度为二级，2020年平均日污水量2.4万m³。

生活污水和一般工业废水可直接排入市政污水管道。含特殊成分的工业废水必须在厂内去除特殊成分后才能排入市政污水管道。

新县城和黄土镇共建污水处理厂，厂址位于黄土镇镇区东部，安昌河右岸，处理能力2.9万m³/日，用地3.6hm²。污泥进行厌氧消化处理，产生的沼气进行资源化利用。污水处理厂周边300m范围内不得安排居住和公共服务设施（图9-21）。

4）供电工程

新县城供电能力按6万kW配置，单位面积负荷约0.85万kW/km²，2020年用电量3.53亿kWh，人均2544kWh。

新县城电源来自区域电网。规划110kV变电站2座，均布置在县城边缘。每座变电站容量

2×50MVA，采用六氟化硫封闭式组合电器（GIS）室内布置，用地5000m²。110kV变电站从220kV桑枣变电站（近期建设项目）和安县变电站双电源接入，线路总长66km。110kV线路采用架空线，其走向应避开重要的景观视点。统筹安排区域高压输电线路，110kV及以上线路不得从新县城内部穿过。近期建设110kV1号变电站，进线由220kV安县变电站至桑枣的110kV线路"T"接。远期建设110kV2号变电站。两座变电站的进线逐步调整为220kV桑枣变电站和安县变电站双电源接入（图9-22）。

5）通信工程

建成包括邮政、电信、广播电视在内的综合通信系统，满足新县城数字城市的通信需求。新县城邮政局所分为邮政中心局、邮政支局、邮政所三级。规划邮政中心局1个，布置在齐鲁大道北段，用地6000m²。规划邮政支局3个，分别布置在新川路中段、东部工业区和西部生活区，每个支局用地1000m²。邮政所结合公共建筑设置，服务半径不大于500m（图9-23）。

6）燃气工程

新县城燃气采用天然气，气源来自从中石化天然气管道上接管建设的安昌配气站，设计压力4.0MPa。天然气用户包括居民生活、公共设施、汽车加气和工业用户，供气能力按5万m³/日配置。

规划天然气门站1座，布置在城区边缘安北路安昌方向西侧，站内附设调峰用储配设施，用地2000m²。

具体规划如图9-24所示。

7）环卫设施

新县城推行生活垃圾分类收集。垃圾处理采用焚烧、堆肥和填埋相结合的综合处理方式。焚烧产生的热能用于热水供应。医疗垃圾和其他危险固体废物单独收集后送往绵阳市统一处理。

利用安昌镇现有的南丰垃圾处理场，新建分拣、堆肥设施，扩建焚烧设施和填埋场地。生活垃圾综合处理能力达到100～120t/日，服务新县城、安昌镇以

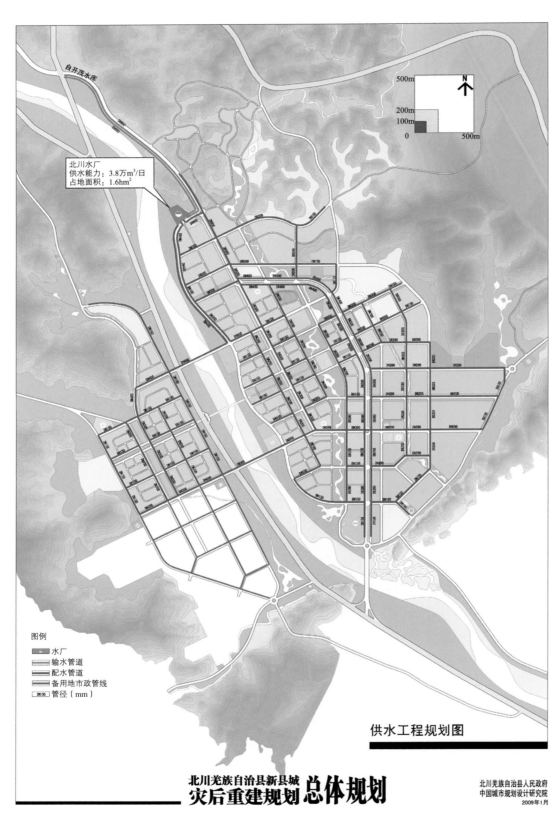

北川水厂
供水能力：3.8万m³/日
占地面积：1.6hm²

供水工程规划图

图例
水厂
输水管道
配水管道
备用地市政管线
DN50 管径（mm）

北川羌族自治县新县城
灾后重建规划 总体规划

北川羌族自治县人民政府
中国城市规划设计研究院
2009年1月

图9-19 新县城供水工程规划图

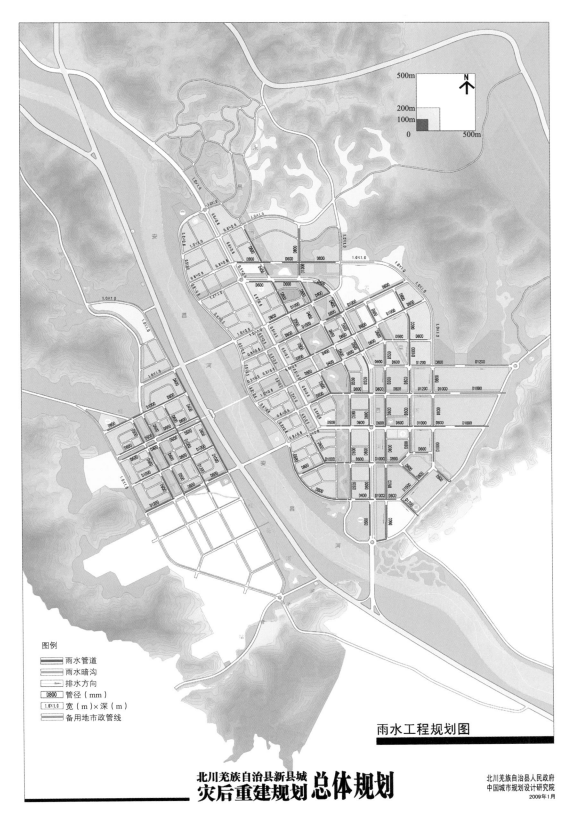

图9-20 新县城雨水工程规划图

图9-21 新县城污水工程规划图

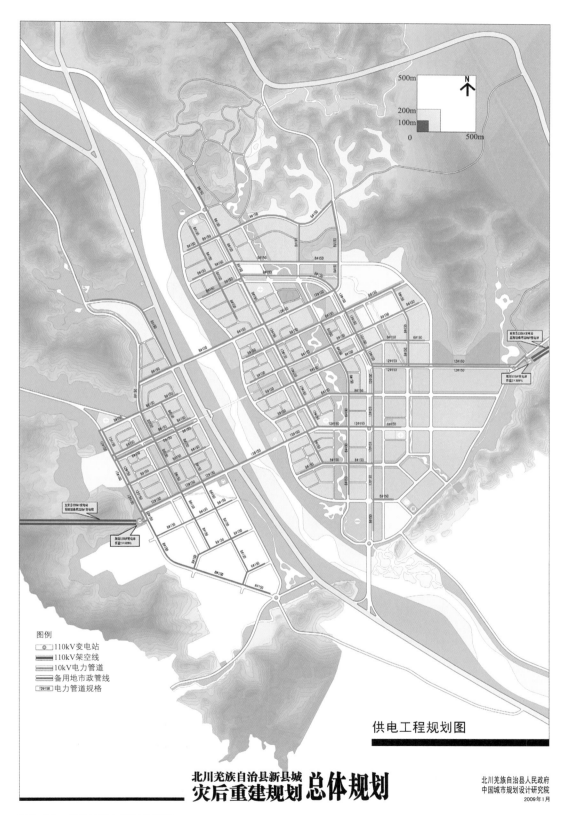

图9-22 新县城供电工程规划图

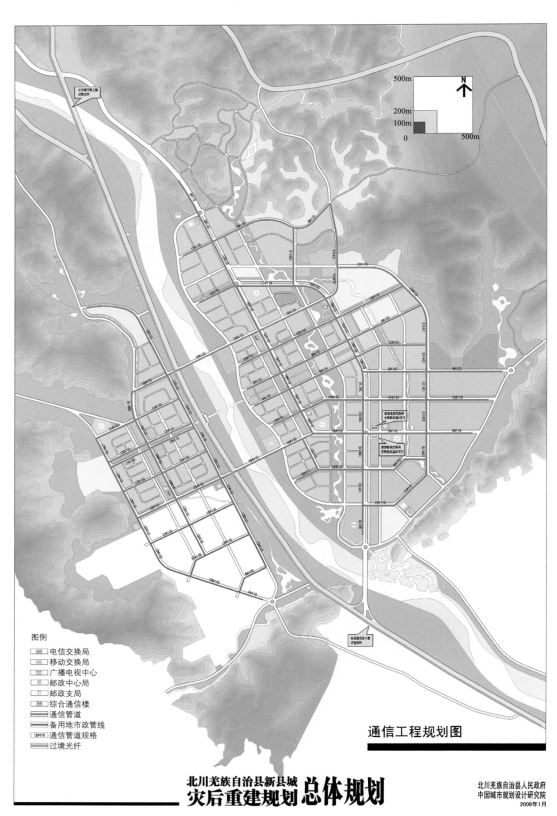

图例
- 电信交换局
- 移动交换局
- 广播电视中心
- 邮政中心局
- 邮政支局
- 综合通信楼
- 通信管道
- 备用地市政管线
- 通信管道规格
- 过境光纤

通信工程规划图

北川羌族自治县新县城
灾后重建规划 总体规划

北川羌族自治县人民政府
中国城市规划设计研究院
2009年1月

图9-23 新县城通信工程规划图

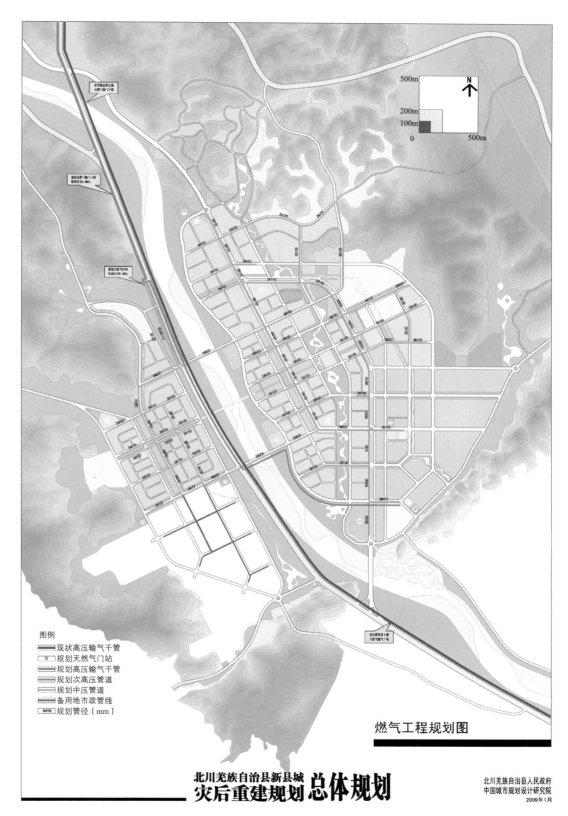

燃气工程规划图

图9-24　新县城燃气工程规划图

及周边农村。

扩建生活垃圾综合处理厂,近期处理能力达到80t/日,远期为100~120t/日。其他环卫设施根据用地开发分期在同期配套建设。

具体规划如图9-25所示。

8)地下管线综合

新县城地下管线包括为县城服务的供水管、雨水管渠、污水管、电力管道、电信管道、燃气管道、路灯电缆和区域性市政管线。各种管线均平行于道路布置。在主、次干路机动车道下原则上不布置地下管线。布置在支路机动车道下的地下管线,应结合机动车道划线,布置在一条车道中间。除齐鲁大道供水管和污水管双侧布置外,其余道路各种管线均单侧布置。电信管、燃气管、污水管一般布置在道路西侧或南侧;电力管、供水管一般布置在道路东侧或北侧;齐鲁大道雨水管布置在中间绿化带下,其余布置在道路东侧或北侧;路灯电缆沿灯杆直埋敷设。现状安北路西侧的永安镇至黄土镇燃气管线、绵阳至擂鼓镇通信光缆等区域性市政管线走廊应加以保护。

布置在市政道路下的雨污水管,覆土应考虑街区内雨污水接入。雨水管起点覆土一般不小于1.5m,污水管起点覆土一般不小于2.2m。以新川河为受纳水体的雨水管覆土可减少到0.7m。供水管、电力管、电信管、燃气管起点覆土不小于0.7m。

具体规划如图9-26所示。

3. 城市绿地系统与风景旅游

建设成为具有灾后重建示范作用、川西地域特色及羌族文化鲜明的国家生态园林县城,形成"一环、两带、四河、多廊"网络状绿地系统布局,绿地指标达到:新县城绿地面积163.88hm²,占城市建设用地的22.96%,人均绿地23.41m²;其中,公共绿地114.31hm²,占城市建设用地的16.01%,人均公共绿地面积16.33m²。城市绿地率45.09%;城市绿化覆盖率46%左右。

规划沿安昌河东岸、观音河设置两处大型带状公园,其中安昌河东岸结合堤防建设和城市体育设施,形成环境良好的滨水生态休闲健身公园;沿观音河设置80~200m宽绿地,建设具有纪念、游憩、文化、生态、休闲、健身等综合功能的亲水公园。新县城内部沿改造人工水系,两侧各设置5~15m的绿带,建设方便居民使用的绿色亲水空间。规划沿主要东西向干道两侧各控制20m宽绿带,形成多条山水生态廊道。

安北路两侧带状绿化带规划为生产防护绿地,在避免过境交通干扰的同时,加强经济植被和景观树种的种植,美化道路景观,提高土地利用的经济性。

具体规划如图9-27所示。

严格保护安昌河生态廊道,加强两侧河岸绿化建设,充分利用滩涂资源丰富城市绿化环境。城市主要干路加强绿化景观建设,形成网状的道路绿化体系,联系各类城市绿化空间,塑造宜人的绿色交通环境。充分保护新县城周边自然山体,形成城市外部绿色背景,有效提高城市绿化效果,突出城市整体的生态特征,塑造山水城市的景观风貌。在城市中各居住社区中心规划布置小型绿化公园,形成城市绿地系统中的点状绿化空间,作为街区公共中心,方便社区居民就近使用。

规划依托现存寺庙、新建纪念与文化设施、羌族特色风貌区、景观水系与绿地以及周边郊野风景公园构建新县城风景旅游体系,建设内部新县城风貌和民族风情、外部郊野山林风景两大游线,以及跨安昌河的西羌廊桥,经羌族风貌区、步行商业街、抗震纪念园、沿观音河至皇恩寺、马鞍山的新县城特色步行游线。规划沿安昌河东侧设置旅游服务中心、停车场和旅游宾馆,在县城北部丘陵地带设置旅游休闲设施。

4. 水系

充分利用天然河流和人工灌渠,在新县城内部和边缘形成8条水系,即安昌河及其以东的新川河、观音河、永昌河、云盘河和蒋家河,安昌河以西的桂花河和钻岩子河。

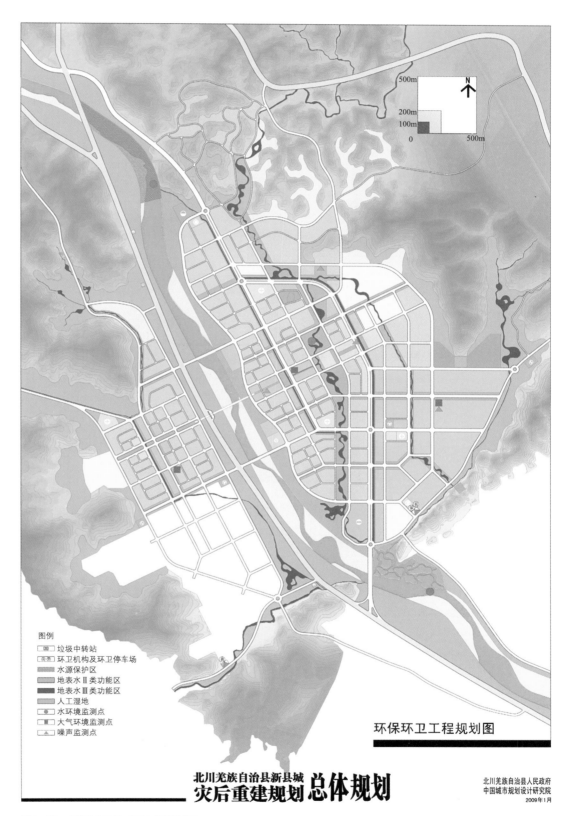

环保环卫工程规划图

北川羌族自治县新县城
灾后重建规划 总体规划

北川羌族自治县人民政府
中国城市规划设计研究院
2009年1月

图9-25　新县城环保环卫工程规划图

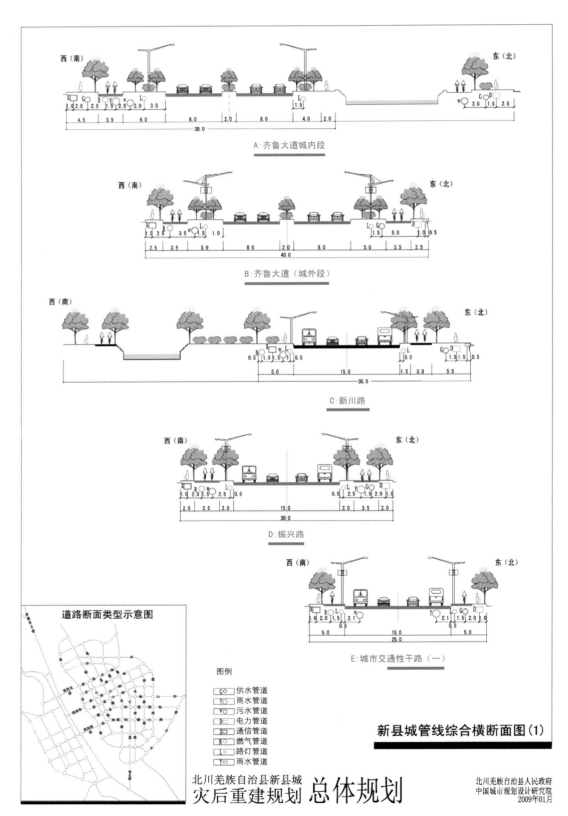

A:齐鲁大道城内段

B:齐鲁大道（城外段）

C:新川路

D:振兴路

E:城市交通性干路（一）

道路断面类型示意图

图例

G⊙ 供水管道
Y⊙ 雨水管道
W⊙ 污水管道
D□ 电力管道
通信管道
X 燃气管道
路灯管道
Y 雨水管道

新县城管线综合横断面图(1)

北川羌族自治县新县城
灾后重建规划 总体规划

北川羌族自治县人民政府
中国城市规划设计研究院
2009年01月

图9-26 新县城管线综合横断面图（一）

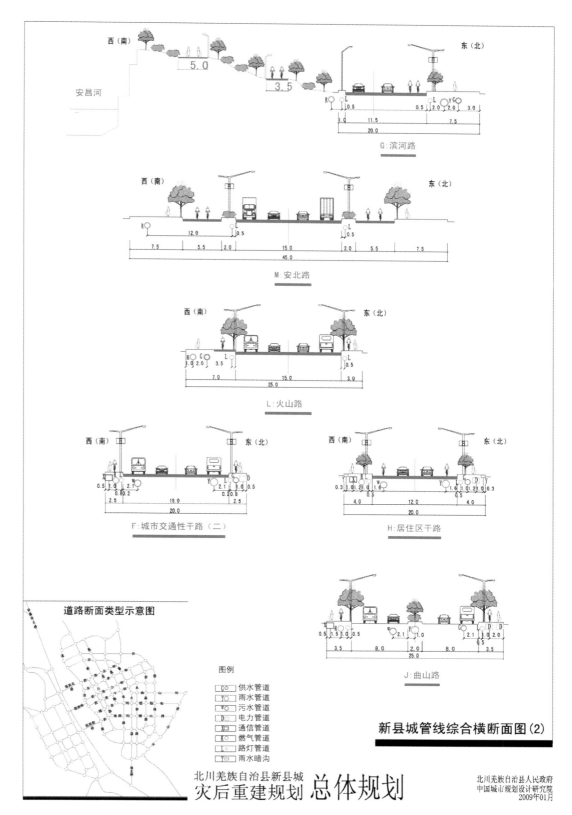

图9-26　新县城管线综合横断面图（二）

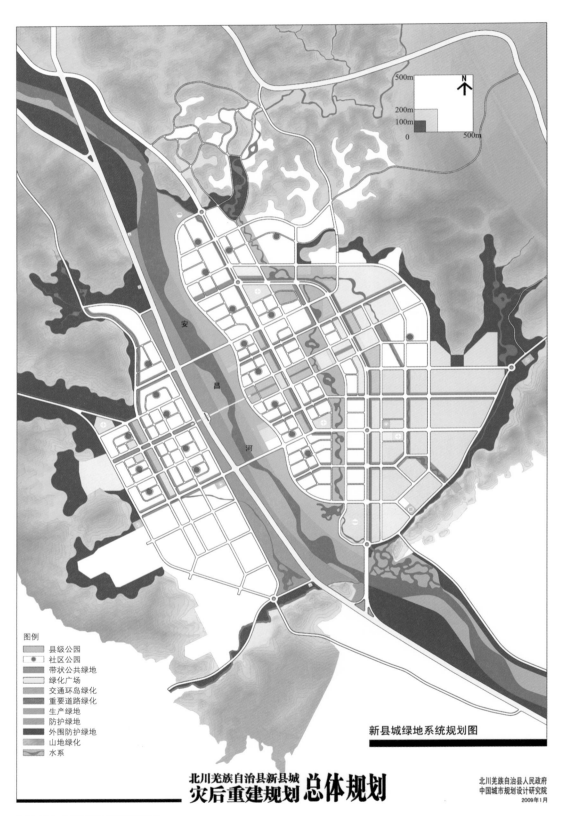

图例
- 县级公园
- 社区公园
- 带状公共绿地
- 绿化广场
- 交通环岛绿化
- 重要道路绿化
- 生产绿地
- 防护绿地
- 外围防护绿地
- 山地绿化
- 水系

新县城绿地系统规划图

北川羌族自治县新县城
灾后重建规划 总体规划

北川羌族自治县人民政府
中国城市规划设计研究院
2009年1月

图9-27　城市绿地系统规划图

各水系的功能是：新川河北段以引水为主，南段以景观为主；观音河以景观为主兼顾排洪和城市排水；永昌河以排洪为主兼顾景观和城市排水；云盘河以景观为主兼顾城市排水；蒋家河、桂花河和钻岩子河以排洪为主兼顾城市排水。

安昌河以东的天然河流是流域内洪水的主要通道，水系建设期间应考虑排洪需要，确保行洪安全（图9-28）。

5. 资源节约与环境保护

1）资源节约

建立以地区输电、输气系统为依托的基本能源保障体系，保证能源供给安全可靠。依托地区资源优势，发展可再生能源为补充的能源供给方式。严格执行国家和地方现行的建筑节能法规和标准。保证冬季居住建筑室内日照充足，提高室内自然采光质量，降低建筑能耗。提高建筑工程（小区）平面绿化率和垂直绿化率，降低城市热岛效应。构建以步行、非机动车及公交为主导的绿色交通体系，提供安全、便捷、高效、舒适的交通服务。设置CNG加气站并开展CNG公交车运营，实现节能减排。

合理确定用水定额以及水厂和供水管线规模。结合城区供水要求，优化水厂供水压力，降低供水能耗和管网爆管次数。选用抗震、密闭性能高的PE管材，加强施工和运营管理，把管网漏失率控制在10%以下。积极推广使用节水设备和器具，并推行科学计量。鼓励发展节水节能产业。在工业园区推广先进节水工艺，实施循环用水和梯级用水，降低单位产值新鲜水用量。通过媒体宣传、经济鼓励等手段，增强全民节水意识，建成节水型城市。

2）环境保护

坚持环境保护与城市建设并重，尊重自然地形地势，保护自然景观，把新县城建设成山清水秀、空气清新、资源节约、环境友好的宜居城市。新县城大气质量功能区划主要分两类，一类区为北山坡旅游度假区及生态护育区，二类区为规划建成区中除一类区以外的所有地区，各区按功能区要求达标。安昌河总体水质达到地表水Ⅱ类水质标准，城区内河流水质达到地表水Ⅲ类水质标准；城区污水集中处理率达到95%。

工业布局考虑主导风向和静风频率高的特点，工业布置在城区的南部。严格限制有大气污染隐患的产业发展。重点发展农副产品加工、新型建材、纺织服装等传统劳动密集型产业和旅游产品加工、文化创意等产业。使用清洁能源，企业优先采用能源利用率高、污染物排放量少的清洁生产工艺。加大节能力度，推广使用节能工艺、设备和产品，减少能源需求和大气污染物排放量。控制机动车尾气污染，防治交通和建筑施工扬尘污染。

节约用水，推广使用节水型设备和产品，减少用水量和污水排放量。在工业区推广清洁生产和先进节水工艺，提高工业循环用水率，降低单位产值新鲜水用量，从源头控制污水排放量。协调建设污水管网和污水厂，规划远期县城污水集中处理率达到95%。对排入湖体的初期雨水进行截流，避免对水系造成污染。

在河西区、河东工业区和商业街设置大气监测点，对大气主要污染物进行监测，确保大气环境质量达标。在新川河与安昌河引水处、观音河中部以及蒋家河与安昌河汇流处设置水质监测点，对这些断面的主要污染物进行监测。结合规划用地布局，分别在行政中心、商业街、工业区内和齐鲁大道旁设置噪声监测点。结合城市和道路建设，建立完善的污水收集系统，使污水管网收集范围达到95%以上。

6. 总体城市设计

借景周边丰富的山水自然资源，依山就势，理水筑城，营造山环城景，打造川西山水生态绿城。组织城市内部的空间体验系统，点线结合，网络支撑，丰富空间体验，打造绵阳宜居活力新城。塑造民族特色的城市景观风貌，师法传统，兼顾经济，彰显地域民风，塑造羌地特色标志名城。

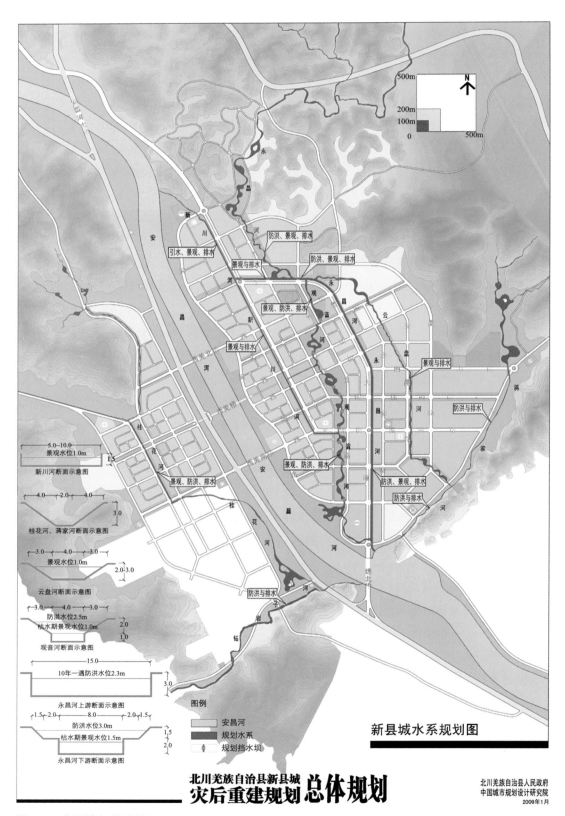

图9-28 新县城水系规划图

7. 城市风貌片区

为了更好地形成统一的城市风貌，规划采取分类、分区控制的策略，从空间类型上分为街、区两类，从风格手法上分为原汁原味、精华传承与现代演绎三种，从风貌类型上分为羌族风貌、汉羌风貌两型，兼顾地域与民族双重特色，平衡特色与经济双重考量，在体现城市建筑功能特征的基础上，力求准确传达体现民族历史与文化特征的信息（图9-29～图9-31）。

9.3.2.9 综合防灾（图9-32）

1. 城市安全

加强公共安全设施及生命线工程建设，合理安排避难疏散场地和应急救援通道，提高县城抗御灾害和应对突发事件的能力，建立健全灾害预防和紧急救援体系，保障县城可持续发展和市民生命安全。

新县城建设用地应尽量避开岩溶塌陷区、采空区等地质不良区域。易燃易爆物危险品的生产企业和仓储不得建在城区内，调压站、门站、加油站等日常供应设施，应严格按照消防要求与周围建筑保持足够的防火安全距离。布置足够的城市疏散避灾空间，避难疏散地应设立明确的标识，面积在2万m²以上的防灾疏散场地应设置供水、排水、供电等市政公用设施。紧急、临时和固定避难场所的规划建设应与学校、公园绿地、体育场馆、纪念馆、城市广场等公共设施建设相结合。规划设置8个固定避难场所，固定避难场地总面积0.65km²，平均每个固定避难场地服务半径为600m。

2. 城市防洪

安昌河设防标准为50年一遇，区内的观音河、永昌河、蒋家河等河道防洪标准为10年一遇。

按照规划设防标准加高加固安昌河两岸堤防，新建或整治观音河、永昌河、蒋家河、桂花河等排洪河道。安昌河两岸堤防建设和城区水系建设应尽量满足城市景观要求。

3. 抗震防灾

根据《建筑抗震设计规范》GB 50011—2001

（2008年版，现已有《建筑抗震设计规范》GB50011—2010），本区抗震设防烈度为Ⅶ度，设计基本地震动峰值加速度值为0.15g，设计地震分组为第二组。

新建工程必须按国家颁布的《建筑物抗震设计规范》进行抗震设计和建筑设计，并达到标准要求。交通、供水、供电、通信、医疗卫生、粮食供应和消防等生命线系统应比基本烈度提高Ⅰ度进行抗震设防，保证发生地震时各系统能够基本正常。

4. 消防规划

在安昌河东区建设一座普通消防站，布置在齐鲁大道与曲山路口东南方向，占地面积6000m²；在西区预留一座普通消防站。

消防供水主要靠城市供水系统解决，并尽可能利用区内河道与湖泊作为消防水源。在城区道路上室外消火栓间距不应大于120m，流量不小于15L/S。

5. 人防规划

人防建设应与城市建设和地下空间开发利用相结合。按国家规定标准修建人防工程。一般人员掩蔽建筑面积按1.0m²/人标准配置，专业队按3m²/人标准配置。

结合民用建筑修建防空地下室。新建10层以上或者基础埋深大于3m以上的民用建筑，按照首层面积修建防空地下室。修建9层以下，基础埋深小于3m的民用建筑，按照地面总建筑面积的2%修建防空地下室。

9.3.2.10 规划控制与实施

1. 规划控制

规划确定的控制内容包括县城总体规划用地范围建设适宜性分区划定（"四区"），城市道路红线、文物紫线、河流蓝线、绿地绿线和设施黄线（"五线"）的划定，开发强度控制、容量控制、设施控制以及城市设计控制。

"四区"划定是在县城总体规划用地范围内，以现状的开发建设条件和土地生态适宜性评价、建设用地条件评价、环境保护、生态隔离、水源保护和

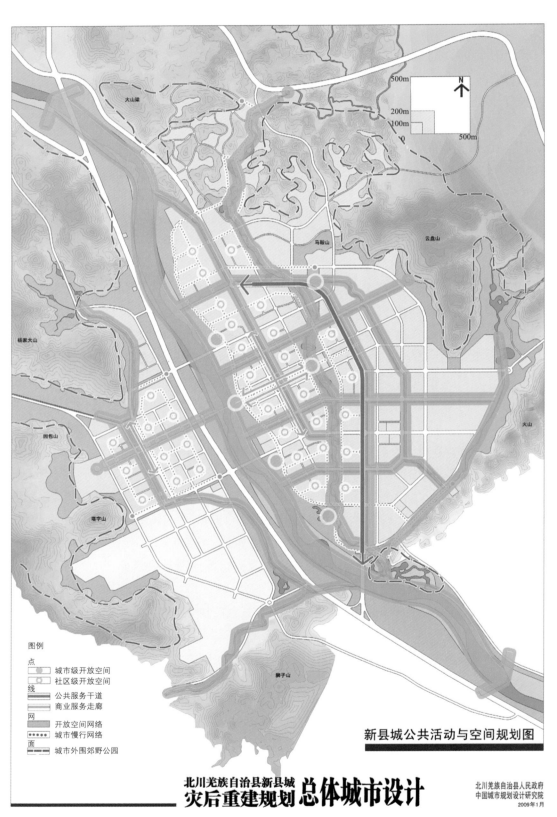

图9-29 新县城公共活动与空间规划图

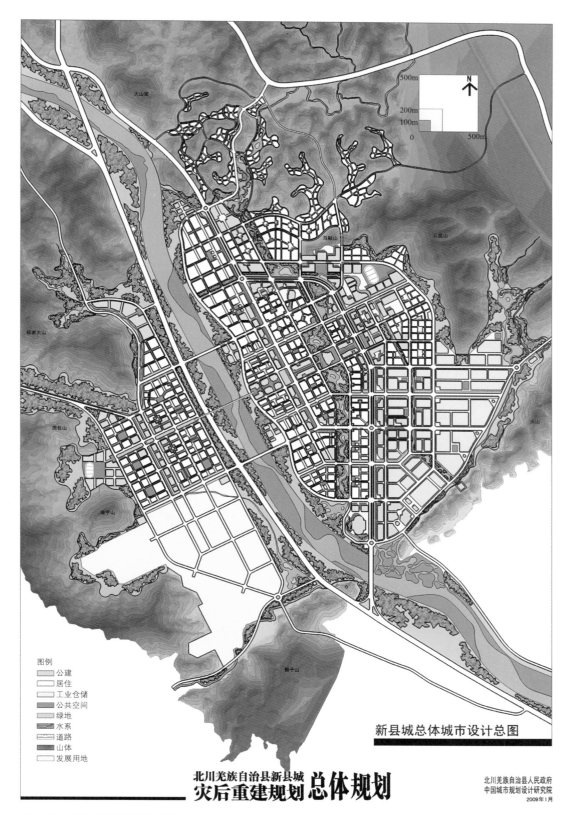

图例
公建
居住
工业仓储
公共空间
绿地
水系
道路
山体
发展用地

新县城总体城市设计总图

北川羌族自治县新县城
灾后重建规划 **总体规划**

北川羌族自治县人民政府
中国城市规划设计研究院
2009年1月

图9-30　新县城景观结构分析图

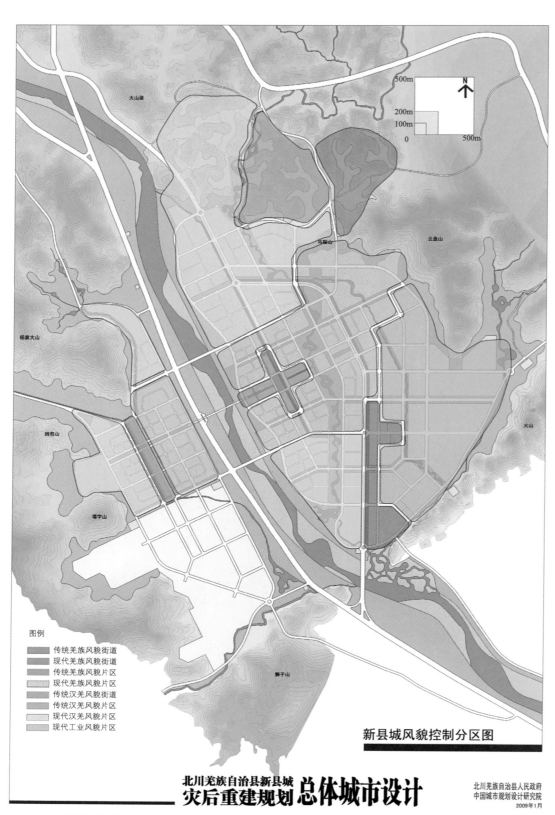

图例
- 传统羌族风貌街道
- 现代羌族风貌街道
- 传统羌族风貌片区
- 现代羌族风貌片区
- 传统汉羌风貌街道
- 传统汉羌风貌片区
- 现代汉羌风貌片区
- 现代工业风貌片区

新县城风貌控制分区图

北川羌族自治县新县城
灾后重建规划 总体城市设计

北川羌族自治县人民政府
中国城市规划设计研究院
2009年1月

图9-31　新县城风貌控制分区图

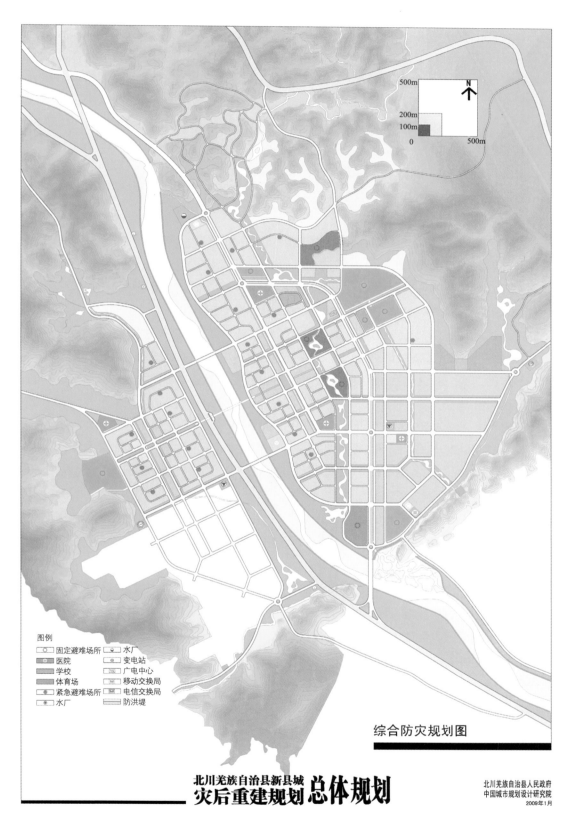

图9-32　新县城综合防灾规划图

资源保护等要求为基础，确定县城总体规划用地范围内开发建设许可分区，包括禁建区、限建区、适建区和已建区四类。"四区"的控制应符合本规划的相关规定。

道路红线指规划道路的路幅边界线。道路红线控制包括新县城内的综合干路、交通干路、居住区干路、工业区干路、滨河路和山区干路的走向、路幅宽度、断面形式、道路绿化形式以及建筑后退要求。禁止侵占道路用地进行其他开发建设。

"紫线"指规划范围内历史建筑的保护范围界限。"紫线"控制指对皇恩寺划定的保护范围内禁止拆除、开发、损坏和占用历史建筑；及时修复破坏的建筑物、构筑物及其他设施；保护皇恩寺内部的园林绿化、道路及树木。

"绿线"指城市各类绿地范围的控制线，包括城市绿地范围内的公共绿地、防护绿地。"绿线"控制包括安昌河沿岸的公共绿地及防护绿地、观音河带状城市公园、规划绿色廊道和水系及水系两侧的公共绿地；以及控制绿地系统"一环、两带、四河、多廊"的规划布局；"绿线"内的用地不得改为他用，不得违反法律法规、强制性标准以及批准的规划进行开发建设；临近山体的城市建设用地边界应严格按照法定规划确定的边界进行建设，禁止侵占山地和生产防护绿地。

"蓝线"指城市规划确定的河、湖、渠等城市地表水体保护和控制的地域界限。"蓝线"划定应保持安昌河、观音河与其他规划水系的用地边界、河流走向，统筹考虑水系的整体性、功能性与安全性，改善新县城生态与人居环境，保障水系安全。"蓝线"控制范围内禁止违反蓝线保护与控制的建设活动，禁止填挖、占用蓝线内水域，禁止擅自建设各类排污设施以及一切对城区水系构成破坏的活动。

"黄线"指对城区发展全局有影响的，城市规划中确定的、必须控制的城市基础设施用地的控制界限。"黄线"划定的各项设施的规模、方位不得随意改动，禁止违反城市规划要求，在"黄线"范围内进行建筑物、构筑物及其他设施的建设；禁止未经批准，改装、迁移或拆毁城市基础设施。

规划按照用地性质的分类，并针对各类用地的区位条件、开发类型以及空间形态要求对街坊进行开发强度控制，控制的内容包括建筑层数、容积率及建筑密度。

容量控制包括建筑规模控制与居住人口控制。规划以街坊为单位对规划范围内的城市建设用地进行控制，根据每类用地的开发建设强度，确定每个街坊的建筑规模；再根据总体规划中确定的规划人口，按照居住用地的开发类型，落实各街坊可容纳的居住人口。

设施控制指公益性服务设施控制和基础设施控制。基础设施中包括市政工程设施和交通设施。公益性服务设施控制包括各项设施的内容、规划布局、用地规模，以及开发强度控制。优先安排公益性服务设施，防止其他建设活动侵占公益性服务设施用地。交通设施控制包括道路红线宽度、道路横断面布局、道路横断面形式，以及各交通设施的规模与布局。结合新县城的实际特点，本着节约用地的原则，在保证道路交通功能的基础上确定道路红线宽度，保证道路无障碍设施的连续，交通设施用地上优先安排综合交通枢纽、公共交通设施的用地。市政工程设施控制包括各项设施的内容、规划布局、设施规模与用地规模。用地选址既要满足设施本身的功能要求，又要满足城市总体布局的合理性。禁止其他建设活动侵占市政工程设施用地。

城市形态控制要求任何开发建设都应遵循城市形态控制要求，以山水环境控制、肌理形态控制和建筑高度控制为设计依据，不应破坏城市山水格局与肌理形态，不应突破城市设计中规定的建筑高度控制要求。

城市风貌控制要求任何开发建设应落实到具体的风貌分区内，根据各项城市设计控制要求确定其风貌特征，城市风貌控制应作为城市建设的规划依据，禁止破坏城市风貌特征的建设活动。

公共空间控制内容包括各类公共空间的类型与布局，任何建设都应以保护城市公共空间为原则，不得擅自占用、改动城市公共空间布局。

2. 规划实施

按照总体规划分期建设的要求，各部门制定相应规划，深化落实各期建设重点，有步骤地推进新县城的建设。

建立城市规划专家评估委员会，赋予按年度对各项规划进行审核，根据实际建设情况进行调整的权力。

以总体规划作为城市用地管理的根本依据，强化土地集中统一管理措施的实施力度，严格管理各类用地开发控制要求。对于重建项目库中需要大宗用地的建设项目在规划中予以直接落实用地，对于不需要单独用地的重建项目，考虑结合布置的方式，在具体规划建设过程中予以落实；加强对工业用地出让的控制和管理，设立准入门槛，提高工业用地开发强度和土地利用效率。

制定优惠政策，妥善安置受灾群众，维护社会稳定；扩大对农村劳动力的职业技能培训范围，为工业园区发展提供劳动力保障，同时也是逐步提高居民收入水平，实现北川县域城乡协调发展的重要措施。

以地理信息系统（GIS）资源及相关技术为支撑，整合规划管理相关业务资源，建立集中存储管理以及动态更新的规划管理信息资源体系，实现规划编制管理、建设项目规划审批、规划批后管理等规划管理业务的自动化。

加强与安县黄土、花荄、桑枣等镇和绵阳市在产业分工合作、基础设施共享衔接、水资源管理、灾害防治、环境治理等方面的协作。

建立城市规划、发展改革、土地管理、建设管理等部门的联动机制，强化城市总体规划与各部门专业规划和日常管理工作的衔接，推动新县城建设的各项工作有条不紊地进行；规范城市管理的制度、标准与审批程序；依法行政，保证规划实施的合法、公平和效率。

建立健全城市规划的监督检查制度；发挥人民代表大会、政协、各基层社区组织以及社会团体、公众在城市规划实施全过程中的监督作用；建立重大问题的政策研究机制和专家论证制度；建立重大建设项目公示与听证制度；增强城市总体规划公开透明的力度和公信力；设立监督机制，将公众参与引入规划编制、管理的各个阶段。

第10章 舟曲灾后恢复重建规划

舟曲位于甘肃南部，地处西秦岭、岷迭山系与青藏高原边缘，东接陇南，西连迭部，北邻宕昌，南通四川九寨沟。全县总面积3010km²，辖4个镇、15个乡，208个行政村，403个自然村，总人口14.2万人，其中藏族人口5.04万人，占35.8%，是国家级扶贫重点县、"5·12"特大地震和"8·7"泥石流灾害重灾县[34]（图10-1、图10-2）。

由于可利用场地狭小，舟曲的灾后恢复重建工作无法在一个场地上进行，只能采取"小集中与大分散"相结合的方法，用不同组团分担全县的社会、经济服务功能和城镇管理、居住职能。这对以后类似情况的恢复重建具有一定的借鉴意义。

10.1 灾害概况

2010年8月7日22时左右，甘南藏族自治州舟曲县城东北部山区突降特大暴雨，降雨量达97mm，持续40多分钟，引发三眼峪、罗家峪等四条沟系特大山洪地质灾害，泥石流长约5km，平均宽度300m，平均厚度5m，总体积750万m³，流经区域被夷为平地。截至2010年9月7日，舟曲"8·7"特大泥石流灾害中遇难1481人，失踪284人，累计门诊治疗2315人

（图10-3）。

根据调查，舟曲特大山洪泥石流灾害主要涉及城关镇和江盘乡的15个村、2个社区，主要在县城规划区范围内，受灾面积约2.4km²，受灾人口26470人（表10-1、图10-3）。造成灾害发生主要有以下5个原因：

舟曲特大泥石流灾害范围　　表10-1

灾害等级	范围	面积（km²）
极重区域	城关镇的三眼村、月圆村、南街村、瓦厂村、东城社区、西城社区和北街村大部、东街村大部、北关村部分、罗家峪村部分地区	1.2
严重区域	城关镇的西关村、西街村大部，江盘乡的南桥村、河南村部分地区等	0.2
一般区域	城关镇的锁儿头村、真牙头村、沙川村等村的部分地区	1.0

（1）地质地貌原因。舟曲是全国滑坡、泥石流、地震三大地质灾害多发区。舟曲一带是秦岭西部的褶皱带，山体风化、破碎严重，大部分属于炭灰夹杂的土质，非常容易形成地质灾害。

（2）"5·12"地震震松了山体。舟曲是"5·12"

图10-1　舟曲区位图

图10-2　舟曲风光[61]

图10-3　舟曲县城区灾后影像图

地震的重灾区之一，地震导致舟曲的山体松动，极易垮塌，而山体要恢复到震前水平至少需要3～5年时间。

（3）气象原因。国内大部分地方遭遇严重干旱，这使岩体、土体收缩，裂缝暴露出来，遇到强降雨，雨水容易进入山缝隙，形成地质灾害。

（4）瞬时的暴雨和强降雨。由于岩体产生裂缝，瞬时的暴雨和强降雨深入岩体深部，导致岩体崩塌、滑坡，形成泥石流。

（5）地质灾害自有的特征。地质灾害隐蔽性、突发性、破坏性强，难以排查出来。

10.2 恢复重建重点、难点

舟曲地处长江上游重要的水土保持和生态屏障区，是甘南藏区通往四川、陕西的重要通道，是少数民族地区和国家扶贫开发工作重点地区。做好舟曲灾后恢复重建工作，关系灾区群众的切身利益和生命财产安全，关系民族地区经济社会可持续发展，关系白龙江流域生态环境有效保护，对不断提高灾区人民生活水平，促进民族团结和社会和谐稳定，实现经济社会跨越式发展和长治久安，具有重要的战略意义。

这次舟曲特大泥石流灾区主要有以下几个特点：

（1）地质条件复杂。地质构造属秦岭造山带西段，地势险峻，河谷深切，山体主要为变质岩，风化破碎严重，结构极不稳定，大量松散物质沉积于沟床。

（2）生态环境脆弱。森林砍伐殆尽，新营造的生态林尚未形成规模，植被稀薄。降雨主要集中在夏季，并多为暴雨。水土流失严重。

（3）多重灾害叠加。舟曲县是汶川地震51个重灾县之一，此次又遭受特大山洪泥石流灾害，地震、山洪、泥石流、堰塞湖等多种灾害复合叠加，损失严重。

（4）发展空间狭小。地处白龙江漫滩、泥石流冲积扇和地质断层地带，可利用土地资源稀少，人地矛盾十分突出，发展空间极其有限。

（5）地理位置偏僻。远离中心城市，交通不便，对外交通主要依靠省道313线，技术等级低、路况差，受山洪、泥石流、滑坡、崩塌等自然灾害威胁严重，保通难度大。

（6）经济基础薄弱。舟曲县属国家扶贫开发工作重点地区，人均地区生产总值居甘肃末位，2009年城镇和农村居民收入仅为全国平均水平的51.4%和43.5%，贫困面广、贫困程度深。

（7）少数民族聚居。舟曲县位于甘肃、四川交界的甘南藏族自治州，藏族人口占34%，民族文化底蕴深厚，具有民族团结和文化交流传统。

（8）施工组织困难。当地专业技术人员及施工队伍缺乏，主要建筑材料需从外地调运，施工作业面狭窄，大规模施工组织协调难度大。

总体来说，舟曲灾后重建面对的核心问题是土地资源极度稀缺和人口规模超载。在此次特大泥石流灾害中，县城大量民房遭受损毁，社会服务体系遭受重创，急需安全可靠的安置空间；而县城的城镇建设用地因灾大幅减少，周边地区地质灾害隐患点多、分布广、威胁大，县域内可用于城镇建设的用地资源极度缺乏，对灾后重建安置及合理的城镇布局带来极大挑战。同时，舟曲县城在长期的规划建设中，也存在很多问题，主要是人口和建设密度过大，布局杂乱，人居环境不佳；市政建设历史欠账多；城市灾害应急体系脆弱，不安全因素突出；城市风貌缺乏地方特色；城市规划建设管理水平有待提高。

10.3 恢复重建规划

10.3.1 总体思路

1. 指导思想

从舟曲自然、地理、民族、经济和灾情实际出发，坚持"以人为本、尊重自然、科学规划、合理布局、政策支持、合力推进"。结合灾后重建的特点，主要体现在以下几个方面：

（1）以人为本，保障安全。保障人民群众的生命财产安全，切实提高城市综合防灾能力，加强公共安全保障。在灾后重建安置中，优先考虑群众的生产生活需要，尊重当地宗教、文化、生活习俗和居民意愿，使安置灾民住得下、有保障、有发展。

（2）生态优先，特色和谐。尊重自然，因地制宜，合理布局，保护和彰显山水格局、特色风貌和历史文化，弘扬地方建筑风格，延续和强化具有浓郁舟曲特色的城市风貌，推进低碳建设，促进人与自然和谐相处，走可持续发展之路。

（3）完善提升，跨越发展。将灾后安置与县城人居环境质量提升相结合，县城功能提升与经济社会发展、生态环境保护相结合，带动全县实现跨越式发展。

（4）远近结合，城乡一体。将灾后重建规划与城市长远发展相结合，在科学优化县城布局的指导下，合理安排近期重建项目，达到远近结合、城乡统筹的发展目标。

2. 重建规划目标

按照"建设一个更加美好的舟曲"的总目标，到2012年全面完成舟曲灾后重建，恢复正常生产生活，完成受灾群众永久性安置住房工程、受损公共设施重建工程、重建安置区基础设施工程，完成安全疏散通道和应急避险场地建设，建成特大泥石流纪念园。城镇功能完善，布局安全合理，基础设施提升，服务体系健全，城镇特色彰显，人居环境质量大幅提升，可持续发展能力得到加强，为实现跨越式发展奠定基础。

3. 规划思路

舟曲灾后重建规划要做到"五结合、一衔接"，即：与白龙江流域综合治理相结合，与生态环境修复和城市安全建设相结合，与农村生产发展、城乡统筹相结合，与县域经济发展相结合，与人居环境改善相结合，与实施"5·12"地震灾后重建项目相衔接。

10.3.2　灾后重建城镇空间布局

10.3.2.1　灾后重建需求

1. 受灾安置人口

在规划范围内，灾后安置涉及两类人口，共4529户。其中，城乡恢复重建安置人口共4100户（包括城镇人口2665户，农村人口1435户），县城周边地质灾害避让搬迁人口429户。

此外，安置区建设规划范围内征地影响人口，涉及瓜咱、咀上、坝子、水泉、硬山五个村，以及县城重建疏散通道、避灾场所的建设可能影响到的人口，需要在下一步的详细规划中统一考虑。

2. 毁损房屋和公共设施

据统计，毁损城乡居民住房共计880804m²，6025户。其中，倒塌和严重受损城镇、农村居民住房共计4100户，需要恢复重建328000m²；一般损坏房屋共1870户，需要维修加固。毁损非住宅用房建筑面积共计96579m²，其中倒塌和严重受损建筑面积74382m²，一般损坏建筑面积22197m²，需要维修加固。

3. 毁损基础设施和社会设施

据统计，毁损交通基础设施包括省道313线30km，县乡道路32条共计297.1km，城区道路30km，桥梁14座，水运码头、公路段、运管所等设施；城区供水、供电和通信设施受灾严重，并一度瘫痪。其中，三眼峪水源、水家水源及蓄水池、江边大口井、变电设施、通信机房等均受到毁损，部分环卫车辆和垃圾桶受损。

毁损城市绿地11000m²，损毁13个行政机关部分设施、学校4所、文物8处、科技场站1个、地震台站1个、医疗卫生站点12个、商贸企业4个、个体工商户960个、旅游景区6处、宾馆11家、金融网点17家、工业企业14个。

4. 毁损土地资源

据统计，毁损建设用地50.6hm²，其中建制镇和村庄48.44hm²，采矿用地2.16hm²，其他用地

4.23hm²。毁损农用地72.17hm²，其中耕地面积42.1hm²，林地16.79hm²，园地0.72hm²，天然牧草地12.56hm²。

10.3.2.2 城镇建设用地选址

按照灾后实际测量，扣除地质灾害危险区和泥石流避让区等不适宜建设用地后，舟曲县城城镇建设用地仅有1.23km²，受灾群众和避让搬迁人口无法全部就地安置，也难以提升县城防灾能力。因此，必须在更大的范围内寻找新的安置空间，并提升城镇安全保障能力，满足未来城镇化发展需要。

1. 基本原则

坚持"安全第一、用地完整、方便生活、有利发展"的基本原则，选择灾后重建安置用地。

2. 建设用地选择

舟曲县境内山峦重叠，群峰耸峙，沟壑纵横，河流狭窄，地表起伏，素以山高谷深而著称。56.9%的县域人口分布在河川谷地，高半山地区仍承载了相当一部分人口。除县城人口外，白龙江流域承担了全县70%以上的农村人口，人口聚集程度明显高于拱坝河、博峪河流域。因此，白龙江流域在城镇发展基础、交通可达性和地形地貌条件方面，都是县域内最适宜城镇建设的地区，是灾后重建的首选区域。

据调查，县城上游14km处的峰迭乡—瓜咱坝连片坪坝用地中，瓜咱坝98hm²，是白龙江沿线用地最开阔的地区；峰迭乡片区52hm²。县城上游4km处的杜坝—沙川坝连片坪坝用地仅次于峰迭乡—瓜咱坝片，坪坝总用地1.26km²，扣除水源地及其保护区、地质灾害威胁区等，适宜建设用地1.01km²。县城灾后扣除泥石流受损地区和因地质灾害隐患不适宜建设地区后，可建设用地面积仅为1.23km²。三片用地中，最适宜集中紧凑发展的用地是县城和峰迭乡—瓜咱坝片区，容易形成集中的社会配套服务、提供就业。杜坝—沙川坝片区可建设用地规模较小，又有水源保护区，不适宜进行大规模城镇建设。因此，舟曲县城的1.8km²可利用面积作为县城所在地加以保留，适当安排灾后重建项目。峰迭新区1.5km²总用地中的1.2km²可利用面积作为主要灾后重建区。杜坝—沙川坝1.01km²适宜建设用地中，沙川片区作为临时安置区，近期不能作为重建用地；杜坝与沙川坝相对独立，不适宜作为大规模安置区（图10-4、表10-2）。

图10-4 灾后重建规划备选用地图

适宜建设用地分片区面积统计一览表

表10-2

用地选址		可建设用地面积（km²）
城镇建设用地	县城	1.23
	峰迭	1.20
总计		2.43
杜坝—沙川		1.01

3. 用地规模和人口容量控制

根据中国科学院《舟曲灾后恢复重建资源环境承载能力评价研究》报告，县城和峰迭新区总人口容量应控制在3.8万人以内。其中，县城人口规划为2.3万人，峰迭新区人口规划为1.5万人。按照县城人口4.67万人的现状，尚有0.8万人需要转移安置。

10.3.2.3 异地安置选址

为确保人民生命财产安全和舟曲可持续发展，在兰州市秦王川安排1km²用地，作为部分受灾群众异地转移安置和高中等教育设施用地。转移安置人口0.8万人，其中高中学生及教师约3500人，受灾群众1150户、约4500人。异地安置用地选址应保证工程地质条件适宜，符合所在地区的总体规划布局，靠近规划核心地区，方便居民生活和就业，接近现有主要道路和基础设施以便尽快启动建设，建成后方便居民近期出行和服务配套。

10.3.2.4 县城空间总体布局

按照灾后重建和发展的需要，舟曲县城仅凭原址重建的方式已无法满足，必须对人口和社会服务体系单中心集聚的建设模式作出重大调整。要充分利用白龙江沿线建设条件好、工程地质条件安全的地区，采取"小集中与大分散"相结合的方法，安置受灾人口，用多个组团共同分担全县的社会、经济服务功能和城镇管理、居住职能，各片区保持相对完善的社会服务功能，居住和就业尽量就地平衡；在发生灾害的情况下，各片区具备基本的生活、医疗及通信保障，应急疏散通道畅通。

因此，至2012年重建规划期末，重点建设峰迭新区，吸纳安置灾害影响区域部分人口，承接县城教育、居住等职能；同时，加强县城周边地区灾害综合治理，完善基础设施，改善居住环境。

远期按照新的发展模式，在杜坝—沙川地区建设生态型产业组团，解决新县城就业，空间上形成"双核、三组团"的结构。

双核：规划县城和峰迭新区为双核，由两个中心分担县城的社会服务、经济、行政管理、居住等职能。三组团：建设县城、峰迭新区、杜坝—沙川三个城市组团（图10-5）。

10.3.2.5 各片区职能与规模

1. 县城

规划作为全县的政治中心、旅游服务中心和主要居住地。以党政办公、商贸服务、居住、旅游接待为主，兼有部分医疗、教育和产业发展功能。

根据城市安全和环境容量需要，逐步搬迁地质灾害危险区和避让区内人口，合理疏解旧城人口，提升城市防灾功能、服务功能和可持续发展能力。

到2012年，县城规划人口2.3万人，城镇建设用地1.23km²；村庄建设用地0.57km²。其中，一般损坏住房户1870户，房屋经过维修加固后在县城原地安置；因县城周边地质灾害隐患需搬迁避让的429户，在县城安置。

2. 峰迭新区

由峰迭片区、瓜咱坝片区组成。规划为近期主要安置区，并作为全县的居住、教育、文化、经济服务中心，兼有部分行政管理和旅游服务功能。瓜咱上坝作为未来功能拓展区予以预留。

到2012年，峰迭新区规划总人口1.5万人，城镇建设用地1.2km²。

3. 杜坝—沙川组团

到2012年，沙川坝继续作为临时安置区加以利用，杜坝为水源地，作为县城功能的组成部分之一。重建期结束后，临时安置灾民迁出，适当发展生态友好型加工业、支农服务物流业等产业功能，成为连接一产和

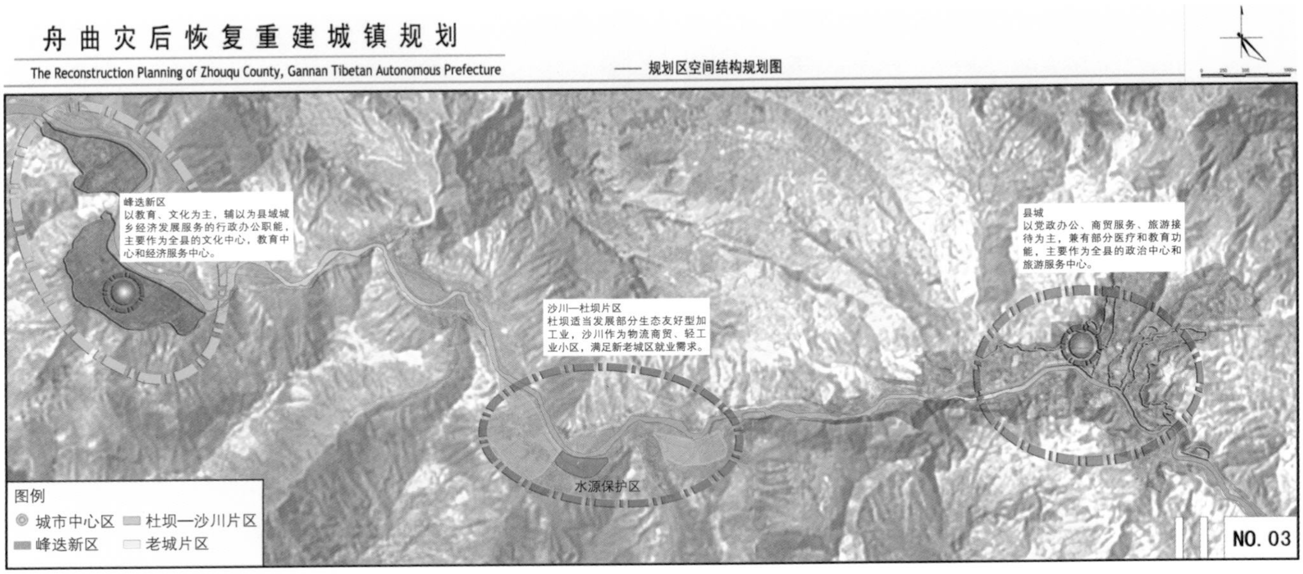

图10-5 规划区空间结构规划图

图10-6 重大基础设施规划图

二产的纽带，为县城和峰迭新区提供近便的就业岗位。

10.3.2.6 重大基础设施布局（图10-6）

1. 交通

313省道经过的白龙江沿线空间狭小，地质灾害隐患众多，仅县城和峰迭乡之间即存在锁儿头、南山等多个大型滑坡体，沿线泥石流冲沟、崩塌山体较多，交通和应急通道的安全性缺乏保证。在县城发展

模式由单一中心向带状组团式格局转变的新形势下，片区之间安全、便捷的交通联系和对外应急通道建设更为必要。因此，要加强白龙江沿线县城与峰迭新区的交通联系。提级改造现有313省道。规划建议建设省道313复线直接联系峰迭新区和县城，使两城区有两条主要道路联系，保证城市安全。

规划建设两河口—舟曲县城的高速连接线，达到

一级路标准，使舟曲县城能方便地连接临洮—武都的高速公路，改善区域对外交通条件。

县城与峰迭新区之间开行公共交通。按照公交车辆8标台/万人计算，规划3.8万人，公交车辆数达到30辆，车型以中型客车为主。城市居民公交出行比例达到15%～20%，公共交通方式以公共汽车为主，出租车为辅。

规划在县城和峰迭新区各新建公交站首末站场一处；县城的公交首末站位于县城东部，临近长途客运站，占地3700m²，峰迭新区的公交首末站占地4900m²。

2. 供水

县城和峰迭新区规划供水水源以白龙江河谷地下水为主，山泉水为辅，通过高位水池进行供给。杜坝在建集中供水厂一座，供水能力1.12万m³/日，可以同时向县城和峰迭新区供水。

由于峰迭新区的供水需要压力提升，提升水头（包括管道摩阻和地形高差）约45m，每吨水的运行费用多增加约0.39元。因此，规划建议在峰迭新区上游建设1处地下水源，消毒后就近供给峰迭新区。

根据水文地质条件划定水源保护区，一级保护区暂定为井周围半径50m的范围，二级保护区为一级保护区外100m的范围。

3. 排水

规划县城和峰迭新区均采用雨污分流的排水体制，雨水就近排放，污水收集后集中处理。雨水排水充分利用现有排水沟渠，建议采用盖板沟形式，雨水设计重现期为2年。

县城和峰迭新区距离较远，地形坡度大，规划在两个城区分别建设独立的污水处理系统，采用二级生物处理，污水厂尾水就近排入白龙江。

4. 供电

舟曲有丰富的水能资源，目前全县发电量远大于当地用电量，规划以水电作为主要供电电源。县城新建110kV变电站1处，取消现状35kV变电站。峰迭新区新建110kV峰迭变电站1座，供给瓜咱坝片区、峰迭片区以及周围村庄用电。

5. 通信

修复县城受损的邮政局办公楼，作为邮政综合业务楼；预留有线电视服务站，附建于公建内；布置综合通信机房一处，各通信公司运营商共用。各运营商在峰迭新区建设营业办公大楼，规划邮政支局1处，建设广播电视中心。

6. 燃气

以瓶装液化石油气作为主要气源，县城和峰迭新区分别建设液化石油气换瓶站和压缩天然气加气站。积极争取迭部至陇南的天然气管线向舟曲供气，在峰迭片区预留天然气门站，同时将燃气调至中压，向县城和峰迭新区供气。

7. 供热

舟曲本地水电能源丰富，太阳照射条件好；而煤炭资源需要长距离外运，存在集中供热管道敷设和既有建筑改造等困难问题。规划县城和峰迭新区均采用电能和太阳能作为主要能源的供热方式，充分利用太阳能热水，推行分散式电采暖和生物质燃料供热，不采用燃煤集中供热的方式。

8. 环卫

规划继续使用现状城区的王家山垃圾填埋场，负责县城和峰迭新区的垃圾卫生填埋。

县城和峰迭新区均建设小型垃圾收集点若干，考虑到安置区至峰迭新区距离较远，峰迭新区建设垃圾中转站1座，对垃圾进行压缩和无害化处理后，密闭运至王家山垃圾填埋场。建议在沙川坝村下游新建垃圾处理场1座。

9. 消防

县城设一级普通消防站1座，负责县城的消防和救援任务。峰迭新区设置消防执勤点，人员和消防车辆由城区消防站分派，负责峰迭新区消防救援工作，发生火灾时，同时由县城消防站进行支援。

10.3.3 县城重建规划

10.3.3.1 安全避让范围与四区划定

根据国土部门提供的材料，县城上下游地区有重大地质灾害隐患点9处，其中8处位于县城及其周边，详见表10-3、图10-7。

根据地震部门资料，有一条地震断裂带从城区穿过，需要避让。

综合各部门研究，结合安全避让范围，规划将县城划分为禁止建设区、限制建设区、适宜建设区和已建区，并分别制定管制要求。

适宜建设区主要位于城区东部瓦厂片区和罗家峪南侧台地，按照"优先灾民、保障安置"的原则，集中进行灾后安置住宅建设，保障基础设施用地和社会公益性设施用地需求。

地质灾害隐患点一览表　　表10-3

地质灾害隐患点	稳定与易发性	威胁人口（人）	险情等级
龙庙沟泥石流	中易发	590	中型
三眼峪沟泥石流	中易发	860	特大型
硝水沟泥石流	高易发	1650	特大型
锁儿头滑坡	不稳定	2718	特大型
寨子沟	高易发	1020	大型
南山滑坡	不稳定	107	大型
罗家峪沟泥石流	中易发	210	特大型
泄流坡滑坡	高易发	0	大型

图10-7　县城地质及洪灾隐患点图

禁建区包括外围高山，锁儿头滑坡体、南山滑坡体、泥石流冲毁区、冲沟等避让区域，按照"安全第一、生态修复"的原则，严格禁止城镇建设行为，现有村庄、建筑逐步搬迁，实施灾害治理和生态修复工程。

限建区主要位于城市建成区周边，地形坡度较陡，用地较为破碎，按照"安全第一、节约用地、自然和谐"的原则，在进行必要的工程处理后可进行适当建设，缓解人地矛盾。

建成区主要指白龙江北侧、三眼峪西侧已建区域，按照"安全第一、节约用地、统一规划、集中改造"的原则，留出各类避让通道，完善应急通道，改善城市交通、市政基础设施，实施环境保护。通过提高单位用地人口承载量，提升居住环境质量和安全水平，创建生态宜居城市。

10.3.3.2　用地布局规划

根据县城条件（图10-8），县城重建和改造采取如下策略：

（1）疏解老城人口，缓和人地矛盾。搬迁位于锁儿头滑坡体、南山滑坡体、寨子沟、老鸦沟、硝水沟等地质灾害威胁区内人口，留足防护空间；通过增加新建住宅高度、降低建筑密度，提高单位用地人口容量，增加道路、绿地等公共空间。

（2）打通应急通道，增加避难场所。构建城市安全防灾体系，打通若干条安全疏散通道；沿主要排洪沟渠建设排导通道；按照居住用地分布合理布局绿地广场等避难场所。

（3）优化路网布局，完善基础设施。规划构建内外交通分离、主次干支与步行体系完善的道路交通系

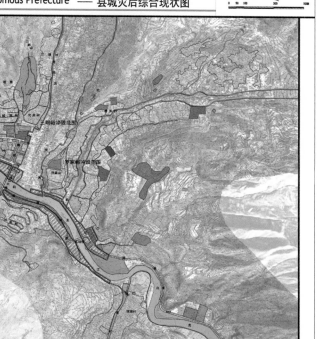

图10-8　县城灾后综合现状图

统，增加停车场。完善给水、排水、电力、电信等公共设施。

根据县城现状用地和发展需求，县城用地应遵循"防灾避险、疏解密度、改造提升"的原则。据此，县城空间结构布局规划为："一带、两心、四区"（图10-9）。其中，

一带：指白龙江南北滨江风光带。利用南北滨江路将县城东西向联系起来，通过沿江绿地、广场等开敞空间和道路建筑景观，展现恢复重建后的山水城镇新貌。

两心：围绕县统办楼周边区域建设行政、商贸中心；在皇庙山及三眼峪东侧，结合纪念园，建设文化公园，形成文化中心。

四区：分别为东区、纪念园区、中心区和西区。

规划到2012年城镇建设用地规模1.23km²，县城人口2.3万人，人均建设用地达到53.5m²。

规划公共服务设施用地12.28hm²（含部分商住混合用地），占总用地的9.71%。

规划居住用地47.78hm²，占总用地的38.86%。居住用地分为9个片区，可居住2.3万人。规划在城区东侧新建城关一小，保留改善现状城关二小，共两所小学。一中、三中合并成为一所初级中学。高中搬迁到兰州新区舟曲重建安置点统一建设。

根据国土资源部门相关规划，对处在地质灾害威胁区内的居民实施避让搬迁；处在其他有地质灾害隐患点地区的村庄和居民，应开展地质灾害防治，完善应急避险机制，禁止新建居民住房和其他设施（图10-10、表10-4）。

图10-9 县城空间结构规划图

图10-10 县城用地规划图（2012年）

2012年县城规划用地平衡表 表10-4

序号	用地代码	用地名称	面积（hm²）	总用地百分比	人均用地面积（m²/人）	序号	用地代码	用地名称	面积（hm²）	总用地百分比	人均用地面积（m²/人）
1	R	居住用地	47.78	38.86%	20.77		C4	体育用地	0.42	—	—
	R2	二类居住用地	41.44	—	—		C5	医疗卫生用地	0.81	—	—
		中小学用地	6.34	—	—	2	C6	教育科研用地	0.28	—	—
2	C	公共设施用地	9.62	7.82%	4.18		C7	文物古迹用地	0.03	—	—
	C1	行政办公用地	2.7	—	—		C9	其他公共设施用地	0.13	—	—
	C2	商业金融业用地	4.9	—	—	3	CR	商住混合用地	2.66	2.16%	1.16
	C3	文化娱乐用地	0.35	—	—	4	M	工业用地	5.26	4.28%	2.29

序号	用地代码	用地名称	面积（hm²）	总用地百分比	人均用地面积（m²/人）	序号	用地代码	用地名称	面积（hm²）	总用地百分比	人均用地面积（m²/人）
4	M2	二类工业用地	1.31	—	—	8	U2	交通设施用地	1.49	—	—
	M3	三类工业用地	3.95	—	—		U3	邮电设施用地	0.64	—	—
5	W	仓储用地	1.04	0.85%	0.45		U4	环境卫生设施用地	2.26	—	—
6	T	对外交通	0.69	0.56%	0.30		U9	其他市政公用设施用地	0.35	—	—
7	S	道路广场用地	29.48	23.97%	12.82	9	G	绿地	20.87	16.97%	9.07
	S1	道路用地	26.25	—	—		G1	公共绿地	8.42	—	—
	S2	广场用地	2.59	—	—		G2	生产防护绿地	12.45	—	—
	S3	停车场用地	0.64	—	—	10	D	特殊用地	0.42	0.34%	0.18
8	U	市政公用设施用地	5.15	4.19%	2.24	11		总建设用地	122.97	100.00%	53.47
	U1	供应设施用地	0.4	—	—						

注：2012年县城人口2.3万人，其中安排灾后重建安置人口0.67万人，1870户。

10.3.3.3　道路交通系统规划

交通系统在民众日常生活和灾后应急中都发挥着极为重要的作用，因此，县城交通系统规划应秉持"因地制宜、保障应急、完善系统、绿色低碳"的原则、理念。保持城内出行以步行为主的传统，兼顾机动化发展需求（图10-11）。

1. 对外交通

省道313线从白龙江南岸经过，经河南村后跨白龙江回到左岸原线。规划建议修建城区过境交通复线，避开锁儿头、南山等几处大型滑坡体，提高县城对外交通的安全性和保障性。规划在东部出城口处新建长途客运站一处，占地0.69hm²。

2. 城市道路

规划道路广场用地29.48hm²，占总用地的23.97%。城市道路由主干道、次干道、支路和巷道四级组成。主干道红线宽度19m和18m，次干道红线宽度12~14m。支路红线宽度6~10m，巷道根据地形和现状建设条件开辟，以保障消防安全通道宽度为限，不设统一红线规定。规划道路总长度21.41km。

规划社会停车场用地0.64hm²，占城市建设总用地的0.43%。

10.3.3.4　市政基础设施规划

1. 给水工程

以杜坝地下水源为主，水家水源为辅。舟曲县城集中供水普及率达到95%以上。县城人均生活用水量标准取200L/（人·日），预测县城总需水量为4600m³/日。

利用现状在建杜坝川水厂向县城供水，在二郎山建高位水池一座，容积600m³。水家水源蓄水池和消毒设备建在北山山脊平缓处，容积400m³。建设系统

图10-11　县城道路系统规划

化供水管道。

2. 排水工程

预测县城污水量为2600m³/日。雨水排水综合径流系数取0.6~0.8，设计重现期取2年，重点地区取3年。

现状白龙江县城下游在建污水厂1座，一期处理能力4500m³/日，占地0.5hm²，采用二级生物处理的方式，出水达到《城镇污水处理厂污染物排放标准》GB 18918—2002中一级B排放标准的有关规定。原设计的污水厂二期不再建设。沿白龙江左岸布置污水总干管截流干管。

保留并修缮现状排洪沟。三眼峪和罗家峪沟由水利部门按照排洪需求，按标准尽快建设排洪沟。县城雨水排水管采用盖板边沟（图10-12）。

3. 供电工程

就近利用锁儿头水电站作为电源，以立节110kV变和两河口110kV变作为补充和备用。考虑到电取暖及灾后重建等原因，预测2012年人均用电1800kWh计算用电负荷为1.18万kW，110kW变压器容量6.5MVA。

县城输配电网电压等级采用110kV、10kV、220/380V三级，10kV中压配电线路采用埋地敷设，110kV高压线预留25m宽的高压走廊。

新建110kV变电站1座，用地0.25hm²，采用户内式，容量为2×30MVA，兼顾周边村庄和农业供电，取消现状35kV变电站。

图10-12 县城给水排水设施规划图

4. 燃气工程

规划期内舟曲采用液化石油气和天然气为主要能源。预测居民用气普及率为80%。居民生活耗热指标取2512MJ/（人·年），公共设施用气占居民生活用气的40%，液化石油气热值46MJ/kg，预测县城居民用气量1256t/年，公共设施用气量502t/年，未预见气量占总气量的10%，则总用气量为1934t/年，最高日用气量8.7t。

县城设液化气换瓶点一座，占地200m²，位于城区东部。设压缩天然气加气站1座（图10-13）。

5. 通信工程

固定电话普及率超过灾前水平，固定电话普及率达到50部/百人，县城用户数11500门。规划移动电话

普及率稳步上升，达到55部/百人。

县城建设电信综合机房1处，占地1500m²，交换机总容量1.5万门。保留现状邮政局，改为邮政综合大楼，用地2500m²。有线电视入户率达100%，建设广播电视站1处，附建于公建内。

建设综合通信管沟，各运营商按照业务需求租用管孔。移动基站各运营商共用，即每个基站安装多个运营商的设备。

6. 供热工程

舟曲水电能源丰富，本地缺少煤炭和天然气资源。通过对煤炭、水电、天然气、液化气、汽油等多种能源进行供热的成本分析可知，本地采用天然气、水电（水电上网电价）和煤炭的供热成本相当。规划

图10-13　县城能源供应设施规划图

充分利用太阳能，积极利用本地水电资源进行采暖供热。采用分散采暖和小范围集中供热为主的供热形式。居民住宅以分户电采暖为主，太阳能作为生活热水的主要热源。公共建筑采用分地块、分单位的集中供热方式，以电采暖为主。

7. 环卫设施

县城垃圾产生量为33t/日。灾后垃圾主要是建筑垃圾和淤泥。灾后垃圾处理点避开供水水源，进行防渗处理，并用石灰等进行消毒处理。河道清淤的沙石等垃圾，可作为建筑材料或者用于地面填方。

生活垃圾利用王家山垃圾填埋场和新建垃圾处理厂进行处理。县城建设公厕12座，全部采用水冲式。新建环卫所1处，配套建设环卫停车场，占地500m²。

10.3.4　峰迭新区建设规划

10.3.4.1　用地布局规划

根据峰迭新区地形、现状用地和用地需求（图10-14），峰迭新区采用"一心、两片"的城市空间结构（图10-15）。其中，"一心"：在瓜咱坝片区布置公共服务中心，包括旅游服务、商业、行政办公、文化娱乐、教育、经济管理等功能。"两片"：即瓜咱坝片区和峰迭片区。

瓜咱坝片区：是灾民安置居住的主要片区，承载峰迭新区的灾民安置、旅游服务、经济管理、教育医疗、文化娱乐、居住等功能。

峰迭片区：位于瓜咱坝片区北侧，承担部分灾民

舟曲灾后恢复重建城镇规划

The Reconstruction Plan of Zhouqu County, Gannan Tibetan Autonomous Prefecture

———— 峰迭新区用地现状图（2010）

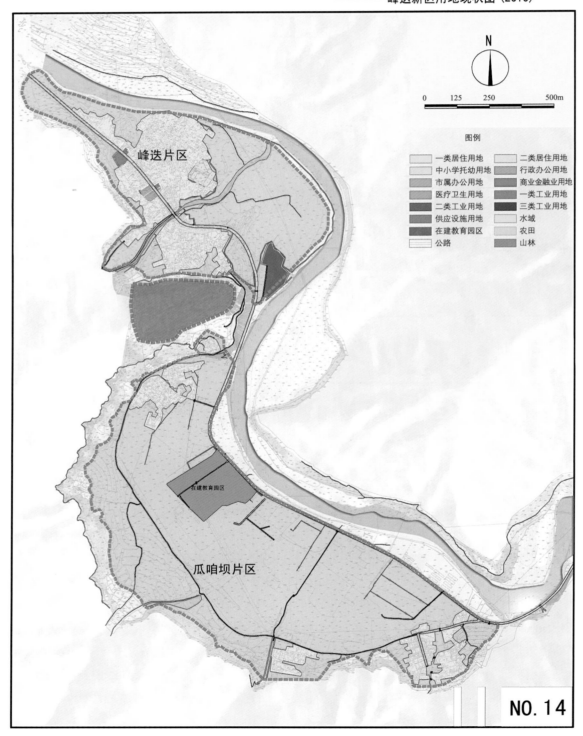

图10-14　峰迭新区用地现状图

舟曲灾后恢复重建城镇规划

The Reconstruction Plan of Zhouqu County, Gannan Tibetan Autonomous Prefecture

峰迭新区用地规划图 (2012)

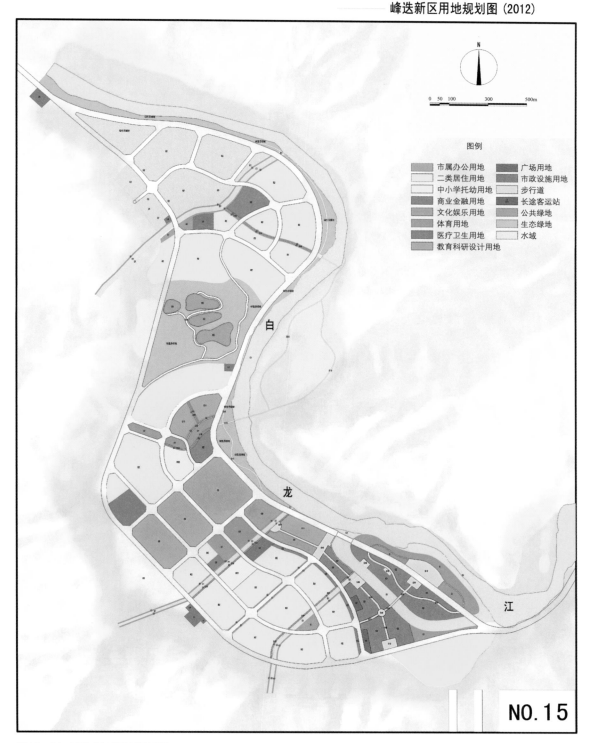

图10-15　峰迭新区用地规划图

安置重建，以居住、综合服务功能为主。

峰迭新区规划2012年城市建设用地119.91hm²（表10-5）。其中：

1. 居住用地规划

瓜咱坝片区的居住用地分布于其南部、西部与北部的三个居住片，主要用于灾民安置重建。峰迭片区的居住用地以瓜咱沟为界，分为西片与东片两部分。

峰迭新区规划居住用地53.70hm²。其中，瓜咱坝片区规划居住用地38.0hm²，峰迭片区规划居住用地15.7hm²。

2. 公共设施用地规划

峰迭新区的公共设施主要布局于瓜咱坝片区，县城灾后迁出重建的部分公共设施集中布置于该片区。峰迭片区的公共设施以片区配套服务为主。

峰迭新区规划公共设施用地28.44hm²。其中，瓜咱坝片区27.27hm²，峰迭片区1.17hm²。

结合白龙江历史水位变化特征及防洪要求，规划在瓜咱坝片区南侧设置一个人工岛，以旅游休闲服务为主要功能；该岛南侧对岸用地以水街等特色商业服务为主。

教育园区位于瓜咱坝片区西侧，规划要求在已建基础上完善建设，在保证原建筑规模和标准的基础上，适当压缩用地规模，对教育园区的部分用地进行调整，其体育用地、图书馆等公共设施与社会共建共享。

规划利用山体地形特点，在现状咀上村砖厂处设置特色文化中心。在瓜咱坝片区西侧设置医疗卫生中心一处，新建社区卫生服务中心、妇幼保健院等。

峰迭片区的配套服务设施布局于该片区中心。

3. 绿地规划

结合麻沟与水泉沟两条泥石流冲沟，在瓜咱坝片区相应设置两条与白龙江江面垂直的带状绿地。体现山水特色，在白龙江西岸设置滨江带状绿地。合理布局公园绿地，与绿带及周边山水相结合，形成点线结合的网络化结构。峰迭片区规划公共绿地7.93hm²。

10.3.4.2 灾后安置项目布局

峰迭新区共安置受灾影响人口1.5万人。灾民居

2012年峰迭新区规划用地平衡表　表10-5

序号	用地性质		用地代号	面积（hm²）	比例
1	居住用地		R	53.70	44.78%
		二类居住用地	R2	53.70	44.78%
2	公共设施用地		C	28.44	23.72%
		行政办公用地	C1	2.91	2.42%
		商业金融业用地	C2	9.89	8.25%
		文化娱乐用地	C3	3.98	3.32%
		体育用地	C4	0.93	0.78%
		医疗卫生用地	C5	1.34	1.12%
		教育科研设计用地	C6	9.40	7.84%
3	对外交通用地		T	5.86	14.69%
		公路用地	T2	5.86	14.69%
4	道路广场用地		S	22.50	18.76%
		道路用地	S1	22.13	18.46%
		广场用地	S2	0.37	0.31%
5	市政公用设施用地		U	1.48	1.23%
		供应设施用地	U1	0.33	0.27%
		交通设施用地	U2	0.61	0.51%
		邮电设施用地	U3	0.48	0.40%
		环境卫生设施用地	U4	0.06	0.05%
6	绿地		G	7.93	6.61%
7	总计		—	119.91	100%

住安置项目主要布局于瓜咱坝片区的西片居住组团与北片居住组团，以及峰迭片区的东片居住组团。

县城部分行政与公共服务建筑在本次灾害中受损，由于县城用地紧张，规划将部分公共服务设施迁至峰迭新区进行重建，集中布局于瓜咱坝片区（表10-6、图10-16）。

10.3.4.3　道路交通系统规划（图10-17）

1.　对外交通

对现状313省道进行提级改造，满足峰迭新区的对外交通联系要求。同时，沿新区西侧山脚设置沿山路，作为313省道的备用联系通道，局部采用短隧道连通瓜咱坝片区与峰迭片区。

2.　城市道路

瓜咱坝片区与峰迭片区之间主要通过三条南北向道路联系，分别是滨江路（313省道）、中部山路、沿山路。

规划瓜咱坝片区形成"三纵三横"的路网结构。"三纵"即3条南北向干道，分别为滨江路（313省道）、中部山路、沿山路；"三横"即3条东西向干道。规划垂直于沿江的次级道路与步行系统，有效增强片区内部与沿江绿地之间的联系。立足于建设特色鲜明的小城镇，以满足实际功能为准，严格控制各级道路断面宽度，节约用地，创造宜人空间尺度。结合山体地形与岸线特征，规划峰迭片区形成自由式路网。

10.3.4.4　市政基础设施规划

1.　给水工程

峰迭新区集中供水普及率达到100%。峰迭新区人均生活用水量标准取150L/（人·日），人均综合用水指标取200L/（人·日），总需水量预测为3000m³/日。同时，在峰迭片区上游建设供水水源地和水厂，规模3000m³/日，利用杜坝在建水厂作为补充和备用水源。

在峰迭片区和瓜咱坝片区中间的嘴头位置新建高位水池一座，容积500～600m³，沿道路敷设供水管道。

2.　排水工程

峰迭新区污水排放系数取为0.85，供水日变化系数取1.5，污水量预测为1700m³/日。峰迭新区综合径流系数取0.6～0.7，雨水设计重现期取为2年，重点地区取为3年。

污水处理厂布置在下游的白龙江右岸。污水厂设计处理能力2000m³/日，占地0.5hm²，采用二级生物处理的方式，出水达到《城镇污水处理厂污染物排放标准》GB 18918—2002中一级B排放标准。

雨水系统以山洪沟为主要排水通道，通过山洪沟排入白龙江。峰迭新区靠山一侧布置截洪沟（图10-18）。

3.　供电工程

考虑到电取暖及灾后重建等原因，预测2012年人均用电1800kWh，计算用电负荷为0.77万kW，110kV变压器容量10.8MVA。

峰迭新区输配电网电压等级采用110kV、10kV、220/380V三级，10kV中压配电线路采用埋地敷设，110kV高压线预留25m宽的高压走廊。

峰迭新区新建110kV峰迭变电站，用地0.25hm²，为户内式，容量2×30MVA，兼顾周边村庄用电。瓜咱坝片区新建10kV开关站1座。

4.　燃气工程

峰迭新区以天然气和液化石油气作为主要气源，预测居民用气普及率为90%。居民生活耗热指标取2512MJ/（人·年），公共设施用气占居民生活用气的40%，液化石油气热值46MJ/kg，预测峰迭新区居民用气量819t/年，公共设施用气量328t/年，未预见气量占总气量的10%，则总用气量为1262t/年，最高日用气量5.5吨。

峰迭新区设置液化气换瓶点一座，占地200m²。设压缩天然气加气站1座（图10-19）。

5.　通信工程

预测固定电话普及率达到50部/百人，峰迭新区固话用户总数为7500门。移动电话普及率达到55部/百人。

峰迭新区建设电信、移动和联通公司办公楼各

峰迭新区灾后重建主要公共服务设施一览表　　　　表10-6

序号	项目名称	用地面积（hm²）	建筑面积（㎡）	备注
（一）	公共设施			
A	教育			
1	峰迭新区小学	2.00	12800	36班已安排项目
2	峰迭新区幼儿园	0.38	3150	已安排项目
B	医疗和计划生育			
3	县妇幼保健院			已安排项目
4	疾控中心综合业务楼	0.87	7800	已安排项目
5	瓜咱坝新区计生站			已安排项目
6	峰迭新区社区卫生服务中心	0.12	1500	已安排项目
7	峰迭新区卫生服务站	—	200	已安排项目（结合居住用地商住安排）
C	文化体育和广播电视			
8	县朵迪艺术团排练房	0.23	4000	已安排项目
9	新区文化中心（带小剧院）			建议安排项目
10	县图书馆	0.23	2000	已安排项目
11	广电综合业务楼	0.34	3500	已安排项目
12	舟曲县档案馆	0.20	2000	已安排项目
13	城乡群众健身工程	0.26	—	已安排项目
14	体育健身中心	0.50	3000	已安排项目
15	县电大工作站	0.20	2000	已安排项目
D	就业和社会保障			
16	县就业、社会保障和民族综合服务中心	0.38	9000	已安排项目
17	县农民工就业创业培训基地			已安排项目
18	瓜咱坝敬老院（结合三孤院）	0.40	—	已安排项目
19	县残疾人综合服务中心	0.11	1800	已安排项目
E	社会管理			

续表

序号	项目名称	用地面积（hm²）	建筑面积（m²）	备注
20	党政机关办公用房建设项目	1.50	33880	已安排项目
21	农牧业基层综合服务楼建设项目	0.83	15000	已安排项目
22	县林业系统基础设施		9625	已安排项目
23	县森林公安局业务用房	0.11	750	已安排项目
24	新区派出所	0.19	1500	建议安排项目
F	商业金融			
25	民俗风情街	0.69	4000	已安排项目
26	游客综合服务中心	0.19	—	已安排项目
27	宾馆	0.42	7200	建议安排项目
28	生活性市场	0.32	800	建议安排项目
29	粮油市场		800	已安排项目
30	人行舟曲支行	0.20	3300	已安排项目
31	工行舟曲支行	0.16	900	已安排项目
32	农行舟曲支行	0.17	1600	已安排项目
33	农村信用社	0.20	4000	已安排项目
34	邮政储蓄银行	0.16	1600	已安排项目
35	人财保舟曲营业部	0.16	800	已安排项目
36	舟曲县商贸农资物流配送中心	0.55	1800	已安排项目
（二）	基础设施			
37	新区消防站	0.20	2000	建议安排项目
38	新区汽车站	0.32	1500	建议安排项目
39	新区电信、移动、联通综合楼	0.47	10500	已安排项目
40	加油站	0.08	150	已安排项目
41	加气站	0.13	200	已安排项目
	合计	13.27	154655	—

舟曲灾后恢复重建城镇规划

The Reconstruction Plan of Zhouqu County, Gannan Tibetan Autonomous Prefecture

———— 峰迭新区公共设施规划图

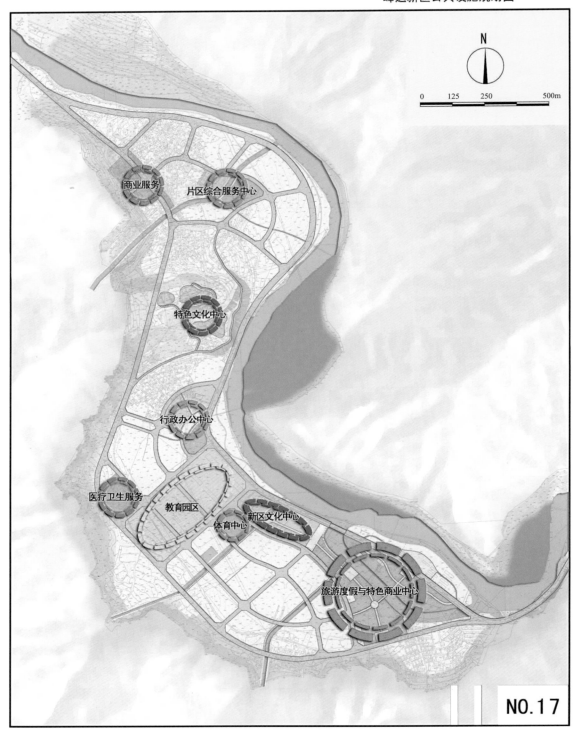

图10-16 峰迭新区公共设施规划图

舟曲灾后恢复重建城镇规划

The Reconstruction Plan of Zhouqu County, Gannan Tibetan Autonomous Prefecture

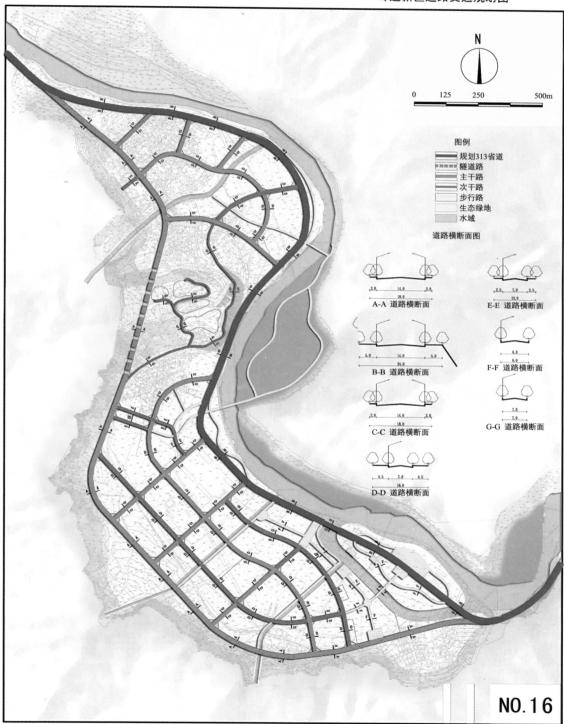

峰迭新区道路交通规划图

图10-17　峰迭新区道路交通规划图

舟曲灾后恢复重建城镇规划

The Reconstruction Plan of Zhouqu County, Gannan Tibetan Autonomous Prefecture

峰迭新区给水排水设施规划图

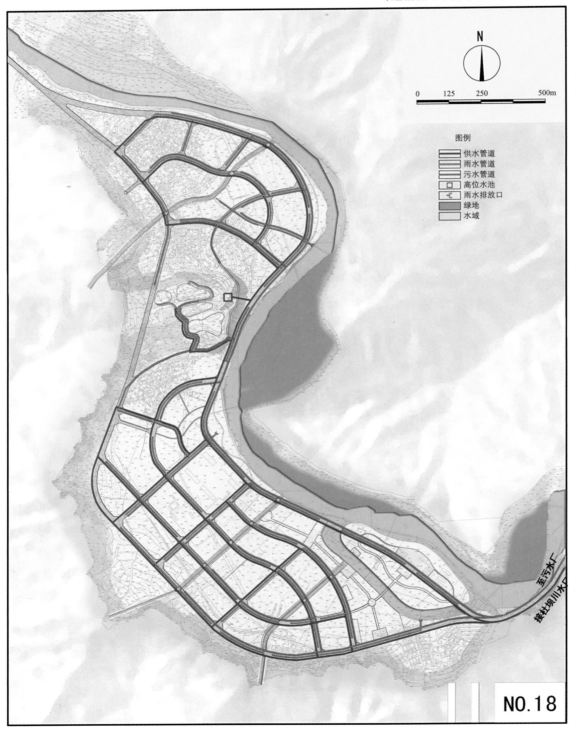

图10-18 峰迭新区排水设施规划图

舟曲灾后恢复重建城镇规划

The Reconstruction Plan of Zhouqu County, Gannan Tibetan Autonomous Prefecture

峰迭新区能源供应设施规划图

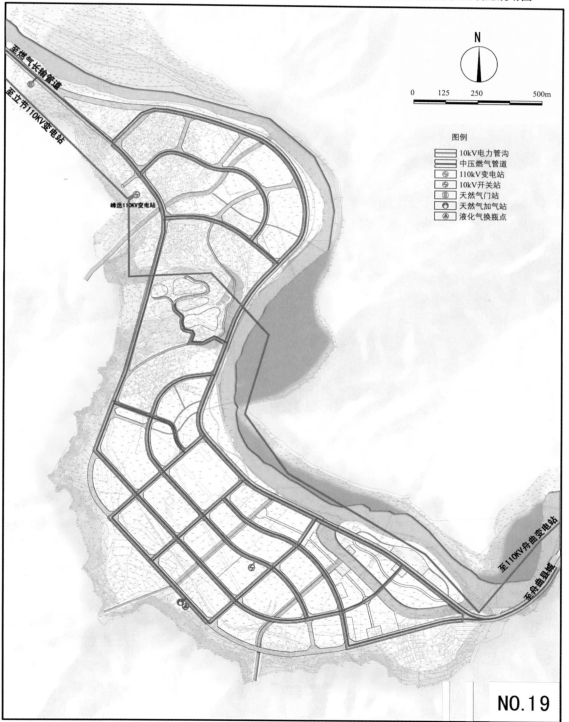

图10-19 峰迭新区能源供应设施规划图

1座，兼做营业厅，每处占地1200~1500m²。固话交换机总容量不少于1.0万门。

峰迭新区设邮政支局1处，占地1000m²，同时兼顾周边村庄的邮政业务。

峰迭新区有线电视入户率为100%。设广播电视中心1处，用地800m²。

6. 环卫设施

峰迭新区人均日产垃圾1.2kg，垃圾产生日变化系数1.2，预测垃圾量为21.6t/日。

规划新建公厕12座，公厕全部采用水冲式。

生活垃圾采用卫生填埋的方式，利用现有的王家山垃圾填埋场和规划的垃圾处理场进行处理。

峰迭新区内设垃圾中转站1处，对垃圾进行压缩后，密闭运至垃圾填埋场，中转站占地200m²。新建环卫所1处，配套建设环卫停车场，占地500m²。

10.3.4.5 城市风貌特色设计

1. 体现山水自然特色

利用自然山水的形、势来体现城市风貌特色。充分利用场地内高差变化及周边自然山体的地形特征，形成外围大山环绕、内部高度变化丰富、层次分明的立体化景观。规划在现状水泉村、咀上村砖厂等可达性较好的地段设置公共空间，为使用者提供"望山、望水、望城"的眺望点，实现山、水、城的对望，并通过步行系统与新区的其他部分相联系。

沿白龙江西岸设置滨江绿化带，滨江路的堤岸形式注重与山水景观环境的协调，避免采取混凝土直接大面积暴露的防洪堤做法。沿麻沟、水泉沟、瓜咱沟等设置与白龙江江面垂直的带状绿地，强化江岸与内部用地之间的联系。

打造特色片区。规划在瓜咱坝片区的东南部设置水街，利用白龙江江水分流，在水体两侧分别形成人工岛与南岸特色商业街区。

强化建筑控制以体现山、水、城融为一体的景观特色。对滨水与近山等重点地段的建筑高度、体量、形式、轮廓等进行严格控制，使建筑与周边山水环境相协调，形成群山环抱、整体低缓、亲水宜人的空间尺度和形态，充分体现山水自然特色。

2. 体现舟曲地方文化特色

深入挖掘舟曲作为"藏乡江南"的历史文化内涵，充分利用当地石材等民居建筑材料，挖掘当地建筑符号和手工艺特征，创造地方传统与时代特征相结合的建筑形式，以独具地方文化的建筑、广场、绿化、雕塑、环境艺术等，展现新时代舟曲的地方文化特色。

10.3.5 综合防灾规划

10.3.5.1 防洪

1. 防洪标准

舟曲县城和峰迭新区白龙江干流防洪标准采用50年一遇。建设用地周边山洪防洪标准为10年一遇。

2. 防洪措施

尽快清除河道中的淤积物，恢复白龙江灾前的河床深度，个别地段可考虑进一步挖深。沿白龙江河道现有防洪堤布置堤线，禁止压缩现状河宽。统一调度上游水电站，制定水电站统一调度方案，发挥上游有调蓄能力的水电站拦洪、削峰作用。实施沟道泄洪工程建设，设排洪工程设施。

10.3.5.2 消防

1. 消防要求

新建建筑以一、二级耐火等级建筑为主，控制三级建筑，限制四级建筑；新建建筑需满足防火间距，并且保证消防车的通行；生产、使用、储存易燃易爆危险品的企业单位，优先布局在城区周边，并设置一定的防护距离。

2. 消防站

县城设置一级普通消防站1座，占地3500m²。峰迭新区设置消防执勤点1处，占地1500m²，人员和消防车辆由城区消防站分派。

3. 消防水源

规划消防水源采用市政统一供水为主，供水管道预留消火栓。由于县城和峰迭新区均靠近白龙江，规划在白龙江畔各修建2处消防应急取水码头。

10.3.5.3　抗震

1.　抗震设防标准

严格按照国家标准进行建（构）筑物抗震设计，达到小震不坏，中震可修，大震不倒的设防目标。

县城抗震设防烈度为Ⅷ度，设计基本地震动加速度值为0.20g；峰迭新区抗震设防烈度为Ⅶ度，设计基本地震动加速度值为0.15g。

公共设施严格按照抗震设防烈度建设。

2.　避难场所规划

规划利用城市公园、广场、绿地等开敞空间建设固定避难场所，学校和体育场馆等进行加固或改造，建设紧急避难场所。

避难场所人均用地不低于2m²，服务半径不超过500m。

3.　生命线工程

县城的对外交通系统、供水系统、供电系统、通信系统、医疗卫生系统、粮食供应系统和消防系统是生命线系统的主要内容，应按照比基本设防烈度提高Ⅰ度的抗震设防标准要求进行抗震设防。

4.　地震活动断裂带避让

县城从东到西有一条地震活动断裂带，按照相关规范要求，两侧各控制一定距离作为禁止建设用地，现有建筑逐步实施搬迁。

10.3.5.4　地质灾害防治（图10-20、图10-21）

1.　城区地质灾害隐患

县城山洪泥石流沟6条，分别为寨子沟、硝水沟、

图10-20　县城综合防灾规划图

舟曲灾后恢复重建城镇规划

The Reconstruction Plan of Zhouqu County, Gannan Tibetan Autonomous Prefecture

峰迭新区综合防灾规划图

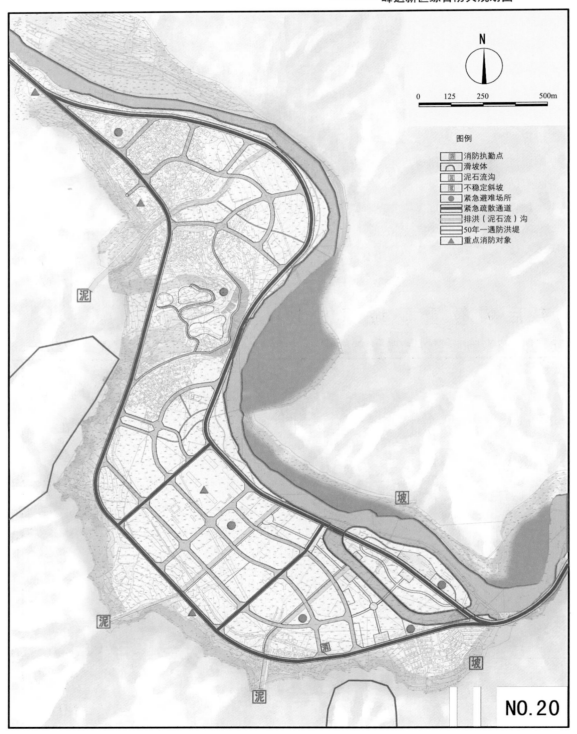

图10-21 峰迭新区综合防灾规划图

龙庙沟、三眼峪沟、罗家峪沟和南峪沟；滑坡体3个，分别为锁儿头滑坡、县城南山滑坡东侧不稳定斜坡和龙江新村不稳定斜坡。

峰迭新区发育2条泥石流沟，麻沟和水泉沟，为中小型泥石流。发育滑坡3处，1处为不稳定型。有斜坡2处，为水泉村东南斜坡和白龙江左岸斜坡，稳定性较大，危险性中等。

2. 防治思路

县城设置综合防灾指挥中心，配套建设救灾物资储备库。

舟曲县城地质灾害防治，一是要适度提高设防标准，泥石流防治采用20年一遇标准；二是要工程措施与非工程措施结合，提高防灾减灾综合能力。

按照国土部门的滑坡、泥石流治理方案和水利部门的防洪方案，做好滑坡、泥石流治理和防洪工程建设。

3. 泥石流防治

保留泥石流沟现有通道，保持其走向与天然走向一致。

现有泥石流沟两侧留出不低于20m的防护用地，防护用地可用作绿化，也可用于道路建设。

三眼峪和罗家峪沟预防泥石流复发，泥石流掩埋区应有专业部门制定治理措施。

4. 滑坡（不稳定斜坡）防治

对滑坡体和不稳定斜坡加强检测预警，对隐患点下部受威胁人员及财产进行搬迁避让，一旦发现异常，居民立即撤离，远离滑坡区。

5. 其他措施

建设用地的选址遵循对地质灾害避让的原则，对规模较小的山体滑坡和泥石流等，采取工程防范措施。

做好地质灾害防范工作，加强道路沿线地质灾害巡查，加强汛期地质灾害群测群防监测预警。

由于舟曲县城对外交通条件差，为保证救灾及时、便捷，规划在县城和峰迭新区设置直升机停机坪，停机坪的选址应位于地势相对较高的安全位置，不容易受泥石流、滑坡、崩塌、地震、洪水等灾害影响。

6. 县域其他地质灾害防治要求

舟曲县域以泥石流和滑坡为典型的地质灾害频发，要做好地质灾害防治工作，对于存在潜在危害的村庄，要以搬迁避让为原则，在县域内统筹考虑居民避让安置问题，并与地质灾害治理、生态修复工程相结合，统筹规划，合理布局。小型地质灾害可采用工程治理措施。

10.3.6　规划实施和建议

在《舟曲灾后恢复重建城镇规划》、甘肃省政府关于"省住房和城乡建设厅具体指导舟曲灾后恢复重建城镇规划实施工作、吸收相关方面专家成立城镇规划实施专家咨询组"的要求指导下，根据甘肃省住房和城乡建设厅《舟曲灾后重建城镇规划实施工作方案》的具体要求，明确舟曲灾后恢复重建城镇规划的实施建议。

1. 建立行之有效的实施机制

按照"政府主导，专家领衔，部门合作，社会参与，政策引领，科学决策，规划统筹，合力推进"的原则，借鉴"5·12"汶川大地震和玉树灾后恢复重建工作经验，建立行之有效的组织机构和决策机制，在灾后重建全过程中发挥主导作用，协调各方要求和各项规划、建设工作，确保灾后重建规划顺利推进。

成立灾后重建城镇规划实施专家咨询组，负责详细规划和城市设计、重要建设项目设计方案的审查，负责工程建设进度的规划协调。由省建设主管部门牵头，抽调专业技术人员组成灾后重建城镇规划实施协调办公室，作为专家咨询组的日常工作机构。

2. 加强规划在重建全过程中的统筹作用

以规划为总把关和总协调，发挥规划"一个漏斗"作用，在重建过程的各个环节，包括建设项目统筹、项目用地选址、设计任务拟定、技术标准确定、设计方案把关、公众意见咨询、专业设计协调、建设进度协调、施工质量验收等方面，做到全程跟踪把关，确保各项建设整体协调、重建进度整体协调、总体风貌整体协调，重建工作达到高质量、高水平，重建效果让灾民放心，让社会各界满意。具体工作职责主要包括如下四项：①依据《舟曲灾后恢复重建城镇规划》，组织编制灾后重建各区域的详细规划和城市设计，并会同甘南州人民政府、舟曲县人民政府发布；②依据详细规划和城市设计，确定灾后重建项目选址和规划条件，作为灾后重建项目开展工程设计的依据之一；③组织灾后重建项目设计方案审查，依据详细规划和城市设计，把好城镇规划实施和城镇风貌、建筑风格、建筑色彩等方面的关；④对灾后重建项目施工进行监督检查，确保重建项目符合详细规划、城市设计和工程设计方案，并提出建设时序上的建议。

3. 尽快启动灾后重建相关基础工作

首先，为顺利推进建设规划和各项设计，要尽快开展峰迭新区、县城重建用地的地质灾害隐患区详察工作，从安全出发，进一步明确重建安置区的适宜建设用地范围、各片区地质灾害避让范围和避让搬迁人口，对地质灾害隐患提出具体治理措施。对重建安置建设用地开展工程地质评价。补充测绘重建安置用地及其周边地形图。

其次，规划办依据《舟曲灾后恢复重建城镇规划》，应尽快组织编制峰迭新区、秦王川新区、老城区详细规划，书面征求省政府有关部门、甘南州、舟曲县意见后，提请专家咨询组审查，并及时由省住房和城乡建设厅与甘南州人民政府联合发布。

最后，规划办依据各片区详细规划和城镇风貌、建筑风格、建筑色彩等方面的要求，适时组织编制相关用地和项目的城市设计，书面征求甘南州、舟曲县意见后，提请专家咨询组审查，并及时由省住房和城乡建设厅与甘南州人民政府联合发布。

第11章　纽约灾后恢复重建规划[①]

纽约市是纽约都市区的核心，是美国最大的城市，也是世界最大的城市之一。它位于美国东海岸的东北部，是美国人口最多的城市，拥有来自近百个国家和地区的移民。截至2014年，纽约市大约有850万人，分布在789km²的土地上。而纽约大都市圈则有2000万人左右。纽约是一座世界级国际化大都市，直接影响着全球的经济、金融、媒体、政治、教育、娱乐与时尚界。以华尔街为龙头的纽约金融区被称为世界的金融中心，纽约证券交易所是世界第二大证交所；纽约时报广场位于百老汇剧院区枢纽，被称作"世界的十字路口"，是世界娱乐产业的中心之一。

但就是这样一座国际化的大都市，在2012年10月28日至30日，遭受"桑迪"飓风袭击，城市造成严重损失。

相比国内的灾后恢复重建规划，纽约市桑迪之后的灾后恢复重建规划（后简称规划）有以下几个特点，值得国内灾后恢复重建规划编制借鉴：

（1）重视对未来风险的分析。规划首先进行了全球和区域未来气候变化趋势预测，并在这个大背景下，分析了纽约未来可能面临的风险，然后将这些风险作为整个规划编制的前提和基础。

（2）对城市在灾害中所反映出的问题和规律非常重视。对每个规划对象，规划都会介绍桑迪对其影响情况，并分析造成这种影响的原因和规律，成功经验予以发扬，失败教训采取措施予以避免。

（3）规划目标明确。规划以提高纽约市应对气候变化弹性为总目标，所有规划措施都围绕此目标进行，成为一个有机整体。

（4）分析和措施针对性强。规划以纽约市未来面临的风险预测为出发点，结合城市各部分在桑迪期间所表现出来的经验和教训，预测未来纽约市各部分的脆弱性，然后据此提出相应的规划措施。规划措施依据充分，与当地情况结合紧密，可实施性强。

11.1　桑迪飓风及其影响

11.1.1　桑迪简介

"桑迪"飓风是形成于大西洋洋面上的一级飓风。2012年10月24～26日飓风"桑迪"袭击了古巴、多米尼加、牙买加、巴哈马、海地等地，造成大量财产损

---

① 本章著译自《A STRONGER, MORE RESILIENT NEW YORK》，部分单位依据原文，仍然使用英里（mi）、英寸（in）、英尺（ft）。

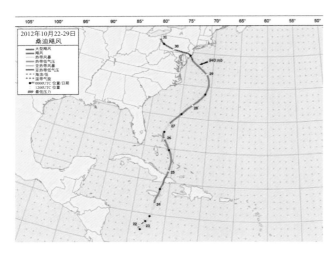

图11-1 桑迪风暴的运行路径

失和人员伤亡。10月28～30日,"桑迪"飓风横扫美国东海岸。"桑迪"是2012年飓风季的第18个飓风。其行进路线如图11-1所示。

桑迪在10月24日形成飓风,通过卫星能清晰看见风眼。根据美国国家飓风中心消息,10月24日,桑迪飓风在牙买加登陆,登陆时强度为一级,在10月25日袭击古巴前,其强度已发展到三级。

当桑迪穿越巴哈马时,强度减弱为一级飓风,但规模开始快速扩大。穿过巴哈马后,桑迪转向西北发展,开始平行于美国东海岸长途穿越大西洋。桑迪逆时针旋转,将从佛罗里达到缅因州沿途的洋面提高。

历史上,大部分飓风会循着美国海岸向北移动,然后在抵达纽约前转向海岸或海洋深处发展。然而,在桑迪发展过程中,由于遭遇了两个天气系统,最终导致它改变方向,并使其强度急剧增加:一个是向北的高压系统,阻碍了桑迪向北的去路;另一个是美国东南部向东推进的低压系统,使桑迪重新获得能量。在这两个天气系统的影响下,桑迪急速向西,并使其能量达到一个顶点。

10月29日晚上7:30,桑迪在新泽西州的Brigantine市登陆,时速达到80mi。在它登陆的两个半小时之前,美国国家飓风中心已经重新将桑迪界定为后热带气旋。因为从技术上来讲,它已经不再具有飓风的特点:其中心缺乏强烈的雷电活动;它的能量不再来源于温暖海水而是急流;没有风眼。

无论桑迪被称作什么,它从来没有失去它巨大的风场。实际上,当桑迪风暴登陆时,其热带风暴延伸超过1000mi——三倍于一个典型飓风。正是那些风和低气压引起了破坏力强大的海浪。

桑迪路径的角度也很有特点。当桑迪到达纽约海滨的时候是垂直于纽约市的。逆时针的狂风掀起了巨大、破坏力强的海浪直接冲向纽约的海岸线。登陆后,在穿越新泽西州南部、特拉华州北部、明尼苏达州南部时,桑迪移动逐步变慢,强度也减弱。最终,在10月31日,当穿越俄亥俄州东北时,它的中心消失了。

11.1.2 桑迪的影响

桑迪给纽约造成了巨大的影响:43人死亡、6500名病人被迫从医院和疗养院疏散,约90000栋房屋被淹,110万儿童停课达一个星期,200万人电力供应中断,1100万游客日常生活受到影响,经济损失达到190亿美元。

死亡的43人中,大部分是由于身处低洼地区,当水位快速上涨时被淹死的。其中,23人死在Staten岛(包括10位独自在Midland沙滩附近的人),其他分布在皇后区、布鲁克林区和曼哈顿区各个地方。桑迪给老人和小孩造成的影响比较大,死者中既有2岁的小男孩,也有90岁高龄的老人。

在其他地区,尽管没有造成人员死亡,但各地也被破坏得面目全非。在几百栋被破坏或被美国建筑署鉴定为结构遭到破坏的建筑中,有60%分布在皇后区,有30%分布在Staten岛。桑迪还破坏了很多纽约人白手起家建立起来的店面生意,包括那些位于淹没区被影响的店面和在风暴期间失去电力的店面,共约70000家。

从某种意义上说,灾害对生活相对贫困的民众影响更大,因为他们拥有的资源相对较少。譬如,在桑迪期间,那些居住在公共租赁住房的民众受影响相对较大。因为很多公共租赁住房位于海边，他们很容易受极端气象灾害影响。桑迪期间，全纽约有超过400个房屋管理部门所辖房屋遭受断电、断热或断水等问题，受影响住户达35000个。

同时，在桑迪期间，一些对纽约市民日常生活很重要的设备和服务也部分或完全关闭，有的甚至在灾后很长时间才完全恢复。而由于城市是一个大系统，一个系统的破坏可能会影响其他功能的正常运行，一些区域遭受影响，其他一些区域可能会受牵连。如桑迪飓风期间，电力系统遭到破坏导致了健康防护、交通、通信和其他一些系统受损；曼哈顿南部枢纽被洪水淹没断电，导致一些没有被水淹地区的民众不能正常工作，因为他们办公室的门无法打开（图11-2、图11-3）。桑迪给所有人提了一个醒：在一个城市中，大家是一个整体，互相联系和影响着。

另外，纽约市的海岸线、建筑、基础设施和部分社区在本次灾害中也表现出了很高的脆弱性（图11-4～图11-6）。

图11-4　在Rockaway被损坏的木栈道

图11-2　纽约地铁因电力中断停止服务

图11-5　在东村社区为手机充电的民众

图11-3　曼哈顿南部电力中断导致切尔西陷入黑暗

图11-6　在皇后区Sunnyside一加气站排队加气的民众

11.1.3 原因分析

有记录以来，纽约从未遭受过规模如此巨大的风暴，也从来没有过一个风暴给纽约造成如此惨重的损失和让如此多的人失去生命。而正是一系列看起来不可能的因素叠加在一起，才导致了桑迪飓风灾难性的后果。

首先是风暴发生的时间。桑迪到达纽约是10月29日晚上，当时，由于潮汐作用，纽约附近的洋面正处于高潮位（高潮位到达曼哈顿下城Battery的时间为晚

上8：54，而最大海浪到达时间为晚上9：24），这意味着，大部分纽约南部沿岸海平面被抬高了，而典型的高潮位一般比低潮位高5ft。更不利的是，桑迪到达的那个晚上的潮汐是春潮，是一个月当中最大的时候——一般来说，其高潮位比一般高潮位还高半英尺（图11-7）。

第二是风暴的规模。当桑迪登陆时，它的强热带风区延伸1000mi，规模超过卡特里娜飓风的三倍。而风暴的强风覆盖范围与其的破坏力密切相关（图11-8）。

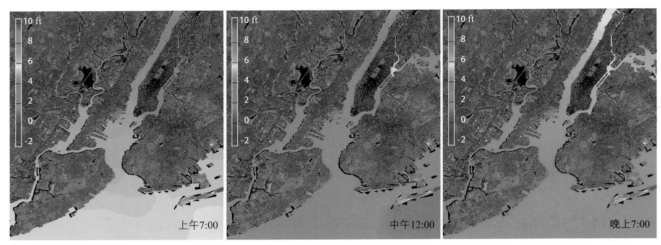

图11-7 纽约周边水面高度

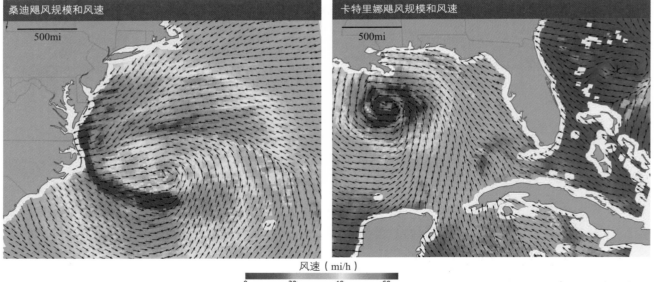

图11-8 桑迪与卡特里娜对比
（资料来源：NASA）

桑迪巨大的规模引起了滔天海浪。这些海浪，与春潮相叠加，产生的巨浪超过Battery平均低潮位14ft，甚至比1960年Donna飓风创造的最高海浪纪录还高10ft（图11-9）。

第三是桑迪在纽约海岸的非常规行进路径。桑迪沿美国东海岸向北移动过程中，由于遭受了两个不同天气系统，使其行进方向发生改变，能量得到增强。在2012年10月29日晚上7：30，桑迪以最大时速达80mi的速度在亚特兰大市以北7mi处冲进新泽西州。

桑迪行进路径与纽约市所成角度也是所有可能中最不利的一种情形。在那天早些时候，风向还是跟以往一样，稍微向南。然而，桑迪到达后，风向转为西北。正是这个转变，掀起了巨浪，并直接冲击了纽约市南部。

由于以上三个因素，桑迪以一种极具破坏力的力量袭击了纽约。桑迪携着巨浪和狂风肆虐了纽约沿大西洋的海岸线和下纽约湾，给南方的皇后区、布鲁克林区南部、Staten岛的东部和南部海岸造成严重破坏，摧毁了房屋、建筑和重要基础设施。同时，纽约海岸的自然地形也遭到破坏。

狂风暴浪抬高了海平面，大量海水涌进海湾，进而抬高了内河和支流水位。大量的洪水漫过沙滩、海滨道路和挡水墙导致洪水泛滥。据统计，纽约总共有51mi²被淹，约占全市陆地面积的17%。而根据美国联邦应急管理署（the Federal Emergency Management Agency，简称FEMA）制作的纽约洪水风险分析图，在一百年一遇的桑迪袭击下，纽约有33mi²被淹。桑迪实际淹没范围比预计的大53%。在皇后区，桑迪所造成的实际淹没范围几乎是FEMA分析的两倍；在布鲁克林区，桑迪所造成的实际淹没范围是FEMA分析的两倍多；而在有的区域，桑迪所造成的实际淹没范围是FEMA分析的好几倍（图11-10）。

由于纽约是城市地区，人口和财物比较集中，灾情被扩大了。在风暴袭击时，有443000人居住在洪水淹没范围内。洪水淹没范围内有88700栋建筑——这些建筑中有超过300000个家庭和将近23400家店面。

很多城市关键基础设施也在这个区域，包括医院、疗养院、重要电力设施、很多城市的交通网络，以及城市所有的污水处理厂。

在很多地方，洪水不止淹没范围广，还很深。在很多滨海地区，洪水淹没水深超过地面几英尺。在布鲁克林区Coney半岛的防潮闸附近，水深超过地面11ft，而在Staten岛的Tottenville，水深更是达到14ft。

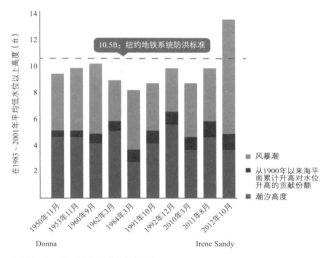

图11-9　曼哈顿下城水位记录
（资料来源：NOAA；UCAR）

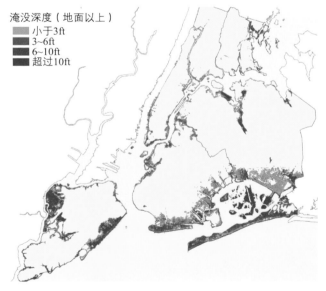

图11-10　桑迪淹没范围
（资料来源：FEMA）

11.2 气候变化影响分析

尽管桑迪给纽约造成的影响很大，但无论从它的瞬时最大风速、风力还是它所引起的降雨来说，桑迪都不是历史上最大的。桑迪之所以导致如此惨重的损失，是因为时间、规模和运行路径三个方面因素叠加引起的。不过，根据相关研究，桑迪给纽约所造成的损失还不是所有可能中最恶劣的（图11-11）。

随着全球气候变化的加剧，极端性气候现象出现得越来越频繁。这也让纽约所面临的风险越来越高。然而，对纽约来说，气候变化所引起的风险并不仅仅是风暴，还包括暴雨、热浪、干旱和大风。另外，一些缓变型不良现象，如海平面升高、全球气候变暖以及逐年增加的降雨等，都与城市有直接关系，更会加重极端性灾害的影响。

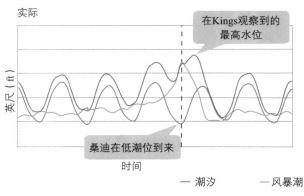

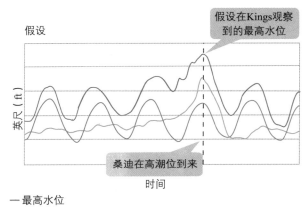

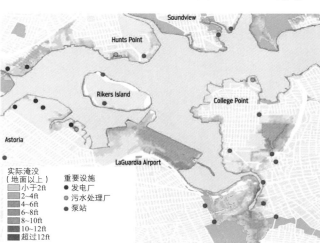

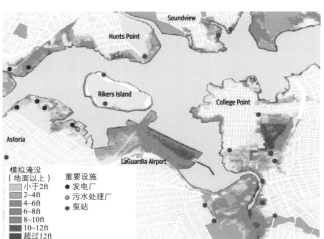

图11-11 桑迪巨浪与潮汐高潮位重合度更高情况模拟

11.2.1　纽约现状的脆弱性

1. 风暴

从1983年以来，纽约所面临的海洋风暴风险就已经反映在FEMA制作的洪水风险分区图上了。因为这些图经常被美国国家洪水保险计划（NFIP）使用，部分民众和单位也据此购买洪水保险，所以这些图也被叫作洪水保险费率分区图（FIRMs）（图11-12）。纽约的洪水风险区划图显示了100年一遇和500年一遇的洪水淹没范围，并对不同区域在面临洪水威胁时的脆弱性作出了说明。如一些区域面临着破坏性海浪袭击风险，所以，这些区域一般需要满足一定的防浪标准。

1983年的洪水风险分区图显示，纽约有33mi²（约相当于布鲁克林区的一半面积）处于100年一遇洪水淹没区。2010年，这些区域生活着218000居民，有14%的废水处理厂，12座电厂（纽约总共27座），这意味着，全纽约市有37%的电力供应能力位于100年一遇洪水淹没范围。然而，很多这些非常重要的基础设施并不是出于功能需要被放置在滨海地区的。另外，还有大量社区和商业分布在这个范围内，据统

■ 100年一遇洪水淹没范围
■ 500年一遇洪水淹没范围

图11-12　FEMA发布的1983年版洪水保险费率图（FIRMs）
（资料来源：FEMA）

计，约有将近35500栋、3.77亿ft²建筑，以及21400个工作岗位。

然而，在桑迪之前，纽约市和FEMA就已经知道，1983年版的洪水风险区划图不能充分反映纽约市所面临的洪水风险。尽管FEMA在2007年将相关图件转变为数字格式，但对内容并没有作太多实质性修改。在过去的30年中，纽约市很多方面都发生了非常大的变化，如城市的滨海地区有很多新的开发建设，海平面在20世纪持续升高，有了更精确的海岸地形数据和模型以及过去30年中新出现的风暴案例等。

2007年，纽约市政府正式要求FEMA作出修订；2009年，FEMA正式开始这项工作。2010年，为配合FEMA工作，通过LiDAR技术，纽约市政府获取了更高精度的纽约市高程数据。为获取这些数据，纽约市政府通过配备有激光扫描仪的飞机对纽约市五个区进行高精度测绘。这让纽约得到了一份高精度、三维的高程数据。这些东西可供FEMA更新纽约洪水风险分区图使用。

桑迪证明了经常更新纽约市洪水风险区划图是非常重要的。桑迪期间，纽约市被洪水淹没范围是1983年版洪水风险区划图的1.5倍，在有些社区，甚至达到好几倍。例如，在布鲁克林区和皇后区，被洪水淹没陆地面积加起来约等于1983年版洪水风险区划图中纽约全市百年一遇洪水淹没区面积，约33mi²。然而，在桑迪淹没范围中，60%的建筑和超过一半的居民并不在1983年版洪水风险区划图淹没范围中。桑迪过后，2012年12月，这些房子中有25%的建筑被美国房屋局认定为严重破坏或毁坏。在这些区域，不只是居民不知道自己所面临的洪水风险，他们生活和工作的建筑也没有按相应的防洪标准进行建设（图11-13）。

2013年1月，为让纽约市民更好地了解自身海洋风暴导致的洪水风险，FEMA发布了纽约市临时洪水风险区划图。当一些没有最新洪水风险区划图的社区遭遇大风暴后，FEMA经常这么做（如2005年卡特里娜飓风后，FEMA给路易斯安那州和密西西比州提供

图11-13　FEMA发布的1983年版FIRMs与桑迪淹没范围对比
（资料来源：FEMA（MOTF 11/6 Hindcast surge extent）

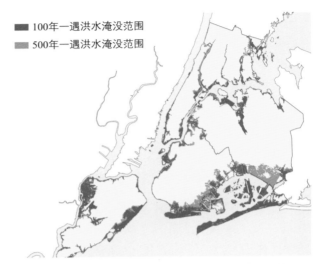

图11-14　2013年FEMA发布的初步工作区划图（PWMs）
（资料来源：FEMA）

临时洪水风险区划图）。这个临时洪水风险区划图，被称为建议基准洪水高程图（简称ABFEs），与纽约市采取的一套应急措施一起，临时暂停某些区域的限制和修改部分建筑标准，允许市民在灾后采用更符合纽约实际洪水风险的标准重建。

2013年6月，根据更精确的海浪模型，FEMA发布了纽约初步工作区划图（简称PWMs）（图11-14）。虽然与1月份发布的ABFEs有很多地方类似，但这版区划图在某些方面还是有很明显的不同。例如，大幅缩小了面临破坏性海浪风险的区域。在2013年年底FEMA发布初步FIRMs之前，这版区划图被认为是提供信息最准确的。经过公开征求意见后，初步FIRMs将修改并发布，最终有效FIRMs可能在2015年发布。新的FIRMs将提出一系列与洪水有关的要求，包括洪水保险和防洪标准。虽然还可能进行一些调整，但新的FIRMs和PWMs应该基本一致。

总体来说，初步工作区划图（PWMs）尽管并不令人惊讶，但令人不安。新的百年一遇洪水淹没区与桑迪所造成的淹没范围基本一致，比1983年版洪水风险区划图大15mi²（或大45%）。新的洪水淹没区在五个区都有所扩大，在布鲁克林区和皇后区更

是显著增长。全市范围内，有67700栋、约5.34亿ft²建筑在洪水淹没区范围内，分别比1983年版增长了90%和42%。在洪水淹没区的民众达到196700人，增长了61%。大部分主要分布在布鲁克林、皇后和曼哈顿区。将近40万纽约民众生活在洪水淹没区（增长83%）——比美国任何一个其他城市都多（尽管一些城市，如新奥尔良有更高的人口比重生活在洪水淹没区）（表11-1）。

美国主要城市百年一遇洪水淹没区比较

表11-1

城市	区内人口	占全市人口比例	淹没区面积（mi²）	区内人口密度（人/mi²）
纽约	398100	5%	48	8300
休斯敦	296400	14%	107	2800
新奥尔良	240200	70%	183	1300
迈阿密	144500	36%	18	8000
劳德代尔堡	83200	50%	21	4000
旧金山	9600	1%	3	3200

2. 暴雨

对纽约来说，暴雨是其面对的另一个挑战。在过去半个世纪中，美国整个东北地区暴雨发生次数都有

显著增长。暴雨威胁城市重要基础设施，特别是供水和交通（图11-15）。例如，在2011年，热带风暴Irene和Lee接踵而至，纽约几个水厂的浑浊度和细菌总数提高。其中，Catskill Systema和Catskill Aqueduct是将饮用水从Ashokan水厂运送到Kensico水厂，然后供给全市。在风暴期间和风暴之后一段时间，其水的浑浊度持续居高不下，为保证供水质量，不得不采取特别措施，这一措施延续了9个月，创造了最长历史纪录。通过这些措施，保障了公众用水安全。

暴雨对交通系统也是个威胁。2007年，一场暴雨，导致纽约地铁19个重要地段在早高峰发生中断，迫使部分系统关闭，影响乘客达230万。而地铁系统的破坏产生了连锁反应，使地面交通系统产生混乱。

3. 热浪

热浪（是指连续超过3天温度超过90华氏度的破坏性天气）是另一个威胁纽约安全的极端性气候。由于城市热岛效应（UHI），热浪对纽约城区产生的危害甚至比周围农村地区更严重。热浪给城市电力系统造成巨大压力，并可能导致人员死亡，加剧城市患慢性病人员病情，特别是对那些健康条件相对较差的老年人。实际上，热浪每年导致的死亡人数要比其他自然灾害加起来还多。例如，在2006年7月份，一场热浪袭击，导致纽约140人死亡（图11-16）。未来，若

一场更严重、更持久的热浪，或者热浪伴随着严重电力中断，将会产生更严重的后果。

4. 干旱

纽约另一个极端气候是干旱。干旱会降低水库水位，对纽约供水安全构成威胁。在过去50年中，纽约曾经发生过几次严重的干旱。其中，最严重的干旱从1963年持续到1965年，在这期间，通过自愿和强制措施，居民生活用水和商业用水显著减少。从那时开始，纽约用水量下降，在一定程度上降低了纽约面临干旱的风险。纽约继续采取措施降低用水量，如减少管网渗漏、鼓励使用节水器具，在全市安装超过83万个自动水表让用户更好地管理自己的用水需求等。这些措施显著提高了纽约市抗御干旱的能力。因此，纽约未来会继续监控和管理城市用水需求。

5. 大风

最后，纽约还面临着大风的威胁——特别是风暴伴随着的大风。大风会吹倒大树，吹断架空线路，造成财产损失，导致电力中断等。如果风力足够大，还可能给建筑造成损伤。一级飓风是指最高持续风速不低于74mi/h，二级飓风最高持续风速在96～110mi/h，比桑迪飓风在新泽西州登陆时的80mi/h大得多（图11-17）。实际上，在1954年，Carol飓风在纽约地区的持续风速达到了100mi/h，带来了严重损失。

图11-15 2004年9月一场风暴过后布鲁克林区第九街被淹

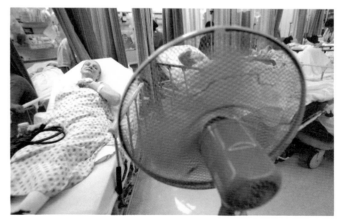

图11-16 2006年7月布鲁克林区因热浪住院的病人

图11-17 桑迪的大风在布鲁克林区产生的灾害

11.2.2 纽约未来的脆弱性

虽然纽约面临的现状风险是清楚的，但在气候变化的长期影响下，一些新的极端性气候现象会出现，缓变型不良现象会加重。事实上，这些变化一直在进行着。美国国家气象局和美国国家海洋和大气管理局记录显示，2012年是纽约市有记录以来最热的年份，年平均气温比正常年份的高3.2°F（华氏度），比以前最高纪录提高了1°F。

全球迹象也显示，这些进程在加快。根据相关研究，大气中温室气体二氧化碳的浓度达到了几亿年以来的最高水平。从工业革命以来，由于化石燃料的使用和陆地使用状况的改变，大气中二氧化碳浓度增加了40%。而二氧化碳在空气中能存在100年甚至更久，所以，气候基本上被锁定在变暖进程中。从1970年以来，全球平均气温升高了约1°F，北极海洋中海冰的体积在9月份缩小了80%。海洋温度上升，大部分的冰川都在消退。

气候的长期变化意味着，当极端性天气出现时，可能更严重，更具破坏性。海平面上升后，海洋风暴引起的洪灾淹没范围可能比现在更大，原本处于淹没区的地区淹没更频繁。因为大气变暖，热浪的出现可能更频繁，持续时间更长，强度更大——这给纽约电网和民众的健康构成严重威胁。

通过城市规划（PlaNYC），纽约市已经采取了一些措施去应对气候变化可能给城市带来的影响。2008年，纽约市长Bloomberg召集一些非常权威的专家成立了纽约气候变化专门委员会（NPCC），来分析纽约市气候的长期变化趋势和可能存在的脆弱性。这是全美第一个由城市设立一个实体来领导气候和社会学家进行当地气候预测的组织。

2009年，NPCC发布了它的研究成果，一份具有开创性的报告《气候风险信息2009》（Climate Risk Information 2009）。报告预测了纽约市未来可能面临的缓变型不良现象和极端性气候，及其对纽约可能产生的影响。例如，NPCC提出，在21世纪中叶，纽约的海平面将上升一英尺，现在百年一遇规模洪水的发生概率提高两到三倍；在2050年之前，纽约将经历更频繁的暴雨，气温达到或超过90°F的天数将增加。

为应对这些风险，2008年，纽约市长召集了40多个公共和私营的基础设施运营单位成立适应气候变化特别工作组，这也是纽约城市规划的一项工程。工作组成员用NPCC的预测成果来评价他们自己基础设施的风险，并制定策略降低风险。例如，Con Edison评估未来极端高温天气将怎样影响用电峰值，以及采取哪些措施来弥补电力供应缺口。

纽约还采取措施增强自身建设环境。例如，纽约市要求新的滨水开发项目的设计必须考虑海平面上升影响和进行抗风暴设计；通过立法，允许这些建筑将电力设备设置在屋顶不需要专门审批。同时，纽约市还发布了《纽约市凉屋顶计划》，要求将屋顶漆成白色，这样可以降低城市吸收的热量。

适应气候变化工作组和纽约市机构的工作表明，准确信息对规划和决策具有重要作用。这就是纽约市政府一直要求获取纽约市所面临风险更准确信息的原因。正如在前面提到的，纽约市推动FEMA提供纽约市更准确的洪水风险区划图，以便居民和商业从业者能更了解在风暴期间他们所面临的洪水淹没风险。纽约市也认识到，FEMA依据的是历史数据，即使他们更新了洪水风险区划图，也不能提供纽约未来所面临洪水风险的信息。

为确保纽约市能够持续得到最新的未来气候变化风险的信息，2012年9月，纽约正式将NPCC和适应气候变化特别工作组写进了法律。这是全美第一个地方政府用法案来推动建立应对气候变化的制度化程序：及时更新对当地气候变化预测，识别相关风险，实施策略去降低气候变化风险。这个新的法律要求，NPCC一年开两次会，根据最新的科学发展给纽约市政府和适应气候变化特别工作组提出建议；从2013年3月开始，至少每三年更新一次气候变化预测。

为应对新的外部条件，桑迪之后，在2013年1月份，纽约市重新召开了NPCC会议更新其预测，为桑迪之后的重建规划和弹性化计划提供基础。采用最新气候变化模型、最新气候变化趋势预测和最新温室气体排放数据，NPCC更新了2009年的预测结果，发布了《气候风险信息2013》（Climate Risk Information 2013）。

NPCC预测，在21世纪中叶，海平面将上升超过2.5ft，特别是当极地冰盖融化速度超过以前预测时。这个规模的海平面上升将威胁纽约低海拔区域的社区安全，使其更容易受潮汐洪水的影响，在Battery遭受现状百年一遇规模洪水的概率增加5倍。NPCC还预测，北大西洋盆地的最强烈飓风很可能将增加（可能性超过50%）。在2050年以前，纽约市每年气温超过90℉的天数将和亚拉巴马州的伯明翰现在一样多——是纽约目前的三倍。热浪发生频率是目前的三倍多，持续时间是目前平均水平的1.5倍。类似地，纽约的强降雨也将增加（可能性超过90%）（表11-2）。

NPCC2013年气候变化预测　　表11-2

缓变型危险	基准（1971~2000年）	2020年 中间范围（25%~75%）	2020年 最高（90%以上）	2050年 中间范围（25%~75%）	2050年 最高（90%以上）
平均温度（℉）	54	+2.0~2.8	+3.2	+4.1~5.7	6.6
降雨	50.1in	+1%~8%	+10%	+4%~11%	+13%
海平面升高[1]	0	+4~8英寸	+11英寸	+11~24英寸	+31英寸

极端性事件		基准（1971~2000年）	2020年 中间范围（25%~75%）	2020年 最高（90%以上）	2050年 中间范围（25%~75%）	2050年 最高（90%以上）
热浪和寒潮	每年气温超过90℉天数	18	26~31	33	39~52	57
	每年热浪天数	2	3~4	4	5~7	7
	平均持续时间	4	5	5	5~6	6
	每年气温低于32℉天数	72	52~58	60	42~48	52
强降雨	每年降雨超过2英寸天数	3	3~4	5	4	5
Battery的海洋洪水[2]	现在百年一遇洪水未来每年发生频率	1.0%	1.2%~1.5%	1.7%	1.7%~3.2%	5.0%
	百年一遇洪水高度（NAVD88）（英尺）	15.0	15.3~15.7	15.8	15.9~17.0	17.6

说明：1. 海平面上升预测的基准期为2000~2004年；
2. 跟所有预测一样，NPCC的气候变化预测有一定的不确定性。不确定性的主要来源有：数据和分析模型的局限、气候系统的随机性、对一些物理过程理解的局限。为了降低分析结果的不确定性，NPCC采用了美国最先进的气候变化模型、未来温室气体浓度的多情景假设和最新参考文献。但即使如此，预测也不是真实的概率水平，这里面可能有潜在的错误。

这些预测结果经过了严格的同行评议，代表纽约市目前可用的最好的气候科学分析结果。不过，它们并没有被州或联邦政府官方认可，因为目前没有这样的机制。作为推进纽约市弹性化的规划，有必要确保所有相关方基于NPCC相关预测来进行气候变化应对，以免引起混乱和冲突。

纽约市还跟NPCC一起制定了纽约市未来洪水风险区划图，以指导纽约重建和弹性化努力。这些前瞻性的洪水风险区划图是结合NPCC预测的海平面升高预测高值，在FEMA发布的PWMs基础上利用简化方法制作的。这些图描述了在未来几十年，在最不利海平面升高情况下的洪水淹没范围。由于这些预测不是用精确的海岸模型，预测的精度不是很高。因此，并不适用私人财产风险评估。然而，其对理解未来洪水风险非常有用（图11-18）。

新的洪水风险区划图显示，在2020年，百年一遇洪水淹没范围将达到59mi^2（比PWMs增加23%），淹没范围中有88800栋建筑（增长31%）。当海平面升高超过2.5ft时，纽约百年一遇洪水淹没范围将达到72mi^2——达到惊人的占全市面积的24%或四分之一——影响114000栋建筑（将近PWMs显示的两倍）。这些区域有全市97%的电力供应，20%的医院床位和很大部分的公共房屋。到2050年，有超过80万民众生活在百年一遇洪水淹没区范围，约占全市现状人口的10%，比波士顿全市人口还多。

■ 2013年PWMs100年一遇洪水淹没范围
■ 预计2020年100年一遇洪水淹没范围
■ 预计2050年100年一遇洪水淹没范围

图11-18 纽约市2020年和2050年洪水风险区划图
（资料来源：FEMA；CUNY Institute for Sustainable Cities）

纽约还作了根据未来洪水风险分区图进行城市建设的经济成本分析。这项工作是委托瑞士的Re来完成的。Re是世界上最大的再保险公司之一（因为他们为他们客户提供自然灾害中巨灾方面的保险和再保险服务，开发了一种专门预测极端气象灾害可能性和损失的专门方法）。与FEMA提供风险不同，瑞士的Re将洪水和大风的潜在损害也考虑了进去。他们的分析显示，将海平面抬升和更强风暴一起考虑将带来非常高的建设成本——成本将达数十亿美元之多。

纽约市还借助分析工具（如瑞士Re的分析模型）来评估自身所面临海洋风暴的可能性和后果。但除海洋风暴外，这个模型不能评估其他极端性突发事件的影响，对海洋风暴和其他极端性气象灾害（如热浪）对公众健康的潜在影响也不能评估。不过，纽约市已开始着手尝试去评估气候变化给公众健康带来的影响。作为"气候变化准备好了城市"和州政府的倡议，纽约市健康和心理卫生局（DOHMG）已经评估了纽约民众的健康风险，识别脆弱人群，提出了公众健康应对极端气候和其他气候变化威胁的适应策略。例如，根据NPCC2009年的预测，如果不采取减缓措施，2020年夏天将更热。与1998~2002年相比，与热相关的死亡人数预计将增加30%~70%（约110~260人）。因此，有必要通过新的工作来深化这些预测、识别和应对策略。

11.2.3 应对气候变化的建议

为让纽约更好地应对气候变化，提出如下倡议：

（1）与FEMA一起，改善洪水风险区划图的更新过程。当桑迪袭击时，纽约使用的还是将近30年前的洪水风险分区图，在这30年中，纽约建设现状发生了很大的改变，洪水风险分区方法也发生了变化。导致洪水风险区划图不能很好地反映目前纽约市所面临的洪水风险。因此，建议纽约市政府与FEMA一起合作，改善洪水风险分区图的更新过程，保证其在10年左右能得到更新一次。

（2）与FEMA一起，改善现状洪水风险区划图与公众的沟通状况。尽管FEMA作了很大的努力，但处在洪水高风险区的居民和工商业主对洪水风险区划图编制过程及其对自己意味着什么依然一头雾水。甚至桑迪之后，还有处于洪水淹没区的民众不知道FEMA洪水风险区划图的存在。因此，FEMA未来应提高洪水风险区划图编制过程的透明度，增加公众了解洪水风险区划图的机会，让他们明白自己所面临的洪水风险。

（3）要求州政府和联邦政府与纽约市政府就气候变化预测加强协调。如果任由各级不同政府运用不同方法对纽约进行气候变化预测，得出的结果很可能不一致，这会造成纽约应对气候变化的混乱。因此，纽约市政府应基于NPCC的工作，加强与州政府和联邦政府协调，力争采用一套统一的方法来进行预测。同时，可呼吁联邦政府制定相关政策，如果地方政府采用更科学、严格的方法对当地气候变化进行预测，联邦政府可对相关结果予以确认。

（4）持续改善当地气候变化预测，为决策服务。

虽然NPCC提供了关于纽约最新的气候变化风险预测成果，但还是有很多工作需要继续深入研究。纽约将继续与NPCC和各相关单位合作，开发更多的气候预测成果，并使这些成果更实用。如，增加对其他极端性气候突发事件的风险预测；开发一套衡量实际气候变化的指标体系，供纽约市政府在作政策调整和投资决策时参考。

（5）开发能综合考虑海平面上升风险的洪水风险区划图制作方法。尽管纽约市政府和NPCC已经制作了一套在海平面升高情况下的未来洪水风险区划图，但这套方法还可以做得更好，以使结果更科学，能更好地在政府间协调。

（6）启动一个试点项目，以方便识别和验证保护社区免遭极端高温影响健康的方法。一般来说，热浪会比其他类型的极端气象突发事件导致更多的人员死亡。未来，更剧烈、更持久和更频繁的热浪会提高这种风险，特别是对那些有慢性疾病和没有空调的老年人。纽约市可根据经费情况，挑选一两个极端高温情况下的高风险社区，详细进行案例研究，以验证有关控制措施的效果。试点项目于2013年年末启动，2015年前完成。

桑迪和气候变化可能的联系

桑迪引起了民众对纽约所面临气候威胁的广泛关注。但真的是气候变化导致了桑迪的出现吗？将任何一个大的突发事件完全归咎于气候变化是不可能的，海平面的上升在某种程度上扩大了桑迪影响的强度和范围。从1900年以来，纽约市附近海平面已经上升超过1ft，而这主要是气候变化引起的。如果海平面继续上升，海洋风暴引起的淹没会更广，淹没深度会更深。

研究认为，桑迪从北大西洋不正常升高的海水中汲取了能量。当全球变暖，海洋温度也会随之升高，这可能会引发风暴。虽然飓风的产生依赖于一系列的气候变量，而这些变量如何变化现在也很难研究清楚，但最新的研究显示，最强飓风会在全球范围内增多。因此，北大西洋盆地的飓风很可能也将增多（可能性超过50%）。

北极变暖导致的海冰减少也可能影响了桑迪的路径和强度。从1970年以来，海冰在初秋的体积减小了80%，一些研究认为，这和大气中的急流变化有关——这个改变，会增加极端性气象突发事件的频率和强度。急流的侵入，导致桑迪转向，并最终重创新泽西州是不寻常的。海冰的减少是否在其中扮演了关键角色目前还不清楚，但气候科学家相信，这个问题值得进一步研究。

11.3　基础设施和建设环境恢复重建

为尽快恢复纽约市的正常运行，并提高纽约市应对气候变化的能力，规划从11个方面对纽约市恢复重建工作进行了介绍：海岸保护、建筑、保险、公用事业、液体燃料、公共卫生、通信、交通、公园、供水和废水以及其他重要网络。每部分一般都包括以下五部分内容：①桑迪的影响；②分析在桑迪期间为什么会遭受这些损失；③在气候变化预测的基础上，预测未来面临的风险；④为防止或减轻未来的风险，制定相应的防范策略；⑤为贯彻这些策略，建议在未来实施的项目。

下面对海岸保护和建筑这两部分内容进行简要介绍。

11.3.1　海岸保护

纽约海岸线全长520mi，比迈阿密、波士顿、洛杉矶和旧金山海岸线加起来都长。海岸线对纽约的生存和发展都非常重要。从17世纪以来，纽约海岸线发生了很大改变（图11-19）。

11.3.1.1　桑迪的影响

1. 风暴潮的影响

桑迪给纽约海岸线带来了严重破坏，但不同海岸线受影响程度可能不太一样。一般来说，桑迪使海岸洪涝有三种途径：第一种是海水漫过沙滩和挡水墙，淹没社区和重要基础设施。全市最高水位出现在2012年10月29日晚上风暴处于最高潮时。在很多情况下，直接朝向大海的区域，如南皇后区、Staten岛的东部和南部滨海地区等。涌浪不仅带来了大量的海水，还有破坏力强大的海浪。这些海浪对建筑物和基础设施造成严重破坏。海浪的另一个影响是导致大量沙滩被破坏。据估计，至少有300万立方英码（Cubic yards）沙子被冲走。第二种是沿海湾、入海口、小溪进入内陆。如在布鲁克林区南部，很多洪水是通过Coney岛的小

溪和Sheepshead湾进来的。第三种是通过城市排水系统回流，填满城市各种低洼地区，特别是Staten岛的Midland沙滩的一些低洼地区。因为这些设施本来是设计用来排水的，没有考虑防风暴潮。另外，还有一些防潮闸和防洪闸被风暴潮破坏，有一些虽然没有被破坏但电力供应中断而只能人工操作（图11-20、表11-3）。

桑迪期间风暴潮最高高度　表11-3

序号	地点	时间（2012年10月29日）	水位高度（NAVD88）（ft）
1	Tottenville，Staten岛	下午8：38	+16.0
2	Great Kills港，Staten岛	下午8：52	+13.2
3	南沙滩，Staten岛	下午8：23	+15.0
4	海闸，布鲁克林区	下午8：23	+13.3
5	Gowanus运河，布鲁克林区	下午9：04	+11.1
6	Broad渠，皇后区	下午9：18	+10.4
7	Howard沙滩，皇后区	下午9：23	+11.2
8	Whitestone，皇后区	下午10：06	+10.6
9	世界博览会码头，皇后区	下午10：06	+10.4
10	Inwood，曼哈顿区	下午10：06	+9.5
11	炮台，曼哈顿区	下午9：24	+11.3[1]

注：1. 相当于MLLW以上14ft。
资料来源：USGS，NOAA.

2. 现有海岸防护工程的功能

尽管桑迪给海岸造成了严重破坏，但一些海岸根据自身特点采取的一些防护措施也取得了不错的效果。如海沙、沙丘、湿地、新的抬高了的排水系统、地面高程和防水墙（图11-21）。

抬高地面标高是保护建筑和基础设施免遭海浪和洪水袭击的有效手段。纽约市开发的很多滨水地区位于历史湿地和沼泽中，建设时也没有提高地面标高，任由这些区域建设被洪水威胁。而一些抬高了地面标高的工程，在桑迪中只是受到了很小影响而得以幸存。特别是一些这两种情况相邻的工程，对比非常强烈。

一些充分利用当地景观和场地特点的排水系统在桑迪期间也表现良好。尽管对于如此大量的洪水，排

图11-19　纽约海岸线的过去和现在

洪水在地面以上深度
- 3ft以下
- 3~6ft
- 6~10ft
- 10ft以上
- → 水流方向（示意性）

图11-20 桑迪淹没范围
（来源：FEMA MOTF 11/6Hindcast surge extent）

水系统作用不大。但那些新建的、抬高了建设高程的排水系统区域，当洪水退去能更快地将洪水排走，让恢复重建工作能很快展开。

至于湿地，它们的能力是依靠自身独有的特点降低损失。滩涂湿地仅仅依靠自身是难以阻止桑迪产生的洪水的。但那些周围有围堤的湿地，却能够滞留一部分洪水，防止它们侵入周围社区和重要基础设施中，同时，它们还起到了降低波浪冲击力的作用，减轻了灾害。

最后，在一些地方，防水墙也起到了中断海浪，降低海浪破坏力的效果。尽管很多地方的海浪越过了防水墙，但它们依然起到了降低海浪能量的作用。

11.3.1.2 海岸未来的风险预测

展望未来，纽约海岸线及滨水基础设施面临很高的气候变化风险，主要是风暴潮和海浪（表11-4）。

气候变化对海岸保护影响的风险评估

表11-4

危险	影响大小			说明
	现状	2020年	2050年	
缓变型				
海平面上升				在每天或每周潮汐作用下，导致低洼处社区被淹
降雨增加				影响最小
平均气温升高				影响最小
突发型				
风暴潮				随着海平面上升，风险很可能增大
暴雨				影响最小
热浪				影响最小
狂风				影响最小

说明：红色为重大风险，黄色为中度风险，绿色为轻微风险。

1. 重大风险

纽约海滨区域最大的风险是风暴潮。未来，纽约很多区域还面临洪水和海浪风险，根据分析，最严重的是一些沿海地区。这些脆弱地区包括：Rockaway

有沙丘（第56街沙滩）

桑迪前

桑迪后

没有沙丘（第94街沙滩）

桑迪前

桑迪后

图11-21 沙丘保护的洛科威半岛

半岛的暴露社区、Coney半岛和Staten岛东部沿海。

2. 其他风险

就是没有海洋风暴，海平面上升对地势较低地区也是个不断增大的风险。这些区域现在在潮汐周期最高潮时也经常被洪水淹没。如果海平面继续升高，这些区域被淹的频率会更大，部分原来不会被淹的区域也可能被淹（表11-5）。

尽管没有海洋风暴和海平面上升的风险大，但未来，强降雨和大风通过对海岸保护设施（如沙丘或沙滩）的不断侵蚀，对海岸也有一定的影响。

海平面升高的潜在影响 　表11-5

区域	海岸线长度（英里）	在潮汐作用下有被淹没风险海岸线	
		长度（英里）	比例
布朗克斯区	86.7	6.2	7%
布鲁克林区	113.3	11.5	10%
曼哈顿区	44.8	1.3	3%
皇后区	155.1	21.4	14%
斯塔滕岛	120.1	2.6	2%

11.3.1.3　海岸的保护策略

大自然的力量是巨大的，哪怕是一些经过精心设计的工程也难以完全抵御。但纽约滨海地区已经有了很多建设工程和人口，因此，大规模撤离滨海地区是不现实的。基于此，建议采取如下防护策略：

（1）提高海岸线标高。纽约市需通过建设防水墙和沙丘等措施持续提高地势较低区域的海岸线标高。这需要对海平面高度持续进行监测，并及时提高薄弱地区的海岸线标高。

（2）降低海浪高度。风暴潮的海浪具有非常大的破坏作用。因此，纽约市可通过采取措施降低海浪高度或速率来降低它的破坏作用。

（3）抵御风暴潮。为降低风暴潮风险，纽约市可建设一些防洪工程，如防洪墙、防洪堤和风暴潮屏

障等。

（4）改善沿海的设计和管理。为保证规划的有效落实，纽约市应加强滨海地区的设计和管理。如，纽约可研究哪些自然地区和开敞空间可用来保护周围社区安全并保证社区居民生活质量。

11.3.1.4　综合保护规划

从理论上来说，只通过大规模建设防风暴潮的基础设施也许就能保护海岸安全，但其成本很可能会大大超过其潜在收益。因此，可综合采用多种手段来对海岸进行保护。这种方法的好处有：一是有效分散了单一技术一旦失效所带来的风险。如在卡特里娜飓风中，新奥尔良防洪堤失效后，导致城市很多地方完全丧失保护。二是可以因地制宜地采取有效方法，而不用等所有资源备齐再开始行动。三是可以让规划尽快得到实施，让纽约民众更安全。

因此，为达到最终目标，纽约市推荐了一系列海岸防护措施。这些措施反映海岸线不同区域面临不同风险，因此需要有针对性的措施。

一些建议措施是模仿在桑迪飓风中的一些成功经验。其他一些是在其他地方被证明成功的。在可能的情况下，纽约市从全市曾经成功保护城市海岸的历史经验中获得灵感。另外，传统和新开发技术也都纳入考虑。

海岸保护措施首先必须符合自身面对的风险。例如，在一些低洼的地方，受日常性潮汐波动影响，纽约市则提高海岸线标高，而不是建设防水墙、护岸。受海浪威胁区域，采用防浪措施，如沙丘、防波堤、湿地或牡蛎礁和丁坝可能更合适。在容易受风暴潮影响的延伸很长的低洼地带，则采取一些防护措施来提高海岸标高以防止被淹没，如更高的防洪墙、防洪堤和风暴潮屏障。

采取的措施还需要考虑地貌和用地性质的影响。对直面海洋的沙滩、沙丘，建设被认为是最恰当的，因为这些区域已经拥有天然沙的运动、沙质土壤和合适地貌的特征。对已经建设有海岸线的Upper Bay，

建议采取的措施包括建设防洪墙和防洪堤。在被保护的Upper East河和牙买加湾，加固堤防或新建湿地和其他破波措施可能更有效。最后，在一些小河或可能充当洪水"后门"的地方，建议采取措施堵住这些通道，如本地风暴潮屏障等。

纽约市开发了一个复杂的模型来评估单一措施和综合措施的效果。用这些数字动力学模型去检验每个措施在跟桑迪类似风暴中降低海浪高度和风暴潮强度的效果，以及NPCC预测的未来100年一遇和500年一遇风暴情景。这个分析确定每个措施的位置和形状，包括防洪墙和沙丘的高度。

经过对各种海岸防护方式建模和效果分析后，再对各种方法的成本—效益进行分析。包括前期的建设费用和预估长期的维护费用，计算整个生命周期的费用。效益就基于能降低风险进行量化，降低损失，增加弹性，根据普遍接受的保险业模型和预测。在对具体的地方进行评估时，成本—效益比例被发展和用来与其他措施进行比较。

最后，纽约市也对各种措施公众关注的重要事情进行了评估。包括：亲水性、导航的好处，休闲的好处，环境影响，生态环境恢复，社会和环境正义，对社区特点的影响和居民生活与商业质量的影响。

11.3.2 建筑

纽约市现有各种不同类型的建筑100万栋。有住宅、写字楼、博物馆等。不同类型的建筑分布区域一般也不一样。如平房在新Dorp沙滩，排屋在Sheepshead湾，办公楼在下曼哈顿，工业仓库在Sunset公园的沿海地带。

11.3.2.1 建筑系统是如何工作的

1. 纽约建筑的结构特点和用途

建筑的防灾性能与建筑的一些特性有关，如建筑结构类型、建筑高度、建设年代、建筑用途等。将纽约市建筑按以下几个特征分类如下：①建筑高度，可分为低层（1～2层）、中层（3～6层）和高层（7层以上）。②建筑材料，可分为易燃建筑和难燃建筑。其中，易燃建筑以木结构最为典型；难燃建筑主要为砌块建筑和混凝土建筑。③与相邻建筑的距离。分为独立建筑、相连建筑和附属建筑（表11-6）。

纽约市建筑分类　　　　　　表11-6

指标	类别
建筑高度	• 低层：1～2层； • 中层：3～6层； • 高层：7层及以上
建造类型（根据建筑规范定义）	• 易燃建筑：木框架砖石承重结构； • 难燃建筑：钢结构、砌块结构和混凝土结构
相邻距离	• 独立：独栋； • 半独立：与另一栋建筑公用一堵墙； • 附属：与相邻建筑公用两堵墙

实际上，建设年代也是评价建筑的一个重要指标，因为这个指标跟建设标准相关联，与结构类型也有一定的关系。

从1648年纽约制定第一部建筑规范开始，建筑规范已经开始指导建筑的建造和场地选择，保证新建建筑符合不断提高的安全标准。虽然这种方法会随着时间的推移改善建筑安全，但这样做的必然结果是：与根据新规范建造的建筑相比，很多根据老规范建造的建筑让它们在极端气候事件面前更脆弱。

2. 纽约现状建筑的监管框架

纽约建筑的建造要遵循一系列标准和规范。主要由两个市政府部门承担监管责任：建筑局（DOB）和城市规划局（DCP）。其中，

DOB规范建造标准，以保证建筑安全和被合法使用。DOB主要通过加强规范和法规的实施来完成它的使命，包括《城市建设规范》（建筑标准是其中一部分）、《电力规范》和《分区解决方案》。DOB也负责《纽约市多户住宅法》的实施，这部法律是管理纽约市一栋楼住多户家庭的建筑。

DCP通过《分区解决方案》建立全市建筑用途、

密度和体量标准。DCP还会发起规划和区划调整，为单个社区和商业区，以促进整个城市的有序发展。但DCP对《分区解决方案》的任何调整需要得到纽约市城市规划委员会和市议会的批准。

除了DOB和DCP，还有很多其他机构在现状建筑监管中也扮演重要角色。包括纽约市消防局（FDNY），房屋保护和发展局（HPD），标准和上诉委员会（BSA）（表11-7）。

纽约市管理现状建筑部门及职责　表11-7

部门	职责	适用法规
建筑局（DOB）	管理建造标准，确保建筑安全和合法使用	• 建造规范（《建筑规范》的一部分） • 电力规范 • 分区解决方案 • 纽约市多住户法
城市规划局（DCP）	• 根据《分区解决方案》管理建筑用途、密度和体量； • 当全市整体情况变化时，对单个社区发起规划和分区调整，由纽约市规划委员会和市议会批准	分区解决方案
消防局（FDNY）	管理火灾方面的建筑的维护和使用	防火规范
房屋保护和发展局（HPD）	维持和管理房屋安全性和可居住的基本标准	房屋养护规范
标准和上诉委员会（BSA）	对《分区解决方案》作出解释，对某些变化作出特许	分区解决方案

由于相关各方的努力，纽约一直在努力提高建筑的抗灾能力。例如，1960年代实施的建筑标准和城市用地法律中，有很多措施尽管不是为提高建筑抗御气候变化风险的能力，但确实让建筑更安全，同样达到了改善建筑抗御洪水能力的效果。

当越来越多的建筑被建造出来以满足不断增长人口的需求时，纽约市修订了《建筑规范》以提高人口高密度地区建筑的火灾防护能力。这也导致了用难燃材料建造的更重建筑的出现。难燃材料，如钢筋、混凝土和砌块——也降低了建筑结构在风暴潮和洪水期间的易损性。随着时间的推移，在城市中心区的更老的、轻框架建筑慢慢被更大、更重的建筑替代。当然，在城市边缘地区，一些轻框架、低密度建筑依然相对更多。

1983年，FEMA第一次发布FIRMs的纽约部分，划定了纽约100年一遇洪水的淹没范围，并将淹没范围进一步细分为五个更小区域，还给出了每个小区域的风险值。五个区中，第V区海浪影响最大，而Ⅰ区相对要小一些。FIRMs有相应的洪水基准标高（BFEs），或者潜在洪水上升高度。

FIRMs与纽约市建筑的管理规定息息相关。它们在美国国家洪水保险（NFIP）中发挥着重要作用，根据FIRMs，财产所有者可以从联邦政府购买洪水保险。另外，根据联邦法律，如果纽约市民要从NFIP购买保险，纽约市必须将国家承认的抗洪设计标准落实到纽约市的建筑设计规范中。这些标准会提高洪水淹没区内建筑的抗洪能力。纽约市在1983年采用了这些标准。

除了遵守NFIP的要求，纽约市还要求遵守州政府的相关规定，这些规定让纽约市建筑至少满足州政府的建筑规范要求。2010年，纽约州采用了比NFIP更高的标准，强制要求在100年一遇洪水淹没区的新建和改建建筑必须设置净空——在BFE基础上增加的高度提高建筑抗洪能力。设置净高是一种弥补洪水模型和未来海平面上升不确定性的方法。根据州政府要求，一户和两户家庭的建筑需要在BFE基础上增加2ft的净空，但大多数非住宅类建筑只要求增加1ft净空。净空是BFE加上净高的高程，被称为设计洪水标高（DFE）（图11-22）。在2013年1月，纽约市采用州政府标准作为DOB发布的应急准则的一部分。

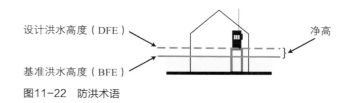

图11-22　防洪术语

在纽约，联邦政府、州政府和市政府的标准都被合并在《建筑规范》附件中，这些附件列出了在100年一遇洪水淹没区内新建和改建建筑可使用的防洪建造技术。

根据相关标准，在100年一遇洪水淹没区住宅建筑中，生活区禁止位于DFE以下。只有公园、建筑入口和储藏室允许位于DFE以下。在A区的居住建筑，任何区域位于DFE以下都必须进行湿式防洪（图11-23）。这是一种可允许洪水进入建筑内部，并通过洪水开口或通风口离开建筑的技术。这个方法让建筑墙体两侧静水压力保持平衡，防止建筑垮塌。在A区的居住建筑还要满足《建筑规范》要求的提高底层标高到DFE以上。

对在V区的住宅建筑来说，全部结构必须都用桩基础抬高以阻止海浪的横向冲击力破坏。另外，位于DFE以下区域，要求是开放的或者有通道的墙，如非承重开放网格墙，这样可以在水的压力下让出一条路而不会导致建筑倒塌。

对商业建筑的要求与对住宅建筑的要求不一样。在A区，商业建筑底层标高必须位于DFE以上或在DFE以下但有干式防洪措施（可以防水）。干式防洪技术用于防止水进入建筑内部，并提高建筑结构构件抵抗波浪的静水压力。在V区，干式防洪技术在商业建筑中的应用是不允许的。相反，住宅建筑中，最低使用层必须位于DFE之上（图11-24）。

对所有新建和改建建筑，规范要求，不管什么用途，在DFE以下必须使用能抵抗洪水破坏的建筑材料。这些材料必须能够跟洪水直接和长期接触，而不遭受需要比外观修复更多的损害。另外，根据规范，建筑的机械设备（电力、热力、通风、水暖和空调系统）应设置在DFE之上，如果设置在DFE之下，必须进行保护，以防止被洪水淹没。

在克隆伯格市长领导下，纽约市在建筑方面有更宏伟的弹性化计划。市政府的关注点并不仅仅限于风暴潮和洪水，还包括其他气候风险。例如，在2008

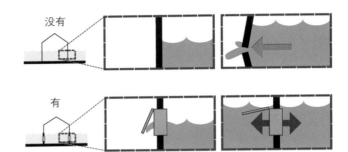

图11-23 湿式防洪方法

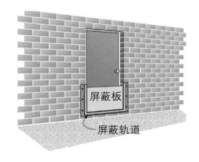

干湿防洪的方法之一就是，当洪水水位较低时，用临时洪水屏蔽板阻止洪水从门或窗户等开口部位进入建筑内部。

图11-24 用临时洪水护盾的干式防洪方法
（资料来源：FEMA）

年，市长和市议会发言人召集了"绿色规范工作小组"——一个包括建筑、工程、监管机构和其他利益相关者专家委员会——让纽约市建筑更可持续。委员会的111个建议包括提高在100年一遇洪水淹没区的建筑标准，海平面升高时确保被动生存能力——在全市性的市政设施突发事件中，提供给居民安全的生活环境。到目前为止，已经有39个建议被纽约市政府部门和市议会采纳。同时，在2011年，DCP发布了《展望2020：纽约市综合水岸计划》，一个给全市520mi海岸线精心设计的十年计划，包括，作为8个综合目标之一的提高气候弹性。

桑迪之后，纽约市政府马上重新审查了现有的防洪规则以便建设一个能反映最新海岸洪水风险的数据库。在2013年1月13日，与纽约市议会一起，签署了第230号市长令——《根据提高的抗洪建筑标准暂停分区规定以促进重建的紧急命令》。这个紧急命令暂停了高度和其他限制条件，以便恢复重建工作能符合FEMA最新发布的洪水高程标准，而不用因为违反分区规划限制被惩罚。这个措施被设计为一个临时措施，以便桑迪之后的恢复重建能建设得更安全。

11.3.2.2 桑迪的影响

桑迪期间，因为风暴潮和洪水导致建筑受损情况在全市都很常见，有些区域还比较严重。据统计，桑迪淹没区范围内有建筑约88700栋，约占全市建筑总数的9%。共有建筑面积6.62亿ft²，有超过30万户家庭和23400个商户。风暴造成建筑完全损坏或结构严重受损的有几百栋，建筑遭到破坏的有几千栋。这些受影响建筑中，有超过100栋被风暴引起的次生火灾彻底烧毁，主要是电力和海水相互作用引起的火灾。

桑迪之后，FEMA和DOB调查了由于风暴引起的损伤。根据联邦法律，FEMA在2013年2月15日前已经完成了将近7万套在FEMA注册的灾害救助住房的检查。检查结果证明，建筑损伤差别非常大。例如，在被FEMA检查的约47000个自住房屋单元中，损失超过10000美元的占49%，损失超过30000美元的占12%。其中，将近22000套租住房屋中，26%遭受了很大损失。

桑迪之后，纽约市自己进行的建筑破坏评级工作基本类似。工作由DOB领导，提出了纽约市历史上最大规模的建筑检查建议，DOB团队的检查人员和工程师与民间志愿工程师一起进行快速评估。根据检查结果给每栋建筑分级。共分为红色、黄色和绿色三个等级。其中，红色是指建筑有结构损伤，黄色是指建筑某些部分可能不安全或者有非结构损伤，绿色是指只有轻微损伤甚至是没损伤。

快速鉴定是DOB在桑迪之后立即从受损最严重区域开始的。大约鉴定了82000栋建筑。其中，有73000栋建筑被鉴定为绿色，约占89%；7800栋被鉴定为黄色，约占10%；930栋被鉴定为红色，约占1%。在对被评级为红色建筑的更进一步工作中，220栋被评价为摧毁。

2012年12月，DOB又进行了一次更详细的评估。这次评估主要关注被评为黄色或红色的8700余栋建筑。目的是在全市范围内标准化整个评估方法。一般

来说，这次的评估采用了更保守的方法。例如，只有配备电梯的大型建筑才可能被评为黄色。因此，一大部分建筑被重新分类。详细评估结果中，约1300栋被评为黄色，780栋被评为红色（有230栋被进一步评为毁坏）。

虽然建筑的形状各不相同，但是它们反映的桑迪对建筑的影响是一致的。也就是说，对于在桑迪中遭受较严重破坏的建筑（被鉴定为黄色、红色还有毁坏），大部分（63% ～91%）是黄色标签。这显示，桑迪造成的大部分破坏是非结构性破坏，大部分破坏是因为洪水淹没建筑一层或地下室的附属配备（包括电力、卫生和生命线系统）。

尽管黄色等级说明建筑所受损伤大部分情况下为非结构性，但仍然对建筑的使用者有很大的影响，无论是居民还是商人。一些黄色标签的建筑也需要非常大的、代价高昂的修复，包括一层和地下室的修复工作。

两套指标能预测桑迪对建筑的影响。一个是洪水的特征，如海浪的冲击力和淹没深度。海岸线沿岸地区遭受了海浪的强烈冲击，该区域建筑破坏要比其他只遭受静水压力地区严重得多。事实上，纽约市沿岸大部分建筑都是被海浪破坏的，那些区域的几乎所有建筑被评为红色或毁坏，无论是灾后应急评估还是DOB进行的详细评估（图11-25）。

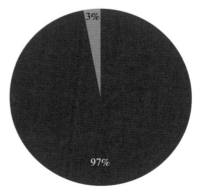

■ 涌浪和海浪冲击（大西洋海岸）
■ 静态洪水

图11-25 红色和毁坏等级建筑破坏原因统计
（资料来源：DOB December Tags, DCP PLUTO）

另外一个是建筑自身的特点。例如，建造于1961年《分区规划》前和1983年FIRMs标准之前的建筑，受损比更新建筑严重得多。建筑高度是另外一个对建筑破坏有重要影响的因素。一层建筑更容易遭受严重破坏。虽然这类建筑在被淹没区域占比低于25%，但根据DOB的详细评估结果，它们占严重破坏建筑的75%。更高的建筑一般不会遭受结构破坏（图11-26）。

统计显示，易燃材料建造的建筑损害相对会更严重。被淹没的一层建筑中，有85%是由易燃材料建造的，在DOB详细评估中，99%的一层建筑是由可燃材

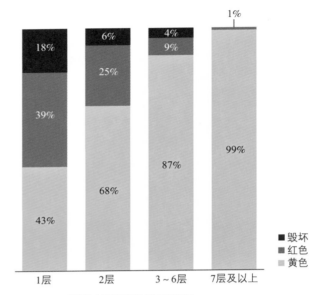

图11-26　受影响建筑按建筑高度统计
（资料来源：DOB December Tags, DCP PLUTO）

料建造的。相反，更高的建筑一般都是由非可燃材料建造的，受损要轻很多（图11-27）。

最容易受桑迪影响的建筑类型为在1961年以前用易燃建筑材料建造的一层建筑，包括在很多滨海地区的平房。符合这些特征的建筑占淹没区建筑的18%、结构受损建筑的73%。遭受严重破坏情况是同区域其他建筑类型的四倍（表11-8）。

11.3.2.3　未来风险

纽约市建筑未来面临一系列与气候变化相关的风险。

1. 主要风险

现在和未来，风暴潮和海平面上升风险的叠加是纽约市建筑面临的主要风险。FEMA发布的PWMs已经说明了纽约市所面临的洪水风险。结果显示，有67700栋建筑位于100年一遇洪水淹没区范围，而1983年版的FIRMs显示的是35500栋建筑，增加了将近90%。这67700栋建筑总共将近5.35亿ft^2，涉及39.8万居民和27.1万个工作岗位（图11-28）。

根据NPCC的气候变化预测，在2020~2050年，海平面会持续上升。在这期间，洪水淹没区范围会不断扩大，因此会不断有建筑进入100年一遇洪水淹没

图11-27　可燃和非可燃建造类型

桑迪期间被淹建筑破坏统计 表11-8

	建设年份	1层		2层		3~6层		7层及以上		
		可燃	非可燃	可燃	非可燃	可燃	非可燃	可燃	非可燃	
全部建筑	1961年以前	18%	3%	37%	1%	11%	1%	0	1%	100%
	1961年以后	2%	1%	16%	1%	6%	1%	0	1%	
红色或毁坏等级建筑	1961年以前	73%	1%	16%	0	5%	0	0	0	100%
	1961年以后	1%	0	3%	0	1%	0	0	0	

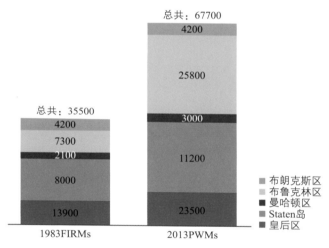

图11-28 在100年一遇洪水淹没区内建筑数量增长情况
（资料来源：DCP, PEMA）

区范围。基于最新海平面上升预测结果，在2020年超过88000栋处于100年一遇洪水淹没区范围；而到2050年则超过114000栋。另外，会有更多纽约市民暴露在更大的风险中，同时也会对很多的纽约市民造成更大的经济负担，因为需要新的洪水保险和更昂贵的保险费用，房主需要投入财力去提高建筑地面标高和地下室标高以符合新的建设标准。

2. 其他风险

展望未来，预测狂风会对纽约建筑构成中等程度风险。

尽管NPCC没有提供风速预测结果，但他们预测强烈飓风的发生频率会增加。虽然《建筑规范》已经要求，新建和改建建筑应能抗御三级飓风的最大风

速，但在现代建筑标准施行之前建造的建筑，并没有采取很好的抗风措施。

同时，在未来，暴雨、降雨增加和气温升高对建筑也会有一定的影响。

11.3.2.4 保护规划

桑迪对建筑的影响说明，只要按照最新规范、标准建造的建筑，就能较好地应对极端气候突发事件，也就是说，它们有着更好的弹性。但这些规范和标准不能保持不变，它们应该不断吸收最新的技术和方法。建筑领域也应该适应气候变化风险，包括提高建筑规范，以达到以下两个目标：①以尽可能满足最高标准来增强新建和改建建筑；②鼓励不断有针对性地进行改造，保护现有建筑。为达到以上目标，建议采取以下策略。

1. 加强新建和改建建筑以满足最高弹性标准

对新建和改建建筑来说，它们获得最高标准弹性的途径就是在设计阶段就考虑有效降低未来损失的措施。为此，建议采取以下措施：①改善100年一遇洪水淹没区内新建和改建建筑的相关法律规定；②重建和修复被桑迪破坏的房屋单元；③研究和执行分区变化，在100年一遇洪水淹没区内鼓励修复现有建筑，建造新的弹性建筑；④鼓励在新建建筑中采用更高的费效比建筑形式代替易损性较高的建筑形式；⑤与纽约州合作，让符合条件的社区参与纽约智能家居收购计划；⑥修订《建筑规范》并完成改善新建和改建建筑抗风弹性的相关研究。

2. 尽可能多地改造现有建造，以提高其弹性

纽约市还有很多已经或即将不能适应气候变化的建筑。将这些建筑完全重建基本是不可能的。从某种意义上说，处理这些建筑的挑战更大。为提高这部分建筑应对气候变化的弹性，建议采取以下措施：①通过奖励，鼓励处于100年一遇洪水淹没区内的现状建筑采用防洪弹性措施；②建立社区设计中心帮助房主为恢复重建发展设计解决办法，并帮助他们与纽约市相关计划建立联系；③重建被桑迪破坏的公共建筑并提高其弹性；④为提高工业建筑物的洪水弹性，启动工业建筑物销售税减免计划；⑤发起提高建筑系统弹性竞争；⑥澄清在100年一遇洪水淹没区地标性建筑修复相关的法规；⑦修订建筑规范以改善现状建筑抗风弹性，并完成可能修复方式研究；⑧修订建造规范，发展防止公用服务中断的最可行方法。

11.4　社区恢复重建

纽约有很多各式各样的社区，社区是纽约的重要组成部分。社区是纽约市民生活和工作的地方。纽约的社区有安静的公园、充满活力的沙滩、富有历史韵味的古建或者是时尚商店，这些都是纽约市民一再光顾的地方——来纽约的参观者也可以从这些地方了解纽约市不同的风采。

纽约市非常重视邻里关系，所有的恢复重建工作都是为了让社区受益。例如，加强电力系统，将减少所有社区的电力中断；保护交通网络，将帮助保持道路畅通和公共交通运行；提高卫生系统弹性，将帮助全市医院保持运行以帮助居民。

在桑迪中，纽约市有五个社区损失比较严重。这五个社区中，共有68300名居民和42000个商铺。这五个社区分别是：布鲁克林－皇后滨海地区，Staten岛的东部和南部海岸，布鲁克林区南部，曼哈顿区南

图11-29　社区重建和弹性化规划重点关注区域

部。这些区域有一些共同的特点，在桑迪中遭到广泛破坏、大量商业中断、基础设施瘫痪（图11-29）。

纽约市为这五个社区都分别制定了恢复重建规划。每个社区的恢复重建规划包括以下几部分内容：社区简介；桑迪对社区的影响及原因分析；在气候变化的大背景下，社区未来面临的风险分析；社区的恢复重建规划。

下面以布鲁克林－皇后滨海地区为例介绍一下社区层面的恢复重建规划内容。

11.4.1　布鲁克林—皇后滨水区简介

布鲁克林—皇后滨水区是一个传统与现代并存和交融的区域，在这个区域，传统的制造业和现代创意产业在这里汇聚成一个现代的经典。

布鲁克林—皇后滨水区已经存在了几个世纪，是很多不同人的家园，是纽约城市经济发展的重要引擎，纽约很多重要基础设施也坐落于此。虽然这个区域的社区各有特色，但也还有一些共同的特点。

这些特点包括大量的附属住宅建筑；重要的工业和与水相关的商业；伴随创意经济新成立的企业；有大量外来移民的社区；近些年增加的供当地居民和游

客娱乐的水上娱乐项目。

此外，沿着海滨许多街区有特色鲜明的历史韵味。随着过去蓬勃发展的工业时代的过去，各个社区过去从事工业生产的土地现在都成了棕地。同样，这个区域的建筑有工业时代的特点：仅仅9%的建筑是1983年以后建造，当时防洪标准刚刚开始纳入纽约建筑建造规范。实际上，沿着这一海岸线，20%的建筑和27%的居住建筑建于1900年以前。

1．邻里和居住发展

沿着滨水区的居住建筑居住着10万人，有不同的外形和规模。有一户和两户住宅，多户公寓和多户电梯建筑，以及更大的混合用途建筑。一般来说，中低层建筑在19世纪到20世纪占主导地位，而过去10年左右，在Williamsburg、长岛和DUMBO也出现了相当多的高层建筑（图11-30、图11-31）。

由于这个区域有非常多的工业建筑，因此，这个区域人口密度比较低，约20人/平方英亩。而全市平均人口密度为42人/平方英亩。唯一的例外是Greenpoint/Williamsburg和Gowanus，分别为50人/平方英亩和43人/平方英亩，这两个区域人口密度更高（图11-32）。

这个区域的每个社区都有自己的特点。例如，

Sunset公园的滨海地区，大约从上纽约湾到第三大街，就保持着很多打工海滨（Working waterfromt）。这个区域的很多财产属于纽约市，由纽约市经济发展公司（NYCEDC）管理，包括Brooklyn Army 终点站，Bush终点站和South Brooklyn Marine终点站。加在一起，这些NYCEDC管理的财产公司雇用了约4500人。整个Sunset公园将近2100名居民，包括大量的外来移民。他们生活在山顶上，工作在滨水地区。

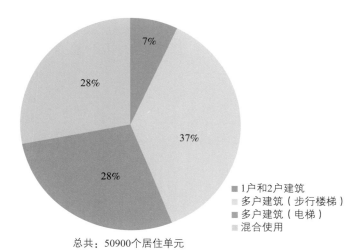

总共：50900个居住单元

图11-31　居住单元面积按建筑类型分类
（资料来源：DCP PLUTO）

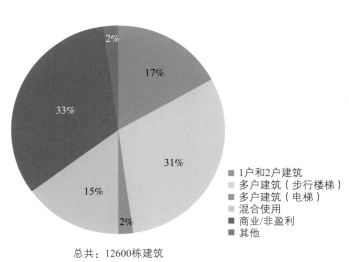

总共：12600栋建筑

图11-30　建筑面积按类型分类
（资料来源：DCP PLUTO）

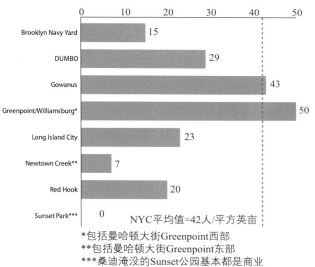

*包括曼哈顿大街Greenpoint西部
**包括曼哈顿大街Greenpoint东部
***桑迪淹没的Sunset公园基本都是商业

图11-32　区域人口密度
（资料来源：2010年美国人口普查）

2. 社会经济特征

总的来说，海滨的社会经济特征与整座城市基本一致。然而，社区之间有很大的不同。例如，Red Hook家庭收入的中位数为47700美元，贫困率约为33%。而在DUMBO，家庭收入的中位数和贫困率分别为167700美元和5%。巨大的经济社会发展差距在几个社区内部甚至都能发现。例如，根据《纽约时报》的人口调查分析，在一次人口普查中，Williamsburg将近45%的家庭收入中位数为10万美元甚至更多，但调查到它的南部，发现46%的家庭收入中位数在3万美元以下（表11-9）。

社会经济特征 表11-9

区域	人口	贫困率	家庭收入中位数（美元）	住户	自有住房单元	房主	抵押自有住房比例	自有住房价值中位数（美元）
布鲁克林海军造船厂	5100	36%	37900	1300	350	27%	60%	506800
DUMBO	3600	5%	167700	1300	600	46%	95%	1000000
Gowanus	17800	18%	68500	8000	2000	25%	64%	854100
Greenpoint/Williamsburg[1]	35800	20%	60400	15300	2700	18%	65%	705800
长岛市	9700	7%	92100	4200	1000	23%	81%	619300
Newtown河[2]	12400	19%	52000	4500	700	16%	59%	678400
Red Hook	13800	33%	47700	5900	870	15%	81%	615600
Sunset公园[3]	N/A	N/A	N/A	N/A	N/A	N/A	N/A	N/A
全市平均值	8175000	19%	51300	3050000	993500	33%	64%	514900

注：1. 包括Greenpoint、曼哈顿街道西部；
2. 包括Greenpoint、曼哈顿街道东部；
3. Sunset公园的桑迪淹没区几乎都是商业用地。
资料来源：2010年美国人口普查，2011年美国社区调查，5年期估计

3. 企业、非营利组织和地方经济

这些社区还有各种各样的企业，总共有将近8600家公司，雇用了77200人，其中最大的部分是工业，和很多年前一样。工业企业占所有企业总数的40%，几乎都是本地区大用主（雇佣100人以上）。业务类型从食品加工、装备制造到土木工程（图11-33）。

将近22%的建筑有工业用途。然而，由于工业一般需要较大的建筑面积，因此，工业建筑占总建筑面积的40%。很多工业企业在开敞空间作一些很重要的操作，包括汽车的拆解、回收以及沥青和水泥制造。

零售业也是重要的组成部分。零售业不仅服务居

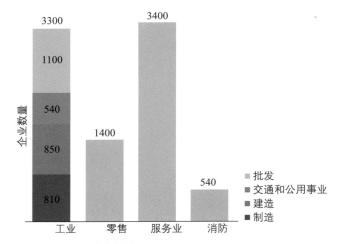

图11-33 工业建筑统计
（资料来源：Hoovers）

民生活，活跃街区气氛，同时还从全市甚至其他地区吸引游客。一些最有活力的商业走廊包括：Van Brunt街和在Red Hook的Columbia街滨水区，跟Greenpoint/Williamsburg的Manhattan和Bedford街，长岛市的Vernon Boulevard和Jackson街一样。

艺术社团是另一个经济发展引擎。这里到处都有画廊、活动空间和影剧院。这些区域同样也是社会服务组织的家，这些社会服务组织给本区域低收入群体提供了一些基本服务，增强经济发展动力，提供就业机会。

总体来说，滨水区域主要被小企业（雇佣人数少于5人）占据，占当地企业的72%。大企业也扮演了很重要的角色，虽然，有将近31%的人被这些大企业雇佣（图11-34）。

4. 重要基础设施（图11-35）

这个区域有服务整个地区的重要基础设施。例如，这个区域拥有重要的交通设施，包括两个行车隧道的东部终点。这两个隧道每个工作日平均通行将近14万乘客。Williamsburg，曼哈顿，布鲁克林和Ed Koch Queensboro跨越东河的桥梁，同时也与曼哈顿连接。这些桥梁在工作日平均运输将近60万人。四条隧道承担着旅客和Amtrak火车来往于曼哈顿、长岛和新英格

图11-35　区域重要基础设施

兰之间。还有一个NYCDOT的沥青厂，以及在长岛市的Sunnyside火车站，是美国最繁忙的场站之一。

美国环境保护部的几个设施也在这个区域，包括2座污水处理厂。这2座污水处理厂服务人口超过200万人，每天处理污水将近5亿加仑。还有10个泵站帮助将污水和雨水输送到污水处理厂。

正在建的Hamilton大道海上中转站是全市四个大型中转站之一。通过用船将固体废弃物运至垃圾填埋场，减少大型货车通行。同时，一个大型回收设施将在2015年投入运行。

重要电力设施包括变电站。这个变电站负责曼哈顿下城和布鲁克林区北部大部分电力供应。

11.4.2　桑迪的影响

由于位于港湾，这个区域大多免于遭受桑迪最具

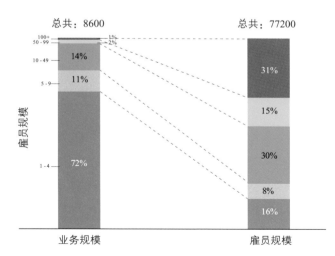

图11-34　区域企业统计

（资料来源：Hoovers）

破坏力的海浪袭击。然而，风暴潮直接从港口和东江进入内陆水体，给很多区域造成严重破坏。洪水在有的地方超过6ft，淹没了很多地方的低洼地带、建筑的一层和地下室。洪水还淹没了很多地方的下水道，导致污水回流到建筑中和溢出（图11-36）。然而，不奇怪的是，不同社区之间破坏程度差异很大。

桑迪还导致大量建筑遭到破坏。桑迪过后，DOB对房屋损失开展评估。结果显示，建筑破坏的比例不高。但这不是本区域建筑破坏的实际情况。因为在做这些评估工作的时候，DOB主要关注那些直接面对海洋建筑的评估，因为那些区域建筑结构损伤发生概率更高。尽管如此，在DOB已经评估为损伤的建筑中，Red Hook和Greenpoint更多（图11-37、图11-38）。

总体来说，在被评为黄色和红色等级的建筑中，

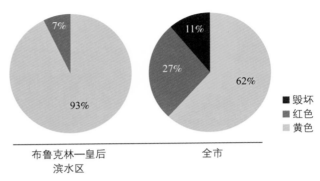

图11-37 建筑破坏等级分类
（资料来源：DOB December Tags）

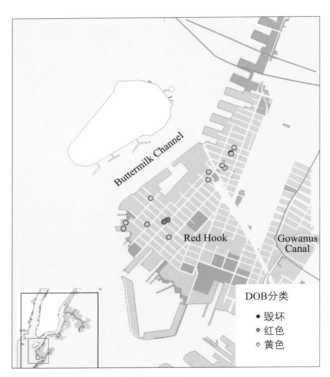

图11-38 Red Hook破坏建筑分布
（资料来源：DOB December Tags）

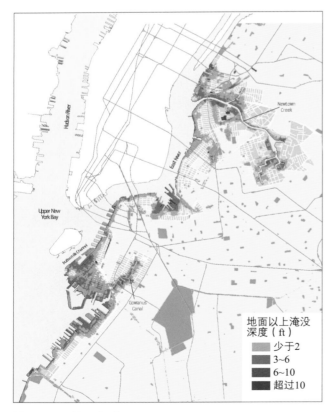

图11-36 淹没区深度
（来源：FEMA MOTF 11/6 Hindcast surge extent）

黄色等级为93%，高于全市平均值。这在很大程度上是因为该区域的洪水主要为静水淹没，对结构的破坏不是太大，而是对建筑系统和建筑内部财物破坏更大。

总体来说，这个区域有1300栋住宅处于洪水淹没区，这些建筑中有将近16200个居住单元。在很多情况下，桑迪导致的淹没迫使民众离开房屋达数天，数个星期，甚至几个月。在一些情况下，这主要是因为

他们本来就住在被淹的一层或地下室，这些地方被洪水摧毁了。另外的情况，如Red Hook的Pioneer街，那是因为维持这些建筑日常生活的一些系统不能提供服务。

同样遭到桑迪影响的还有企业。企业遭受了非常严重的影响，特别是洪水淹没地下室和一层，让建筑内财产遭受严重损失。总共有3100家企业雇佣的将近34600人受到影响。一些零售业，无论规模大小，也都遭受了非常严重的影响。包括Red Hook的Van Brunt街的超市和饭馆。Fairway超市是这个区域非常重要的超市，也不得不搬走在Red Hook的仓库，虽然在四个月之后又重新开张。

一些工业建筑，一般建设场地地势相对比较高，并有一个更坚固的外壳，影响比较小。终点站还获益于NYCEDC有先见之明的财产管理，当桑迪来临的时候，他们从州外调来了备用电源。其他工业建筑受损相对要重一些。

桑迪对基础设施也有严重影响。例如，桑迪过后，由于严重的洪水，Queens Midtown隧道关闭了一个半星期。同时，Hugh L. Carey隧道花了将近三个星期才完全对公众开放。加在一起，这两条隧道进了将近7200万加仑的水。通过这个区域的地铁服务完全中断，因为它是通向全市的。通过R线连接布鲁克林区和曼哈顿区的Montague地铁隧道被淹更严重，R线火车停运将近2个月。其他地铁线路，基本在一个星期之内恢复服务。在地铁服务中断期间，纽约东河渡船服务路线进行了调整，以帮助连接布鲁克林、皇后和曼哈顿区，在桑迪之后头三天运送的旅客数达到平常一个星期客运量的两倍。

桑迪对两座主要污水处理厂也造成了影响。Owls Head污水处理厂主要电力系统中断，已经部分修复。虽然由于能力受损导致经过部分处理的污水排放，但这个污水处理厂在风暴期间能继续工作。由于洪水导致曼哈顿区泵站关闭，Newtown Creek污水处理厂丧失了一半的处理能力。这个污水处理厂，在风暴期间一直在处理污水。

其他基础设施也遭受了严重破坏。布鲁克林大桥公园电力系统遭受严重破坏，但在几天内就恢复开放，也证实了它设计的抗洪弹性。另外，社区内三所公共学校也受到桑迪影响，包括P.S.15、P.S.78和PAVE学院特许学校。这些学校关闭了21天，在此期间，学生被安置到其他学校就读。

11.4.3　未来风险预测

展望未来，随着气候变化，本社区面临着各种不同的风险。

1. 主要风险

鉴于海岸的暴露状况，本社区与气候变化相关的风险中最大的风险是风暴潮和风暴潮所产生的洪水。据预测，随着海平面上升这些风险还将加剧。正如2013年6月FEMA发布的洪水风险区划图，就是现在，这个风险也挺大。根据PWMs，本社区100年一遇洪水淹没范围已经超过了1983年版洪水风险区划图。在新的洪水风险区划图上，洪水淹没区范围在Red Hook、Greenpoint和长岛市有显著增长。新区划图显示，V类区扩大了，在这个区域，海浪可能超过3ft高。而在这个区域还有建筑物及建筑内的设备（图11-39）。

由于100年一遇洪水淹没区范围扩大，100年一遇洪水淹没区范围内的建筑数量也增多了，其中住宅建筑数量增加了6%（从850栋增加到900栋），商业建筑数量增加了15%（从1350栋增加到1550栋）。另外，将近100栋建筑，全是商业建筑，位于现在的V类区。整个区域的基准洪水标高（BFE）已经从1ft增加到3ft。

一些重要基础设施也在PWM的100年洪水淹没区范围内，包括Owls Head、Red Hook和Newtown Creek的污水处理厂，Con Edison's Farragut的变电站。重要交通基础设施，如Queens Midtown和the Hugh L.

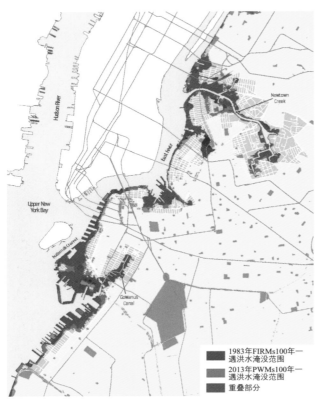

图11-39 1983年FIRMs和PWMs对比
（资料来源：FEMA）

图例：
1983年FIRMs100年一遇洪水淹没范围
2013年PWMs100年一遇洪水淹没范围
重叠部分

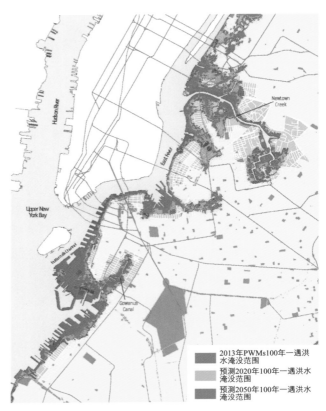

图11-40 PWMs关于未来洪水淹没区预测对比
（资料来源：FEMA，CUNY城市可持续发展研究院）

图例：
2013年PWMs100年一遇洪水淹没范围
预测2020年100年一遇洪水淹没范围
预测2050年100年一遇洪水淹没范围

100年一遇洪水淹没区建筑　表11-10

建筑和单元	1983年 FIRMs	2013年 PWMs	2020年 预测	2050年 预测
居住建筑（栋）	850	890	2130	2960
居住单元	12100	10800	19600	23900
商业和其他建筑（栋）	1430	1650	2500	2740

说明：从1983年FIRMs到2013年PWMs，长岛市和Greenpoint部分地区洪水淹没区缩小，导致洪水淹没区居住单元的减少。
（资料来源：DCP Pluto，FEMA，CUNY城市可持续发展研究所）

Carey隧道入口。

根据NPCC最高值预测结果，在百年一遇洪水淹没区的建筑，2020年将超过4500栋（比PWMs增加71%），2050年将超过5700栋（比PWMs增加44%）（图11-40）。

2. 其他风险

虽然海岸线被淹给社区的滨水地区带来了最大的威胁，但社区还面临其他风险，如海平面上升——即使没有极端天气事件，如飓风——会导致一些社区的街道、地下室和下水道在2050年以前被淹的频率和严重程度增加。

增加的降雨和更大、更严重的暴雨也会让下水道不堪重负，导致洪涝，一样增加污水外溢事件的发生。尽管NPCC没有给出未来风速明确的预测结果，在2050年之前更频繁和更强烈的海洋风暴会给纽约市带来更大的风险，这样的风暴会吹断架空电力线路和树木，对老旧的没有按照现代规范建造的建筑也是个潜在的威胁。

最后，除热浪之外的平均气温的升高对社区预计不会产生太大的影响。然而，热浪会导致更频繁的电力中断，给工业生产带来压力（表11-11）。

气候变化影响风险评估 表11-11

危险	影响大小			说明
	现状	2020年	2050年	
缓变型				
海平面上升				一些地区已经经历了由于潮汐从河流进入导致的洪水，随着海平面上升，这种局部洪水将增加
降雨增加				合流的污水和雨水将超过污水处理厂能力，导致未经处理或部分处理的污水进入水体
平均气温升高				影响最小
突发型				
风暴潮				如桑迪期间已经证明的一样，重要洪水风险来自海洋和内陆水体（如径流和下水道回流）；风险主要是对建筑系统造成影响
暴雨				超过排水系统能力现象发生频率更高，导致街道被淹、污水回流和污水溢流
热浪				电力系统压力更大，失效可能性增加；对高层建筑影响最大
狂风				影响最小

说明：红色为重大风险，黄色为中度风险，绿色为轻微风险。

11.4.4 恢复重建与弹性化规划

为提高本区域应对未来气候变化所产生风险的能力，提高社区弹性，规划从以下几个方面着手：应对风暴潮的整个海岸线、为本区域脆弱的建筑提供改造机会、保护和改善重要基础设施、增加对战略地区（如Red Hook）的投资以提高长远和可持续的恢复。

（1）海岸保护。为加强海岸保护，需要完成的工作分为两类，一是站在全市层面需要在本区域落实的工作，二是由本区域特点决定的本区域独有的工作。其中：在全市层面需要在本区域落实的工作有以下四项：①提高低洼街区的挡水墙，减少内陆的潮汐洪水；②在Red Hook设置整体防洪体系；③要求Con Edison跟社区一起保护Farragut变电站；④呼吁USACE与社区一起研究并设置在Newtown河的防风暴潮障碍。本区域独有的工作有以下五项：①与港务局一起，继续研究在布鲁克林南部采用清洁疏浚材料创新性地进行海岸保护；②呼吁USACE与社区一

起研究沿Gowanus运河的防风暴潮屏障的实施规划和初步设计；③实施保护布鲁克林大桥公园和DUMBO的策略；④支持个人投资去降低Newtown河的洪水风险；⑤制定并实施沿Williamsburg、Greenpoint和长岛市海岸的综合洪水保护规划，以提高公共和个人财产安全。

（2）建筑。本区域除了要实施全市提高建筑弹性的措施外，还要对市属和工业建筑实施升级计划。正如桑迪期间所显示的，大量纽约市下属实体管理的建筑位于100年一遇洪水淹没区范围内，包括BNYDC和NYCEDC，因此，容易受极端天气事件影响。为解决这个问题，纽约市应投资解决这些问题。根据现有经费情况，大部分的升级计划将在2014年夏天完成。

11.5 资金支持与规划实施

从规划落实所需资金的来源来讲，主要是来自于

纽约市财政资金以及一些联邦政府资助项目的拨款，规划出台时显示还有一部分资金缺口，针对此，规划也提出了通过税收等方法解决的策略（图11-41）。

纽约市2007年颁布的城市规划（PlaNYC）在经过几年的规划实施后取得了不错的成就，2010年ICLEI还就该规划的成功总结出了10个因素。纽约市在《一个更加强壮、更富弹性的纽约》中也表示要借鉴PlaNYC的成功经验来推动该弹性城市规划的实施，并明确了在接下来的时间内的四项重点工作：一是清晰的责任分配；二是常规性、必须性汇报制度的确立；三是短期时间表的明确；最后是清晰的和强制性的联邦工作议程的设定。

关于清晰的责任分配，鉴于规划中的不少工作都需要多部门的通力协作，该部分规定对每一项任务都应确定一个合适的领导部门，该部门负责任务的全局

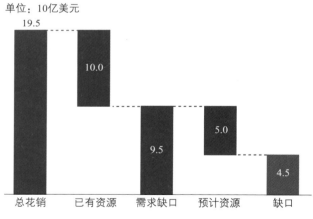

单位：10亿美元

图11-41　估计资金缺口

把控、部门之间的协调，幸运的是，纽约市的长期规划与可持续性市长办公室（Mayor's Office of Long-Term Planning and Sustainability，OLTPS）非常适合本角色，该办公室也已经有很多该方面工作的经验，因此该部门将会担此重任。除了该办公室的核心管理团队外，OLTPS的弹性主管将会对三个关键性跨部门工作组的工作进行协调，这三个工作组分别是：海岸保护工作组，建筑相关工作组，城市全局长期恢复与弹性建设运行支持与协调工作组。这三个工作组都由多部门联合组成，比如纽约规划局、纽约交通局、各市长办公室以及联邦政府的一些部门等。

从2007年起，纽约市政府便与市议会进行紧密合作来通过一项要求城市相关机构常规性提交与规划相关的进度报告的法令，在城市之前的可持续性建设方面，这种做法取得了非常好的效果，帮助政府内与政府外的观察者对工作进度进行评估及调整，因此，纽约认为他们在城市的弹性建设方面也应继续落实这一汇报制度。

ICLEI所列的PlaNYC成功的因素中，有一点是"从规划向落实的快速转换"，短期时间表的明确就是由此而来，尽管应对气候变化是一项长期性的工作，但显然从现在开始就要付诸实践，短期时间表的确立能够为一些长期性的工作开个好头，从中获得的经验教训也许对整个弹性城市规划都是有益的。

最后一项重要工作关于联邦工作议程的设定主要是为了确保纽约市与联邦政府一些部门、一些相关项目的合作的开展。

参考文献

［1］ 百度百科．5·12汶川地震[EB/OL]．[2016-10-11]．http://baike.baidu.com/link?url=nhzduorS8P2a-rgair0GVUE8IVW-_2OhDmYRe3vWrP8e8IflWvqfXEB9bp3JLuOIIykMOf9P81KpR8TwbEEnYnAILy-qkBawe2aC2zaVP2PyLKFKdBw-QdCutApaIYNCvzrfD8Hlrd1fdgfjAa_ZOq.

［2］ 360百科．4·14玉树地震[EB/OL]．[2016-10-11]．http://baike.so.com/doc/5372452-5608385.html.

［3］ 百度百科．4·7印度尼西亚苏门答腊地震[EB/OL]．[2016-10-11]．http://baike.baidu.com/link?url=IxuzsrP6hKbIUDHwYz9Gc2UtyvDc9eYIP_Mvzn9tiKhNyqArQWVdf5TF1rTeAL_B92Z94jUyZLp0OP-sPdYmOd3khr0d2u05HLt6bbGx2DXFtOIUKtOu1bJJwF8LTOAWBhqzaxxUJtqdSPTfOASl0m103oDiic7UKqAF5qeluCOLDd4_U9QX0pij8wrgu9FYMNRga5_IJ65AbSwZ51Xg0Cxt6LEOEzu-_gCkgclNH6S.

［4］ 百度百科．8·24意大利地震[EB/OL]．[2016-10-11]．http://baike.baidu.com/link?url=2R-oAOzYUQKGMwopZVVm9-jnOO1E9dZN7c380qFIyekXX4_pgnSxwD7l_mckr6PJJGllTU92M1UaS9BK7zGCnGQ-hxLquKFvOyyLk084p9Ic9hhLcJP_bGcG0V-5Lx7VrS2kS351tHk3Hdr-sHmL3K.

［5］ 搜狗百科．土耳其地震[EB/OL]．[2016-10-11]．

［6］ 百度百科．1998特大洪水[EB/OL]．［2016-10-11］．http://baike.baidu.com/link?url=MGqjBCCjchpuU8fQjhY2wnN_1ndQ3ceLUJFkQEZdPCJY6YHujn9bK9W1ZQSc20OtJVJzdZbpymG9Y5UFRcM_j0PPIt1a_-PZDza4nDHwLU-47cUJtG1533Lwr5Fqvw1V1fN4yMobH8W2FAzS5cYfUK.

［7］ 蔡林宏．湖北全省大面积遭遇特大洪灾[EB/OL]．2016-7-3[2016-10-11]．http://www．fishfirst．cn/article-79118-1.ht.

［8］ 百度百科．台风海棠（2005年第5号台风海棠）[EB/OL]．[2016-10-11]．http://baike.baidu.com/link?url=EnvscjSYTwv08b8HogJQFSyK9i3tqAD4LqK-KRKlZsu0StSMlGbHgF7cOkEglWyU3XjFlmZKHOZZT-y2wmHmprKUhmhZGUtNjs28XbbXhGaVIlG1JC7RZyxF5qsojaBW.

［9］ 搜狗百科．卡特里娜飓风（2005年五级飓风）[EB/OL]．[2016-10-11]．http://baike.baidu.com/link?url=T3zG-22lsx1Uu7pKk23CCD7FtcC41tcB45CSZW4fdr5-Nn5-YjgpaKB_SioLk3Esg9NxgztoGkr981jX6CtEmAdtuNaz2nBFjrJSJqe5qsS3tbzW2roFWpHehDisz01L.

［10］ 搜狗百科．桑美[EB/OL]．[2016-10-11]．http://baike.sogou.com/v374569.htm.

［11］ 百度百科．台风苏拉（2012年第9号强台风）[EB/OL]．[2016-10-11]．http://baike.baidu.com/link?url=hI_lzdQycRx5i_z4XXHRK3SHr17AKpjAM1n6u1JF05tMbNOTYwbyYJLcOzDdnGmwZEzdnbF1gk31wbvC2G227gd9rAM83JJ2NwKq7qCmk8qXG74I7MIfE1JcLUg3YLgd.

［12］ 百度百科百科. 6·23盐城龙卷风袭击事件[EB/OL]. [2016-10-11]. http://baike.baidu.com/link?url=a-kpWDNbPe HGKTxYkRk4DV-lpKePB1qrhAIt7-Q7sDtcKic8V5wFwz0wSYUyW369dXWsNdaPvuG7ns1Cj489jteFtd_7MvvsG-UTfT1u2JNAEC 3nde79fixo32TW1VPEHLVmbhqWUNUytexc9Sd7XQQ0gcy0ueTi7WO9dEj2rF-JWbOp3JvCvBOQddCTAY8n.

［13］ 搜狗百科. 2016年第14号台风莫兰蒂[EB/OL]. [2016-10-11]. http://baike.sogou.com/v153815921.htm.

［14］ 百度百科. 2008年冰灾[EB/OL]. [2016-10-11]. http://baike.baidu.com/link?url=mkrXia_BxLzNJbCJAY3IZnyYlZ_fmzpkFt8OMa t2NOxIfyMJyQQvLJUp4XvHY_Jx9wzzx1ZjjfBOOBRTjMidfTQJVPOTueQeXmONvHufwGrbyXCoA8lPeDVw1ODOL0aD.

［15］ 全国城市规划执业制度管理委员会. 城市规划原理[M]. 北京：中国计划出版社，2011.

［16］ 百度百科. 9·19墨西哥城地震[EB/OL]. [2016-10-11]. http://baike.baidu.com/link?url=oQg2wVPv2WfycuGqjMl47N5iKwfiOC5 EaE7kzCz_3VZ4WVQ1GBj7PfcbJbks7WM8_GqR8EENNH6ByoCELNpRfGSChMuQnKC84zK3TBqxGdwuQ8CmiDGvTDrWLEu RJmuSHJjjmXyylWsjtlVoiHBAWGuC2hfMREMRxumWmowoGbm.

［17］ 郑童，张纯，万小媛，等. 震后重建为契机的城市政策转型：墨西哥城案例的启示[J]. 城市发展研究，2012，19（5）：111-118.

［18］ 搜狗百科. 北岭大地震[EB/OL]. [2016-10-11]. http://baike.sogou.com/v7645959.htm.

［19］ 陈静，翟国方，李莎莎. "311"东日本大地震灾后重建思路、措施与进展[J]. 国际城市规划，2012（1）：123-126.

［20］ 百度百科. 卡特里娜（2005年五级飓风）[EB/OL]. [2016-10-11]. http://baike.baidu.com/link?url=nkojDfLC9nYwbR tb2bDg1V7NL_PGS4U96k5pJ3_RrMuSE18_Bq0QQEyj3wvr6916Fj95-M2u5Dodd2raZ_JQT-YsZrnd-5Vo75jQMTks1Q- Rf13w3cHEb642zBaijb4T.

［21］ 胡以志. 对话爱德华·布莱克力教授——美国新奥尔良重建与中国汶川大地震灾后重建[J]. 国际城市规划，2008，23（3）： 120-122.

［22］ 罗伯特·奥申斯基，蒂摩·西格林，劳里，等. 卡特里娜飓风后新奥尔良的重建规划和住房政策[J]. 城市发展研究，2012， 19（5）：100-110.

［23］ 袁艺. 日本的灾害管理（之一）日本灾害管理的法律体系[J]. 中国减灾，2004（11）：50-52.

［24］ 程凌香. 日本的自然灾害风险管理法律体系及其启示[J]. 公民与法，2012（3）：64-66.

［25］ 刘薇. 中美两国学校和医院房屋的抗震设计对比[J]. 工程抗震与加固改造，2009，31（5）：74-80.

［26］ 宋海鸥. 美国生态环境保护机制及其启示[J]. 科技管理研究，2014（14）：226-230.

［27］ 张壮云. 东京城市公共交通优先体系的经验及借鉴[J]. 国际城市规划，2008，23（3）：110-114.

［28］ 仇保兴. 灾后重建案例分析[M]. 北京：中国建筑工业出版社，2008.

［29］ 沈清基，马继武. 唐山地震灾后重建规划：回顾、分析及思考[J]. 城市规划学刊，2008（4）：23-34.

［30］ 搜狗百科. 云南澜沧耿马地震[EB/OL]. [2016-10-11]. http://baike.sogou.com/h73044676.htm; jsessionid=A9ECF19C32E519B2E 29FE698E1B23B40.n2?sp=l73044677.

［31］ 缪淇. 以耿马地震为例谈震后重建规划[J]. 城市规划，1992（3）：50-53.

［32］ 自贡市城市规划设计研究院. 雅安市地震灾后恢复重建规划[EB/OL]. 2008-12，[2016-10-11]. http://www.yaanjs.gov.cn/ Article/ShowClass.asp?ClassID=46.

［33］ 百度百科. 2013年甘肃定西地震[EB/OL]. [2016-10-11]. http://baike.baidu.com/view/11825399.htm.

［34］ 朱彦鹏，吴意谦，李元勋，等. 甘肃岷县漳县6.6级地震房屋震害分析及重建建议[J]. 工程抗震与加固改造，2014，36（2）： 132-140.

［35］ 甘肃地震灾区电网重建规划编制完成，增加防洪抗灾专题章节，提升电网设施防洪抗灾能力[N]. 国家电网报，2013-08-05.

［36］ 舟曲灾后恢复重建总体规划[EB/OL]. 2010-11-10，[2016-10-11]. http://www.gov.cn/zwgk/2010-11/10/content_1742124.htm.

［37］ 玉树地震灾后恢复重建总体规划[EB/OL]. 2010-06-13，[2016-10-11]. http://www.gov.cn/zwgk/2010-06/13/content_1626853. htm.

［38］ 汶川地震灾后恢复重建总体规划[EB/OL]. 2008-09-23，［2016-10-11］. http://www.gov.cn/zwgk/2008-09/23/content_1103686.htm.

［39］ 李玉江，吴荣辉，卢振恒，等. 日本、美国等国家防震减灾法律法规制度比较研究[J]. 国际地震动态，2015（2）：15-22.

［40］ 中华人民共和国城乡规划法[EB/OL]. 2010-11-10，［2016-10-11］. http://www.gov.cn/ziliao/flfg/2007-10/28/content_788494.htm.

［41］ 中华人民共和国防洪法[M]. 法律出版社，1997.

［42］ 中华人民共和国防震减灾法（最新修订版）[M]. 法律出版社，2009.

［43］ 城市抗震防灾规划管理规定[J]. 城市规划，2003，27（6）：32-33.

［44］ 张方. 河南洪涝灾害灾后损失评估方法的研究[J]. 气象与环境科学，2009（S1）.

［45］ 樊杰，陶岸君，陈田，等. 资源环境承载能力评价在汶川地震灾后恢复重建规划中的基础性作用[J]. 中国科学院院刊，2008（5）.

［46］ 北京清华同衡规划设计研究院有限公司. 天全县灾后恢复重建总体规划［R］. 2013.

［47］ 民政部国家减灾中心. 自然灾害损失现场调查规范MZ/T 042—2013[S].

［48］ 池磊. 灾后重建农宅实践调研及图集设计优化研究——以汶川大地震部分受灾村镇为例[D]. 重庆：重庆大学，2014.

［49］ 汶川地震灾后恢复重建条例[M]. 北京：人民出版社，2008.

［50］ 中国地震局. 汶川8.0级地震烈度分布图[EB/OL]. 2008-08-29，［2016-10-07］. http://www.cea.gov.cn/manage/html/8a858788163 2fa5c0116674a018300cf/_content/08_09/01/1220238314350.html.

［51］ 樊杰，兰恒星，陈田，等. 芦山地震灾后恢复重建资源环境承载能力评价[M]. 北京：科学出版社，2014.

［52］ 河北省唐山市城市总体规划[Z]. 1976.

［53］ 芦山地震灾后恢复重建总体规划［EB/OL］. http://www.gov.cn/zwgk/2013-07/15/content_2445989.htm.

［54］ 吴志强，李德华. 城市规划原理（第四版）[M]. 北京：中国建筑工业出版社，2010.

［55］ 宋正娜，陈雯，张桂香，等. 公共服务设施空间可达性及其度量方法[J]. 地理科学进展，2010（10）.

［56］ 连莲友佳. 汶川大地震灾后教育重建及其模式研究——以四川省什邡市为例[D]. 成都：西南交通大学，2011.

［57］ 杨林. 基于人文关怀的大学生思想政治教育路径探寻[J]. 山东省青年管理干部学院学报，2010（3）.

［58］ 许虹. 羌族文化灾后重建评介:立体范式[J]. 安徽农业科学，2011（29）.

［59］ 石建光，邓华，林树枝. 汶川地震后建筑垃圾再利用途径探讨[J]. 福建建筑，2008（11）.

［60］ 四川省人民政府. 四川省人民政府关于支持汶川地震灾后恢复重建政策措施的意见（川府发【2008】20号）[EB/OL]. （2009-03-04）[2016-12-01]. http://www.sc.gov.cn/10462/10464/10684/13652/2009/3/4/10369756.shtml.

［61］ 舟曲县人民政府. 县情简介[EB/OL].（2016-01-01）[2016-12-21]. http://www.zqx.gov.cn/nzcms_list_news.asp?id=716&sort_id=715.

附 图

图4-1　舟曲特大泥石流灾害影响范围（内容详见正文64页）

图5-4　交通通道示意图（内容详见正文93页）

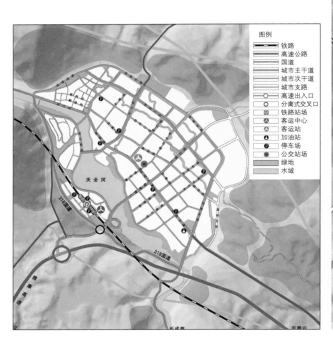

图5-5　县城灾后重建道路交通规划图（内容详见正文93页）

图5-6　县城恢复重建道路分布图（内容详见正文94页）